普通高等院校化学应用类规划教材

分析化学实验

主　编：钟桐生　连　琰　卿湘东
副主编：李　媛　刘　蓉　祝小艳　方　伟　申湘忠

北京理工大学出版社
BEIJING INSTITUTE OF TECHNOLOGY PRESS

内容简介

《分析化学实验》共包括10章：分析化学实验的基础知识、定量分析仪器与操作方法、定量分析基本操作、酸碱滴定实验、络合滴定实验、氧化－还原滴定实验、沉淀滴定及重量分析实验、分光光度法实验、综合实验和设计实验。

本书内容全面，层次清晰，与实际联系紧密，可作为应用型本科化学、应用化学、材料科学、生命科学、环境科学、医学、药学、农学、地学等专业的分析化学实验教材，也可作为师范类院校和综合性大学有关专业的参考用书。

图书在版编目（CIP）数据

分析化学实验/钟桐生，连琰，卿湘东主编. —北京：北京理工大学出版社，2019.8（2019.9重印）

ISBN 978－7－5682－7437－1

Ⅰ.①分…　Ⅱ.①钟…②连…③卿…　Ⅲ.①分析化学－化学实验－高等学校－教材　Ⅳ.①O652.1

中国版本图书馆CIP数据核字（2019）第174069号

出版发行／北京理工大学出版社有限责任公司
社　　址／北京市海淀区中关村南大街5号
邮　　编／100081
电　　话／（010）68914775（总编室）
　　　　　（010）82562903（教材售后服务热线）
　　　　　（010）68948351（其他图书服务热线）
网　　址／http：//www.bitpress.com.cn
经　　销／全国各地新华书店
印　　刷／三河市天利华印刷装订有限公司
开　　本／787毫米×1092毫米　1/16
印　　张／14
字　　数／330千字
版　　次／2019年8月第1版　2019年9月第2次印刷
定　　价／38.00元

责任编辑／陆世立
文案编辑／赵　轩
责任校对／周瑞红
责任印制／李志强

图书出现印装质量问题，请拨打售后服务热线，本社负责调换

前　言

当前，我国的高等教育从精英教育的一元结构向大众化教育的多元结构转变，正在开展应用型教育，培养应用型人才，因此，在转变化学教育培养观念的同时，对实验课程体系和教学内容的改革也势在必行。

分析化学是一门实践性很强的课程。通过“分析化学实验”课程的教学，可以加深学生对理论知识的理解，让学生熟练地掌握分析化学的基本操作技能，提高动手能力，培养学生实事求是的科学态度和良好的实验习惯，促使其形成严格的量的概念，为他们以后走向工作岗位奠定基础。

本教材根据当前的教学要求，结合编者多年的教学实践，并借鉴兄弟院校化学实验教学改革的经验，经过充分地讨论、研究编写而成。在本教材的编写过程中，我们注意了以下几个问题：

1. “分析化学实验”是一门基础课，本教材充分考虑了让学生打好基础的目标，结合编者的教学经验，将基础知识详细而有条理地分节介绍。

2. 以模块形式编写，与理论章节相对应，由浅入深，由单一到综合，由教师指导实验到学生自行设计研究性实验，兼顾环境工程、生物工程等专业的实验教学，有较大的选择余地。

3. 在有限的篇幅内，尽可能地拓展学生的知识面，在综合实验和设计实验中加入大量与实践相关的实验。

4. 与理论课紧密衔接，每个实验配有相应的数据记录表，对数据的记录和处理进行简要的说明，从而培养学生严谨的治学态度。

在教材的编写过程中，很多老师对课程的设置和建设提出了宝贵的建议，并给予了大力支持和帮助，在此表示衷心感谢。

由于编者水平有限，疏漏和不足之处在所难免，恳请广大师生批评指正。

编　者
2019 年 5 月

目　　录

第 1 章

分析化学实验的基础知识

1.1 化学实验的目的

在无机及分析化学的学习中，实验占有极其重要的地位，它是基础化学实验平台的重要组成部分，也是高等工科院校化学工程、生物工程、轻工技术与工程等专业的主要基础课程。“无机及分析化学实验”作为一门独立设置的课程，突破了原无机化学和分析化学实验分科设课的界限，使之融为一体，旨在充分发挥无机及分析化学实验教学在素质教育和创新能力培养中的独特地位，使学生在实践中学习、巩固、深化和提高化学的基本知识与基本理论，掌握基本操作，培养实践能力和创新能力。通过实验，达到以下 4 个方面的目的。

（1）提高对物质变化的感性认识，掌握重要化合物的制备、分离和分析方法，加深对基本原理和基本知识的理解，培养用实验方法获取新知识的能力。

（2）熟练地掌握实验操作的基本技术，正确使用无机及分析化学实验中的各种常见仪器，培养以下能力：独立工作和独立思考的能力（如在综合性和设计性实验中，培养学生独立准备和进行实验的能力）；细致观察，及时记录实验现象，归纳、综合、处理数据并用文字表述结果的能力；分析实验结果、组织实验、科学研究和创新的能力。

（3）培养实事求是的科学态度，准确、细致、整洁等良好的科学习惯，科学的思维方法，敬业、一丝不苟和团队协作的工作精神，养成良好的实验室工作习惯。

（4）了解实验室工作的有关知识，如实验室试剂与仪器的管理、实验可能发生的一般事故及其处理、实验室废液的处理方法等。

1.2 化学实验的学习方法

要很好地完成实验任务，达到上述实验目的，除了应有正确的学习态度外，还要有正确的学习方法。“无机及分析化学实验”课程一般有 3 个环节：预习、实验和实验报告。

1. 预习

为了获得良好的实验效果，实验前必须进行预习，通过阅读实验教材、参考书和参考资料，明确实验目的与要求，理解实验原理，清楚操作步骤和注意事项，设计好数据记录格式，写出简明扼要的预习报告（对综合性和设计性实验写出设计方案），并于实验前作好时间安排，然后进入实验室有条不紊地进行各项操作。

2. 实验

在教师指导下独立地进行实验是实验课的主要教学环节，也是训练学生正确掌握实验技术、实现化学实验目的的重要手段。实验原则上应根据实验教材上所提示的方法和步骤，使用要求的试剂进行操作，设计新实验或者对一般实验提出新的实验方案，应该与指导教师讨论，修改和定稿后方可进行实验。

实验时要求做到以下几点：

（1）认真操作，细心观察，如实而详细地记录实验现象和数据；

（2）如果发现实验现象和理论不相符，应尊重实验事实，认真分析和检查其原因，通过必要的手段重做实验，有疑问时尽量自己解决问题，也可以相互轻声讨论或询问实验指导教师；

（3）实验过程中应保持肃静，严格遵守实验室工作规则；

（4）实验结束后，洗净仪器，整理实验试剂及实验台。

3. 实验报告

做完课堂实验只是完成实验的一半，更为重要的工作是分析实验现象，整理实验数据，将感性认识提高到理性思维，因此，必须撰写实验报告。实验报告的内容应包括以下内容：

（1）实验目的。

（2）实验原理。

（3）实验步骤：尽量采用表格、图表、符号等清晰的表示形式。

（4）实验现象和数据记录：仔细观察实验现象，表达要全面正确，数据记录要完整。

（5）解释、结论或数据处理：根据实验现象作出简明扼要的解释，并写出主要化学反应方程式或离子式，分题目作出小结或最后结论。若有数据计算，务必将依据的公式和主要数据表达清楚。

（6）讨论：实验报告可以针对本实验中遇到的疑难问题，对实验过程中发现的异常现象或数据处理时出现的异常结果展开讨论，提出自己的见解，分析实验产生误差的原因，也可对实验方法、教学方法、实验内容等提出自己的意见或建议。

1.3 化学实验室的安全规则

化学实验室中的很多试剂易燃、易爆，具有腐蚀性或毒性，存在着不安全因素，所以进行化学实验时，必须重视安全问题，不可麻痹大意。初次进行化学实验的学生，应接受必要的安全教育，且每次实验前都要仔细阅读实验室的安全注意事项。在实验过程中，要遵守实验室的安全规则。

（1）不得在实验室内吸烟、进食或喝饮料。

（2）浓酸和浓碱具有腐蚀性，配制溶液时，应将浓酸注入水中，而不得将水注入浓酸中。

（3）自瓶中取用试剂后，应立即盖好试剂瓶盖，不可将取出的试剂或试液倒回原试剂或试液贮存瓶内。

（4）无用的或沾污的试剂要妥善处理。固体弃于废物缸内，无环境污染的液体可用大量水冲入下水道。

（5）要特别小心汞盐、砷化物、氰化物等剧毒物品。氰化物接触酸会产生具有剧毒的 HCN，因此氰化物废液应倒入碱性亚铁盐溶液中，使其转化为亚铁氰化铁盐，再倒入下水道中；H_2O_2 能腐蚀皮肤。接触化学药品后应立即洗手。

（6）将玻璃管、温度计或漏斗插入塞子前，要用水或适当的润滑剂润湿，然后用毛巾包好才能插入。此时双手不要分得太开，以免折断或划伤手指。

（7）闻气味时应用手小心地把气体或烟雾扇向鼻子。取浓 $NH_3 \cdot H_2O$、HCl、HNO_3、H_2SO_4 和 $HClO_4$ 等易挥发的试剂时，应在通风橱内操作，不可将瓶口对着自己或他人的面部开启瓶盖。夏季开启瓶盖时，最好先用冷水冷却。如果不小心将试剂溅到皮肤和眼内，应立即用水冲洗，然后用5%碳酸氢钠溶液（酸腐蚀时采用）或5%硼酸溶液（碱腐蚀时采用）冲洗，最后用水冲洗。

（8）使用易燃的有机溶剂（乙醇、乙醚、苯、丙酮等）时，一定要远离火焰和热源；使用后应将瓶塞盖紧，置于阴凉处保存。

（9）下列实验应在通风橱内进行：

①制备或反应产生具有刺激性的、恶臭的或有毒的气体，如 H_2S、NO_2、Cl_2、CO、SO_2、Br_2、HF 等。

②加热或蒸发 HCl、HNO_3、H_2SO_4 或 H_3PO_4 等溶液。

③溶解或消化试样。消化也称消解，它是将样品与酸、氧化剂、催化剂等一同置于回流装置或密闭装置中，加热分解并破坏有机物的一种方法。

（10）如果发生化学灼伤，应立即用大量清水冲洗皮肤，同时脱去被污染的衣服；如果眼睛受化学灼伤或异物入眼，应将眼睛睁开，用大量清水冲洗，至少持续冲洗 15 min；如果烫伤，可在烫伤处抹上黄色的苦味酸溶液或烫伤软膏。严重者应立即送医院治疗。

（11）加热或激烈反应进行时，人不得离开。

（12）使用电器设备应特别细心，切不可用湿手开启电闸和电器开关；不要使用漏电的仪器，以免触电。

（13）使用精密仪器时，要严格遵守操作规程，仪器使用完毕后，将仪器各部分旋钮恢复到原来的位置，并关闭电源，拔去插头。

（14）发生事故时，要保持冷静，采取应急措施，首先切断电源、气源等，防止事故扩大；然后报告老师，必要时尽快拨打 119、110 或 120 电话。

1.4　分析实验室的实验规则

实验规则是人们在长期实验室工作中归纳总结出来的规则，是防止意外事故，保证正常实验的良好环境、工作秩序和做好实验的重要前提。

（1）实验前应认真进行预习，并写好预习报告。预习报告的内容包括实验目的和要求、基本原理、简单的实验步骤及实验注意事项，详细地做好实验安排，熟悉将要进行的实验。

（2）要爱护仪器设备，对不熟悉的仪器设备应先仔细阅读仪器使用说明书或操作规程，听从教师指导。切不可随意动手，以防损坏仪器设备。

（3）实验过程中不要大声说话，要正确操作，细心观察，认真记录，周密思考；要遵守实验室安全规则，保持室内整洁，随时保持实验台面干净、整齐，废纸等杂物要丢入废物缸内；注意节约使用水、电和煤气等，避免浪费。

（4）实验记录应如实反映实验的情况，通常应按一定格式用黑色签字笔或水性笔书写；所有的原始数据应及时而准确地记录在实验卡上，不要等到实验结束后补记，更不要将原始数据记录在草稿本、小纸片或其他地方，养成实事求是的科学态度，不凭主观意愿删除数据，更不得随意涂改数据；记错的数据轻轻划一道杠，将正确的数据记在旁边，不可乱涂乱改或用橡皮擦拭数据，也不允许随意拼凑、篡改原始数据。

（5）实验报告一般应包括以下内容：

①姓名；

②实验项目和实验日期；

③实验目的与实验要求、简要原理及主要实验步骤；

④实验数据原始记录；

⑤结果处理，包括图、表、计算公式及实验结果；

⑥实验总结。

（6）实验结束后，应立即把玻璃器皿清洗干净，将仪器复原，填好仪器使用登记卡，整理好实验台，把当天的实验卡交给老师，并按约定时间及时递交实验报告。

（7）值日生应认真打扫实验室，关好水、电、煤气、窗、门后，方可离开实验室。

1.5 分析实验室用水的制备

分析实验室用于配制溶液的水必须进行纯化。分析要求不同，对水质纯度的要求也不同，故应根据不同的要求，采用不同的方法制备纯水。

1. 分析实验室用水的规格

根据 GB/T 6682—2008《分析实验室用水规格和试验方法》的规定，分析实验室用水分为 3 个级别：一级水、二级水和三级水。

（1）有严格要求的分析实验（包括对颗粒有要求的实验）用一级水，如高效液相色谱用水。一级水可用二级水经过石英设备蒸馏或离子交换混合床处理后，再经 0.2 μm 微孔滤膜过滤来制取。

（2）无机痕量分析等试验用二级水，如原子吸收光谱分析用水。二级水可用多次蒸馏或离子交换等方法制取。

（3）一般化学分析实验用三级水。三级水可用蒸馏或离子交换等方法制取。

分析实验室用水规格见表 1.1。为了保持实验室使用的蒸馏水的纯净，蒸馏水瓶要随时加塞，专用虹吸管内外均应保持干净。蒸馏水瓶附近不要存放浓 HCl、$NH_3 \cdot H_2O$ 等易挥发试剂，以防污染。通常用洗瓶取蒸馏水。

表 1.1 分析实验室用水规格

项目	一级	二级	三级
pH 范围，25℃	—*	—	5.0～7.5
电导率，$\kappa/(mS \cdot m^{-1})$，25℃，≤	0.01	0.10	0.50

续表

项目	一级	二级	三级
可氧化物质（以O计），ρ（O）/（$mg \cdot L^{-1}$）≤	—	0.08	0.4
吸光度，254 nm，1 cm光程，A≤	0.001	0.01	
蒸发残渣105±2℃，ρ_B/（$mg \cdot L^{-1}$）≤	—	1.0	2.0
可溶性硅（以SiO_2计），ρ_{SiO_2}/（$mg \cdot L^{-1}$）≤	0.01	0.02	

*难以测定，不作规定。

普通蒸馏水保存在玻璃容器中，去离子水保存在聚乙烯塑料容器中，用于痕量分析的二次亚沸石英蒸馏水等高纯水保存在石英或聚乙烯塑料容器中。

2. 水纯度的检测

根据各实验室分析任务的要求和特点，往往需要对实验用水进行检查，常检测的项目有酸度、硫酸根、氯离子、钙离子、镁离子、铵离子及游离二氧化碳等。

（1）酸度检测：要求纯水的pH=6~7。在2支试管中各加入10 mL待测水，一支试管中滴入2滴0.1%甲基红指示剂，不显红色；另一支试管中滴入5滴0.1%溴百里酚蓝指示剂，不显蓝色，即为合格。

（2）硫酸根检测：取2~3 mL待测水，滴入2~3滴2 $mol \cdot L^{-1}$盐酸酸化，再滴入1滴0.1%氯化钡溶液，放置15 h，无沉淀析出则无硫酸根。

（3）氯离子检测：取2~3 mL待测水，滴入1滴6 $mol \cdot L^{-1}$硝酸酸化，再滴入1滴0.1%硝酸银溶液，无混浊产生，则无氯离子。

（4）钙离子检测：取2~3 mL待测水，滴入数滴6 $mol \cdot L^{-1}$氨水使其呈碱性，再滴入2滴饱和草酸铵溶液，放置12 h后，无沉淀析出则无钙离子。

（5）镁离子检测：取2~3 mL待测水，滴入1滴0.1%鞑靼黄及数滴6 $mol \cdot L^{-1}$氢氧化钠溶液，若有淡红色出现则有镁离子，若呈橙色则合格。

（6）铵离子检测：取2~3 mL待测水，滴入1~2滴内氏试剂，若呈黄色则有铵离子。

（7）游离二氧化碳检测：取100 mL待测水注入锥形瓶中，滴入3~4滴0.1%酚酞溶液，若呈淡红色，表示无游离二氧化碳；若为无色，可滴入0.1 $mol \cdot L^{-1}$氢氧化钠溶液至淡红色，1 min内不消失，即可算出游离二氧化碳的含量。注意，氢氧化钠溶液用量不能超过0.1 mL。

3. 水纯度分析结果的表示

分析结果通常以待测组分实际存在形式的含量表示，如果待测组分的实际存在形式不清楚，则分析结果最好以氧化物或元素形式的含量表示。随着实验用分析系统灵敏度的提高，对水的纯度有了更高的要求。

分析实验室用水的纯度通常有4种表示方法：

（1）毫克/升（$mg \cdot L^{-1}$）：表示每升水中含有某物质的毫克数。

（2）微克/升（$\mu g \cdot L^{-1}$）：表示每升水中含有某物质的微克数。

(3) 电阻率（MΩ·cm）：表示在水中距离 1 cm 的两片面积为 1 cm^2 大小的电极间的电阻值，通常又称比电阻。

(4) 电导率（$\mu S \cdot cm^{-1}$或 $mS \cdot m^{-1}$）：电阻率的倒数，又称导电率。

将自来水中的离子去除会使电阻率升高（电导率降低），但并非无限地增加，这是因为部分水分子电离，其电阻率极限值为 18.248 MΩ·cm（25℃）。此外，电阻率值会随着水的电离常数而改变，因而会受到水温的影响。例如，25℃超纯水的电阻率为 18.248 MΩ·cm，在 0℃则为 84.2 MΩ·cm，100℃则为 1.3 MΩ·cm。在 25℃附近，当温度上升 1℃，其电阻值将下降 0.84 MΩ·cm。因此，多使用补偿至 25℃的电阻率值作为衡量标准。

4. 各种纯水的制备

一般实验室用的纯水有蒸馏水、二次蒸馏水、去离子水，以及无二氧化碳蒸馏水、无氨蒸馏水和无氯蒸馏水等特殊用水。

1) 蒸馏水

将自来水在蒸馏装置中加热汽化，再将蒸气冷凝便得到蒸馏水。由于杂质离子一般不挥发，所以蒸馏水中所含杂质比自来水少得多，比较纯净，可达到三级水的指标，但少量金属离子、二氧化碳等杂质未能除净。

2) 二次蒸馏水

将蒸馏水进行重蒸馏，并在准备重蒸馏的蒸馏水中加入适当的试剂以抑制某些杂质的挥发，如用甘露醇抑制硼的挥发，用碱性高锰酸钾破坏有机物并防止二氧化碳蒸出等。二次蒸馏水一般可达到二级水指标。第 2 次蒸馏通常采用石英亚沸蒸馏器，它在液面上方加热，液面始终处于亚沸状态，可使水蒸气带出的杂质减至最低。

3) 去离子水

去离子水是将自来水或普通蒸馏水通过离子树脂交换柱后所得到的水，一般将水依次通过阳离子树脂交换柱、阴离子树脂交换柱、阴阳离子树脂混合交换柱而制得。这样得到的水纯度比蒸馏水纯度高，质量可达到二级或一级水指标，但对非电解质及胶体物质无效，同时会有微量的有机物从树脂中溶出，因此，根据需要可将去离子水进行重蒸馏以得到高纯水。

市面上有很多离子交换纯水器出售。

4) 特殊用水

(1) 无二氧化碳蒸馏水。将蒸馏水煮沸至原体积的 3/4 或 4/5，隔离空气，冷却，贮存于连接碱石灰吸收管的瓶中，其 pH 应为 7。

(2) 无氨蒸馏水。于每升蒸馏水中加入 25 mL 5% 氢氧化钠溶液，煮沸 1 h，然后用前述的方法检查铵离子；于每升蒸馏水中加入 2 mL 浓硫酸，经重蒸馏后即可得到无氨蒸馏水。

(3) 无氯蒸馏水。在硬质玻璃蒸馏器中将蒸馏水煮沸蒸馏，收集中间馏出部分，即可得到无氯蒸馏水。

1.6 常用玻璃器皿的洗涤和干燥

无机及分析化学实验中使用的玻璃仪器常粘附化学药品，既有可溶性物质，也有灰尘、和不溶性物质（油污等）。为了得到正确的实验结果，实验所用的玻璃仪器必须是洁净的，有时还需要干燥，因此必须对玻璃仪器进行洗涤和干燥。

1. 洗涤方法

玻璃仪器的洗涤方法很多，应根据实验要求、污物的性质、沾污的程度来选用适宜的方法，常用的洗涤方法如下。

1）刷洗

用水和毛刷刷洗，除去器皿上的污渍、不溶性杂质和可溶性杂质。

2）去污粉、肥皂、合成洗涤剂洗涤

器皿用水湿润后，再用毛刷蘸取少许去污粉和洗涤剂，将器皿内外洗刷一遍，然后用水边冲边刷洗，直至干净为止。

3）洗液洗涤

被洗涤器皿尽量保持干燥，在器皿内倒入少许洗液，转动器皿使其内壁被洗液浸润或用洗液浸泡，然后将洗液倒回原装瓶内备用（若洗液的颜色变绿，则另作处理）；用水冲洗器皿内残留的洗液，直至干净为止。热的洗液去污能力更强。

洗液适用于洗涤被无机物沾污的器皿，对有机物和油污也有较强的去污能力，常用来洗涤一些口小、管细等形状特殊的器皿，如吸管、容量瓶等。

洗液具有强酸性和强氧化性，对衣服、皮肤、桌面、橡皮等有腐蚀作用，使用时要特别小心。

4）酸性洗液洗涤

根据器皿中污物的性质，可直接使用不同浓度的硝酸、盐酸或硫酸进行洗涤或浸泡，并可适当加热。

（1）浓盐酸（粗）。附着在器皿上的二氧化锰等氧化剂可以用粗浓盐酸洗涤，大多数不溶于水的无机物也可以用它来洗涤；灼烧过沉淀的瓷坩埚，用 1:1 盐酸洗涤后再用洗液洗涤。

（2）硝酸-氢氟酸洗液。硝酸-氢氟酸洗液是洗涤玻璃器皿和石英器皿的优良洗涤剂，可以避免杂质金属离子的沾附，洗涤效率高，清洗速度快，但对油脂及有机物的清除效率差。

使用硝酸-氢氟酸洗液时要注意：洗液对皮肤有很强的腐蚀性，操作时应戴手套，若沾到皮肤上，应立即用大量清水冲洗；对玻璃和石英器皿有腐蚀作用，不宜用来洗涤精密玻璃量器、标准磨口仪器、活塞、砂芯漏斗、光学玻璃、精密石英部件、比色皿等；常温下使用，贮存于塑料瓶中。

5）碱性洗液洗涤

碱性洗液适用于洗涤油脂和有机物，因其作用较慢，一般要浸泡 24 h 或用浸煮的方法洗涤。

（1）氢氧化钠-高锰酸钾洗液。用此洗液洗涤后的器皿上会残留二氧化锰，必须用盐酸再次洗涤。

（2）氢氧化钠（钾）-乙醇洗液。此洗液洗涤油脂的效力高于有机溶剂，但不能与玻璃器皿长期接触。

碱性洗液具有腐蚀性，使用时注意避免溅到眼睛上。

6）有机溶剂洗液洗涤

有机溶剂洗液用于洗涤油脂类、单体原液、聚合体等有机污物。常用的有机溶剂洗液有三氯乙烯、二氯乙烯、苯、二甲苯、丙酮、乙醇、乙醚、三氯甲烷、四氯化碳、汽油、醇醚混合液等，应根据污物性质选择适当的有机溶剂。一般先用有机溶剂洗 2 次，然后用水冲洗，再用浓酸或浓碱洗液洗，最后用水冲洗。洗不干净时，可先用有机溶剂浸泡一定时间，再如上处理。

此外，还可以根据污物性质对症下药，如用氨水洗去氯化银沉淀，用盐酸和硝酸洗去硫化物沉淀，用 10% 硫代硫酸钠溶液除去衣服上的碘斑，用硫酸亚铁的酸性溶液除去高锰酸钾溶液残留在器壁上的棕色污斑。

不论用上述哪种方法洗涤器皿，最后都必须用自来水冲洗，再用蒸馏水或去离子水荡洗 3 次。洗涤干净的器皿内壁只应留下均匀的薄层水，壁上不挂水珠，否则必须重洗。

2. 常用洗液的配制

（1）铬酸洗液：将 5 g 重铬酸钾用少量水润湿，慢慢加入 80 mL 粗浓硫酸，搅拌以加速溶解。冷却后贮存在磨口试剂瓶中，防止吸水而失效。

（2）硝酸-氢氟酸洗液：含氢氟酸约 5%、硝酸 20% ~35%，由 100 ~ 120 mL 40% 氢氟酸、150 ~ 250 mL 浓硝酸和 650 ~ 750 mL 蒸馏水配制而成。洗液出现混浊时，可用塑料漏斗和滤纸过滤；洗涤能力降低时，可适当补充氢氟酸。

（3）氢氧化钠-高锰酸钾洗液：将 4 g 高锰酸钾溶于少量水中，用 10% 氢氧化钠溶液稀释至 100 mL。

（4）氢氧化钠-乙醇洗液：将 120 g 氢氧化钠溶解在 120 mL 水中，用 95% 的乙醇稀释至 1 L。

（5）硫酸亚铁酸性洗液：含少量硫酸亚铁的稀硫酸溶液，此洗液不能放置，放置后会因 Fe^{2+} 氧化而失效。

（6）醇醚混合物：乙醇和乙醚等体积混合。

3. 玻璃仪器的干燥

实验经常用到的玻璃仪器应在实验完毕后清洗干净备用。根据不同的实验，对玻璃仪器的干燥有不同的要求，通常实验中用的烧杯、锥形瓶等洗净后即可使用，而有的玻璃仪器则要求在洗净后必须干燥。玻璃仪器常用的干燥方法如下。

1）倒置晾干

将洗净的仪器倒置在干净的仪器架上或在仪器柜内自然晾干。

2）热（冷）风吹干

仪器急需干燥时，可用吹风机吹干，一些不能受热的容量器皿也可用吹风机吹干。吹风前用乙醇、乙醚、丙酮等易挥发的水溶性有机溶剂冲洗一下，器皿干得更快。

3）加热烘干

洗净的仪器可放在烘箱内烘干，烘干温度一般控制在 105℃左右，仪器放进烘箱前应尽量把水倒净。能加热的仪器（如烧杯、试管）也可直接用小火加热烘干。加热前，要把仪器外壁的水擦干，加热时，仪器口要略向下倾斜。

1.7　试剂及药品使用规则

1. 化学试剂的级别

试剂的纯度影响分析结果的准确度，不同的分析工作对试剂纯度的要求也不相同，因此，必须了解试剂的分类标准，以便正确使用试剂。

我国化学试剂等级标志与某些国家化学试剂等级标志的对照见表 1.2。

表 1.2　化学试剂等级对照表

质量级序	我国化学试剂等级标志				德、美、英等国通用等级和符号
	级别	中文标志	符号	瓶签颜色	
1	一级品	保证试剂优级纯	G. R.	绿	G. R.
2	二级品	分析试剂分析纯	A. R.	红	A. R.
3	三级品	化学纯	C. P.，P.	蓝	C. P.
4	四级品	化学用实验试剂	L. R.	棕	
5	五级品	生物试剂	B. R.，C. R.	黄色等	

G. R. 试剂宜用作基准物质和精密分析；A. R. 试剂的纯度略低于 G. R. 试剂，宜用作大多数分析工作；C. R. 试剂适用于一般分析工作和分析化学教学工作；L. R. 试剂纯度较低，在分析化学中一般用作辅助试剂。另外，还有一些特殊用途的高纯试剂。例如，光谱纯试剂的杂质低于光谱分析法的检测限；色谱纯试剂是指进行色谱分析时使用的标准试剂，在色谱条件下只出现指定化合物的峰，不出现杂质峰；超纯试剂用于痕量分析和一些科学研究工作，其生产、贮存和使用都有一些特殊要求。

指示剂的纯度往往不太明确，除少数标明“分析纯”“试剂四级”外，经常只写明“化学试剂”“企业标准”或“部颁暂行标准”等。常用的有机溶剂也常等级不明，一般只可作为化学纯试剂使用，必要时进行提纯。

生物化学中使用的特殊试剂的纯度表示与化学中使用的一般试剂表示不同。例如，蛋白质类试剂常以含量或某种方法（如电泳法等）测定的杂质含量来表示；酶的纯度以单位时间内能酶解的底物来表示，它是用活力来表示的。

2. 试剂的保存和使用

试剂保存不善或使用不当极易变质和沾污，在分析实验中往往是引起误差甚至造成实验失败的主要原因之一。因此，必须按一定的要求保存和使用试剂。

（1）使用前，要认明标签；取用时，应将盖子反放在干净的地方，不可将瓶盖随意乱放。用干净的药匙取用固体试剂，用毕立即洗净，晾干备用，一般用量筒取用液体试剂。倒试剂时标签朝上，不要将试剂泼撒在外，多余的试剂不应放回试剂瓶内，取完试剂随手将瓶盖盖好，切不可“张冠李戴”，以防沾污。

（2）盛试剂的试剂瓶都要贴上标签，标明试剂的名称、规格、日期等，不可在试剂瓶中装入与标签不符的试剂，以免造成差错。标签脱落的试剂，在查明瓶中盛放的试剂前不可使用。标签最好用碳素墨水书写，以保持字迹长久，标签的四周要剪齐，并贴在试剂瓶的2/3处，保持整齐美观。

（3）取用标准溶液前，应把试剂充分摇匀。

（4）一般单质和无机盐类的固体，应放在试剂柜内；无机试剂要与有机试剂分开存放；危险性试剂应严格管理，必须分类隔开放置，不能混放在一起。

（5）易燃液体主要是有机溶剂，极易挥发成气体，遇明火即燃烧。实验中常用的易燃液体有苯、乙醇、乙醚和丙酮等，应单独存放，注意阴凉、通风，远离火源。

（6）易燃固体无机物的（如硫磺、红磷、镁粉和铝粉等）着火点很低，应单独存放，存放处应通风、干燥。白磷在空气中可自燃，应保存在水里，并放于避光阴凉处。

（7）遇水燃烧的物品（金属锂、钠、钾、电石和锌粉等）可与水剧烈反应，放出可燃性气体。因此，锂要用石蜡密封，钠和钾应保存在煤油中，电石和锌粉等应放在干燥处。

（8）易腐蚀玻璃的试剂（如氟化物、苛性碱等）应保存在塑料瓶或涂有石蜡的玻璃瓶中。

（9）易氧化的试剂（氯化亚锡、低价铁等）、易风化或潮解的试剂（如 $A1Cl_3$、无水 Na_2CO_3、NaOH 等）应用石蜡密封瓶口。

（10）易受光分解的试剂（如 $KMnO_4$、$AgNO_3$ 等），应用棕色瓶盛装，并保存在暗处。

（11）易受热分解的试剂、低沸点的液体和易挥发的试剂，应保存在阴凉处。

（12）剧毒试剂（如氰化物、三氧化二砷、二氯化汞等）应有专人妥善保管，取用时严格做好记录，以免发生事故。

3. 常用试剂的提纯

利用仪器分析法进行痕量或超痕量测定时，对试剂有特殊要求。例如，单晶硅的纯度在99.999 9%以上，杂质含量不超过0.000 1%，分析这类高纯物质时，必须使用高纯度的试剂；甲醇或乙腈在高效液相色谱法中经常被用作流动相，要求其中不含芳烃，否则会干扰测定。对于这些实验，即使使用优级纯也必须进行适当的提纯处理。

在试剂提纯过程中，不可能也无必要除去所有杂质，只需要针对分析的某种特殊要求，除去其中的某些杂质即可。例如，光谱分析中所使用的光谱纯试剂，仅要求所含杂质低于光谱分析法的检测限。因此，适宜某种用途的试剂，也许完全不适用另一些用途。

蒸馏、重结晶、色谱、电泳和超离心等技术是常用的试剂提纯方法。几种常用溶剂或熔剂的提纯方法如下。

1）盐酸

盐酸用蒸馏法或等温扩散法提纯。盐酸形成恒沸化合物，恒沸点为110℃，因此借助于蒸馏能够获得恒沸组成的纯酸。蒸馏器需用石英蒸馏器，取中段馏出液。

等温扩散法提纯盐酸的步骤为：在直径30 cm的干燥器中（玻璃干燥器须在内壁涂一层

白蜡防止沾污)，加入3 kg盐酸（优级纯），在瓷托板上放置盛有300 mL高纯水的聚乙烯或石英容器，盖好干燥器盖，在室温下放置7～10 d，取出后即可使用。盐酸浓度约为9～10 mol·L^{-1}，铁、铝、钙、镁、铜、铅、锌、钴、镍、锰、铬、锡的含量在2×10^{-7}%以下。

氨水也可以用等温扩散法提纯。

2）硝酸

硝酸恒沸化合物的恒沸点为120.5℃，能够用蒸馏法提纯，提纯步骤为：在2 L硬质玻璃蒸馏器中，放入1.5 L硝酸（优级纯）控制电炉温度进行蒸馏，馏速为200～400 mL·h^{-1}，弃去初馏分150 mL后，收集中间馏分1 L。将得到的中间馏分2 L，放入3 L石英蒸馏器中。将石英蒸馏器固定在石蜡浴中进行蒸馏，控制馏速为100 mL·h^{-1}。初馏分150 mL弃去，收集中间馏分1.6 L。铁、铝、钙、镁、铜、铅、锌、钴、镍、锰、铬、锡的含量在2×10^{-7}%以下。

3）氢氟酸

氢氟酸能形成恒沸化合物，沸点为120℃，能够用蒸馏提纯，提纯步骤为：在铂或聚四氟乙烯蒸馏器中，加入2 L氢氟酸（优级纯），以甘油浴加热，控制加热温度，使馏速为100 mL·h^{-1}，弃去初馏分200 mL，用聚乙烯瓶收集中间馏分1 600 mL。将此中段馏出液按上述步骤再蒸馏1次，弃去初馏出液150 mL，收集中段馏出液1 250 mL，保存在聚乙烯瓶中。铁、铝、钙、镁、铜、铅、锌、钴、镍、锰、铬、锡的含量在1×10^{-6}%以下。蒸馏时，可加入氟化钠或甘露醇，得到除去硅或硼的氢氟酸。

4）高氯酸

高氯酸恒沸化合物的沸点为203℃，要用减压蒸馏法提纯，提纯步骤为：在500 mL硬质玻璃蒸馏瓶或石英蒸馏器中，加入300～350 mL高氯酸（60%～65%，分析纯），控制加热温度在140～150℃，减压至2.67～3.33 kPa（20～25 mmHg），馏速为40～50 mL·h^{-1}，弃去初馏分50 mL，收集中间馏分200 mL，保存在石英试剂瓶中备用。

5）碳酸钠

称取30 g分析纯碳酸钠，用150 mL高纯水溶解，在不断搅拌下向溶液中慢慢滴加1 mg·mL^{-1}的铁标准溶液2～3 mL，使杂质与氢氧化铁一起沉淀。在水浴中加热并放置1 h使沉淀凝聚，过滤除去胶体沉淀物，然后加热浓缩滤液至出现结晶膜，取下冷却，待结晶完全析出后用布氏漏斗抽滤，并用乙醇洗涤2～3次，每次20 mL。在真空干燥箱中减压干燥，在温度为100～150℃、压力为2.67～6.67 kPa（20～50 mmHg）下烘至无结晶水。为了加速脱水，也可在270～300℃下灼烧。此法提纯的碳酸钠，经光谱定性分析检查，仅检出了痕量的镁和铝。

6）焦硫酸钾

将87 g纯制硫酸钾置于铂皿中，加入26.6 mL纯浓硫酸，将铂皿在控温电炉上加热，使皿内物质开始冒少量烟，且皿内熔物成为透明熔体不再冒气泡为止。取下铂皿，冷却至50～60℃，趁热将凝固的焦硫酸钾用玛瑙研钵捣碎，产品在带磨口的试剂瓶中保存。

1.8 分析试样的准备和分解

1. 分析试样的准备

从一整批物料中取出的送至实验室分析的试样应具有代表性，下面介绍各种类型试样的采集方法。

1）气体试样的采集

（1）常压下取样。用吸筒、抽气泵等一般吸气装置，将盛气瓶抽成真空，自由吸入气体试样。

（2）气体压力高于常压取样。用球胆、盛气瓶直接盛取试样。

（3）气体压力低于常压取样。将取样器抽成真空后，再用取样管接通进行取样。

2）液体样品的采集

（1）大容器中的液体试样的采集。取样前将液体混合均匀。先采用搅拌器搅拌或用无油污、水等杂质的空气，深入到容器底部充分搅拌，然后用内径约 1 cm、长 80 ~ 100 cm 的玻璃管，在容器的不同深度和不同部位取样，经混匀后供分析。

（2）密封式容器的采样。先放出前面的一部分，弃去，再接取供分析的试样。

（3）一批中分几个小容器分装的液体试样的采样。先分别将各容器中的试样混匀，然后按产品规定的取样量取样，从各容器中取等量试样于一个试样瓶中，混匀供分析。

（4）炉水按密封式取样。

（5）水管中样品的采集。先将管内静水放尽，再用一根橡皮管，其一端套在水管上，另一端插入取样瓶底部，在瓶中装满水后，让其溢出瓶口少许时间即可。

（6）河、池等水源的采样在尽可能背阴的地方，离水面以下 0.5 m 深度，离岸 1 ~ 2 m 采集样品。

3）固体样品的采集

（1）粉状或松散样品的采集。精矿、石英砂、化工产品等成分较均匀，可用取样钻插入包内钻取。

（2）金属锭块或制件样品的采集。一般可用钻、刨、切削、击碎等方法，按锭块或制件的采样规定采取试样。如果没有明确规定，则从锭块或制件的纵横各部位采样，对送检单位有特殊要求的，通过协商采集。

（3）大块物料样品的采集。矿石、焦炭、块煤等大块物料，不但成分不均匀，而且其大小相差很大。因此，采样时应以适当的间距从各个不同部分采取小样，样品量一般按全部物料的万分之三至千分之一采集；对极不均匀的物料，有时取五百分之一，取样深度在 0.3 ~ 0.5 m 处。

固体样品加工的一般程序如图 1.1 所示。

实际上不可能把全部样品都加工成为分析样品，因此在处理过程中要采用四分法，不断进行缩分，具有足够代表性的样品的最低可靠重量可按照切乔特公式（1.1）计算。

$$Q = kd^2 \tag{1.1}$$

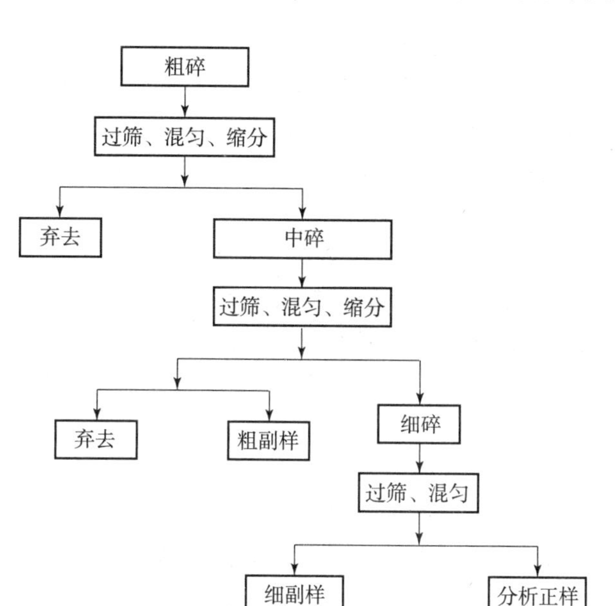

图 1.1　固体样品加工的一般程序

式中，Q 为样品的最低可靠质量，kg；k 为根据物料特性确定的缩分系数；d 为样品中最大颗粒的直径，mm。

样品的最大颗粒直径（d），以粉碎后样品能全部通过孔径的最小筛号孔径为准。

根据样品的颗粒大小和缩分系数，可以从手册上查到样品最低可靠质量的 Q 值，然后将样品研细至符合分析样品的要求。

缩分的次数不是任意的。每次缩分时，试样的粒度与保留的试样之间都应符合切乔特公式，否则应进一步破碎，再进行缩分。如此反复经过多次破碎缩分，直到样品的质量减至供分析用的数量为止，再放入玛瑙研钵中磨到规定的细度。根据试样的分解难易，一般要求试样通过 100 ~ 200 号筛，这在生产单位均有具体规定。

2. 试样的保存

采集的样品保存时间越短，分析结果越可靠。为了避免样品在运送过程中待测组分由于挥发、分解和被污染等原因造成损失，能够在现场进行测定的项目，应在现场完成分析。若样品必须保存，则应根据样品的物理性质、化学性质和分析要求，采取合适的方法保存样品，如采用低温，冷冻，真空，冷冻真空干燥，加稳定剂、防腐剂或保存剂，通过化学反应使不稳定成分转化为稳定成分等措施使保存期延长。常用普通玻璃瓶、棕色玻璃瓶、石英试剂瓶、聚乙烯瓶、袋或桶等保存样品。

3. 试样的分解

在分析工作中，除干法分析（如光谱分析等）外，试样的测试基本上在溶液中进行，因此，若试样为非溶液状态，则需通过适当方法将其转化成溶液，这个过程称为试样的分解。试样的分解是分析工作的重要组成部分，它不仅关系到待测组分转变的形态，也关系到以后的分析和测定。

在分解试样时，要求试样完全分解，在分解过程中不能引入待测组分，不能使待测组分有所损失，所有试剂及反应产物对后续测定应无干扰。分解试样的方法较多，可根据试样的组成和特性、待测组分的性质及分析目的，选择合适的方法进行分解。以下是几种常见的分解方法。

1）溶解法

溶解法是指采用适当的溶剂将试样溶解制成溶液，这种方法比较简单、快速。溶解法通常按照水、稀酸、浓酸、混合酸的顺序处理，加入 H_2O_2 等氧化剂作为辅助溶剂可以提高酸的氧化能力，促进试样溶解。盐酸、硝酸、硫酸、磷酸、氢氟酸、高氯酸等是常用的酸。

2）熔融法

熔融法是将试样与酸性或碱性固体熔剂混合，在高温下进行复分解反应，使欲测组分转变为可溶于水或酸的化合物。不溶于水、酸或碱的无机试样一般可采用这种方法分解。常用的熔剂有碳酸钠、氢氧化钠或氢氧化钾、硫酸氢钾或焦硫酸钾等。熔融温度可达 1 200℃，从而使反应能力大大增强。

闭管法用于难溶物质的分解，把试样和溶剂置于适当的容器中，再将容器装在保护管中。在密闭的情况下进行分解时，由于内部高温、高压，溶剂没有挥发损失，难溶物质的分解效果很好。

3）干式灰化法

干式灰化法适合分解有机物和生物试样，以便测定其中的金属元素、硫及卤素元素的含量。通常将样品放在坩埚中灼烧，直至所有有机物燃烧完全，只留下不挥发的无机残留物。残留物通常用少量浓盐酸或热的浓硝酸浸取，然后定量转移到玻璃容器中。在干式灰化过程中，可根据需要加入少量的氧化性物质（俗称为助剂）于试样中，以提高灰化效率。

4）湿式消化法

湿式消化法通常是将样品与浓的具有氧化性的无机酸（单酸或混合酸）共热，使样品完全氧化，各种元素以简单的无机离子形式存在于酸溶液中。硫酸、硝酸或高氯酸等单酸，硝酸和硫酸或硝酸和高氯酸等混合酸常用于湿式消化。使用高氯酸时，应注意安全。在消化处理过程中，应注意待测组分的挥发损失。

5）微波辅助消解法

除在常温和一般加热条件下分解试样外，也可采用微波加热辅助分解。微波辅助消解法利用试样和适当的溶（熔）剂吸收微波能产生热量，加热试样。微波是一种位于远红外线与无线电波之间的电磁辐射，具有较强的穿透能力，与用煤气灯、电热板、马弗炉等传统加热技术不同，微波加热是一种内加热。样品与酸的混合物受微波产生的交变磁场作用，物质分子发生极化，极性分子受高频磁场作用交替排列，使分子高速振荡，加热物内部分子间产生剧烈的振动和碰撞，导致加热物内部的温度迅速升高。分子间的剧烈碰撞不断清除已溶解的试样表面，促进酸与试样更有效地接触，从而使样品迅速地被分解。

微波溶样设备有实验室专用的微波炉和微波马弗炉。常压微波溶样和高压微波溶样是 2 种常用的方法，微波溶样的条件应根据微波功率、分解时间、温度、压力和样品量之间的关系来选择。

微波溶样具有以下优点：

（1）被加热物质内外一起加热，瞬间可达高温，热能损耗少，利用率高。

（2）微波穿透深度强，加热均匀，对某些难溶样品的分解尤为有效。例如，用目前最有效的高压消解法分解锆英石，即使对不稳定的锆英石，在 200℃也需要加热 2 d，而用微波加热在 2 h 之内即可分解完成。

（3）传统加热需要相当长的预热时间才能达到加热温度，微波加热在微波管启动 10 ~ 15 s 便可奏效，溶样时间大为缩短。

（4）封闭容器微波溶样所用的试剂量少，空白值显著降低，且避免了痕量元素的挥发损失及样品污染，提高了分析的准确性。

（5）微波溶样易实现分析自动化，已广泛地应用于环境、生物、地质、冶金和其他物料的分析。

第 2 章

定量分析仪器及其操作方法

2.1　滴定分析仪器及其操作方法

滴定管、容量瓶、移液管、吸量管等，是分析化学实验中常用的溶液体积测量工具。

1. 滴定管及其使用

滴定管是滴定时可准确测量滴定剂体积的玻璃量具。它的管身用细长且内径均匀的玻璃管制成，上面刻有均匀的分度线，线宽不超过 0.3 mm；下端的流液口采用尖嘴，中间通过玻璃旋塞或乳胶管（配以玻璃珠）连接以控制滴定速度。滴定管分为酸式滴定管（如图 2.1（a）所示）和碱式滴定管（如图 2.1（b）所示），可用于常规分析中的经常性滴定操作；自动定零位滴定管（如图 2.1（c）所示）是将贮液瓶与具塞滴定管通过磨口塞连接在一起的滴定装置，加液方便，能够自动调节零点。

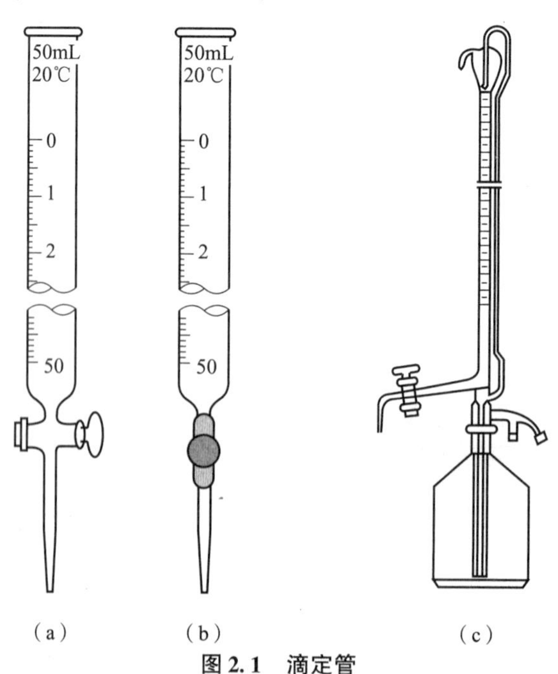

图 2.1　滴定管

（a）酸式滴定管；（b）碱式滴定管；（c）自动定零位滴定管

滴定管的总容量最小的为1 mL，最大的为100 mL，常用的是50 mL、25 mL和10 mL的滴定管，容量允差见表2.1（摘自GB/T 12805—2011）。

表2.1　常用滴定管的容量允差

标称总容量/mL		1	2	5	10	25	50	100
分度值/mL		0.01	0.02	0.02	0.05	0.1	0.1	0.2
容量允差/mL（±）	A级	0.010	0.010	0.010	0.025	0.04	0.05	0.10
	B级	0.020	0.020	0.020	0.050	0.08	0.10	0.20

滴定管的容量精度分为A级和B级，通常以喷、印的方法在滴管定管上制出耐久性标志，如制造厂商标、标准温度（20℃）、量出式符号（E_X）、精度级别（A或B）和标称总容量（mL）等。

酸式滴定管用来装酸性、中性及氧化性溶液，碱性溶液会腐蚀玻璃的磨口和旋塞，不适合装碱性溶液。碱式滴定管用来装碱性及无氧化性溶液，不宜装能与橡皮管起反应的溶液，如高锰酸钾、碘和硝酸根等溶液。

1）滴定管的准备

一般用自来水冲洗滴定管，零刻度线以上部位可用毛刷蘸洗涤剂刷洗，零刻度线以下部位可采用洗液（碱式滴定管应除去乳胶管，用橡胶乳头将滴定管下口堵住）。少量的污垢可装入约10 mL洗液，双手平托滴定管的两端，不断转动滴定管，使洗液润洗滴定管内壁。为了防止洗液外流，操作时管口对准洗液瓶口。洗完后，将洗液分别由两端放出。如果滴定管太脏，可将洗液装满整根滴定管浸泡一段时间，并在滴定管下方放置一只烧杯，以防止洗液流出。最后用自来水、蒸馏水洗净。洗净后的滴定管内壁应不挂水珠，否则应重新洗涤。

为了使酸式滴定管（简称酸管）玻璃旋塞转动灵活，必须在塞子与塞座内壁涂少许凡士林。旋塞涂凡士林有2种方法：一是用手指将凡士林涂润在旋塞的大头上（A部），并用火柴杆或玻璃棒将凡士林涂润在相当于旋塞B部的滴定管旋塞套内壁部分，如图2.2（a）所示；另一种方法是用手指蘸上凡士林后，均匀地在旋塞A、B两部分涂上薄薄的一层，如图2.2（b）所示。

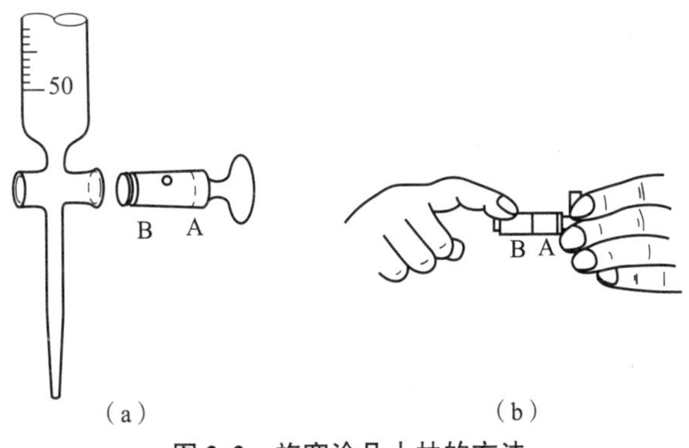

图2.2　旋塞涂凡士林的方法

涂凡士林后，将旋塞直接插入旋塞套中。插入时旋塞孔应与滴定管平行，不要转动旋塞，以避免将凡士林挤到旋塞孔中。插好后，向同一方向不断旋转旋塞，直至旋塞全部呈透明状为止。旋转时，应有一定的向旋塞小头部分方向挤的力，以免来回移动旋塞，使塞孔受堵。最后将橡皮圈套在旋塞的小头部分沟槽上（不允许使用橡皮筋绕）。涂凡士林后的滴定管，旋塞应转动灵活，凡士林层中没有纹络，旋塞呈均匀的透明状态。

凡士林涂得太多会堵住旋塞孔，涂得太少则达不到转动灵活和防止漏水的目的。旋塞孔或出口尖嘴被凡士林堵塞时，可将滴定管充满水后，将旋塞打开，用洗耳球在滴定管上部挤压、鼓气，从而将凡士林排出。

碱式滴定管（简称碱管）使用前，应检查橡皮管（医用胶管）是否老化、变质，玻璃珠是否适当，玻璃珠过大则不便操作，过小则会漏水。不符合要求时应及时更换橡皮管和玻璃珠。

2）滴定操作

练习滴定操作要注意下面几个要领。

（1）滴定剂溶液的装入。将溶液装入酸管或碱管之前，应将试剂瓶中的溶液摇匀，使凝结在瓶内壁上的水珠混入溶液。混匀后的滴定剂溶液应直接倒入滴定管中，不得用其他容器（如烧杯、漏斗等）转移。先用滴定剂溶液润洗滴定管内壁 3 次，每次 10 ~ 15 mL，再将滴定剂溶液直接倒入滴定管，直至充满至零刻线以上为止。

（2）管嘴气泡的检查及排除。滴定管充满滴定剂溶液后，应检查管的出口下部尖嘴部分是否充满溶液，是否有气泡。为了排除碱管中的气泡，可将碱管垂直地夹在滴定架上，左手拇指和食指捏住玻璃珠部位，使医用胶管向上弯曲翘起，并捏挤医用胶管，使溶液从管口喷出，即可排除气泡，如图 2.3 所示。酸管的气泡一般容易看出，当有气泡时，右手拿滴定管上部无刻度处，并使滴定管倾斜 30°，左手迅速打开活塞，使溶液冲出管口，反复数次，便可排除酸管出口处的气泡。由于目前酸管制作有时不符合要求，因此，有时按上述方法仍无法排除酸管出口处的气泡，这时可在出口尖嘴上接一根约 10 cm 的医用胶管，然后按碱管排除气泡的方法进行排除。

（3）滴定姿势。站着滴定时要求站立好。有时为操行方便也可坐着滴定。

（4）酸管的操作。使用酸管时，左手握滴定管，无名指和小指向手心弯曲，轻轻地贴着出口部分，用其余三指控制旋塞的转动，如图 2.4 所示。应使旋塞稍有一点向手心的回力，以免推出旋塞造成漏水。当然，也不要过分往里用太大的回力，以免造成旋塞转动困难。

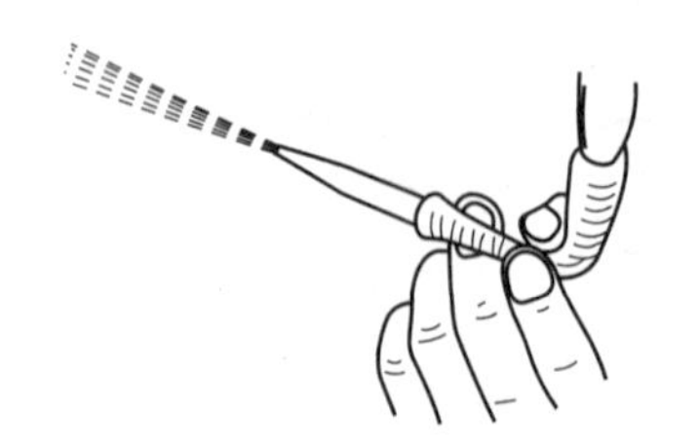

图 2.3　碱管排除气泡的方法

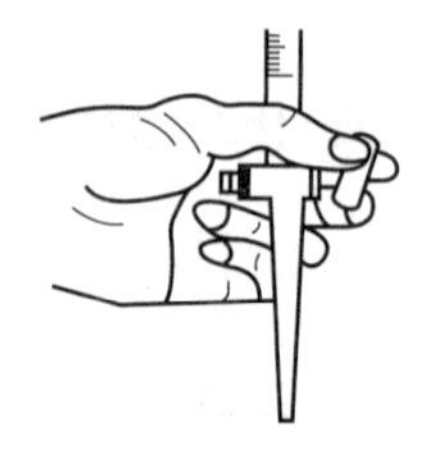

图 2.4　酸管的操作

（5）碱管的操作。使用碱管时，仍以左手握管，拇指和食指捏住玻璃珠所在部位，向指尖方向挤医用胶管，使玻璃珠移至手心一侧，溶液即可从玻璃珠旁边的空隙流出，如图

2.5 所示。必须指出，不要用力捏玻璃珠，也不要使玻璃珠上下移动，更不要捏玻璃珠下部胶管，以免空气进入而形成气泡，影响读数。

（6）滴定与摇瓶的配合。滴定操作可在锥形瓶或烧杯内进行。当用锥形瓶进行滴定时，用右手的拇指、食指和中指拿住锥形瓶，其余两指辅助在下侧，使瓶底离滴定台高约 2 ~ 3 cm，滴定管下端伸入瓶口内约 1 cm。左手捏住滴定管，如图 2.6 所示，按前述方法，边滴加滴定剂溶液，边用右手摇动锥形瓶。

用烧杯滴定时，将烧杯放在滴定台上，调节滴定管的高度，使其下端伸入烧杯内约 1 cm。滴定管下端应在烧杯中心的左后方处，以利于搅拌。左手滴加溶液，右手持玻璃棒搅动溶液，如图 2.7 所示。玻璃棒应作圆周搅动，不要碰到烧杯壁和底部。当滴至接近终点只滴加半滴溶液时，用玻璃棒下承接此悬挂的溶液于烧杯中，但要注意，玻璃棒只能接触液滴，不能接触管尖，其余操作同前所述。

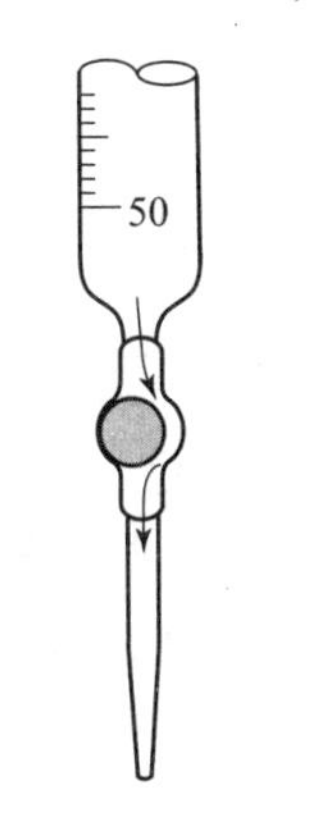

图 2.5　碱管的操作

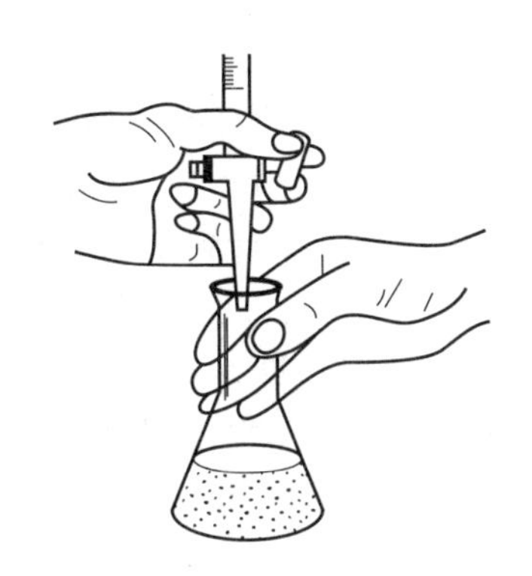

图 2.6　两手操作姿势

图 2.7　在烧杯中的滴定操作

进行滴定操作时，应注意如下几点：

①为了减少滴定误差，最好每次滴定都从 0.00 mL 开始，或接近 0.00 mL 的任一刻度开始。

②滴定时，左手不能离开旋塞，避免溶液自流。

③摇液时，应微动腕关节，使溶液向同一方向旋转（左、右旋转均可），不能前后振动，以免溶液溅出。摇瓶时瓶口不能碰到管口，以免造成事故。同时，要有一定速度，使溶液旋转出现旋涡，以避免化学反应的进行。

④滴定时，要观察滴落点周围颜色的变化，不要看滴定管上的刻度变化，以保证终点准确。

⑤注意控制滴定速度，一般开始时，滴定速度可稍快，呈“见滴成线”，这时为 10 $mL \cdot min^{-1}$，即每秒 3 ~ 4 滴。不要滴成“水线”，否则滴定速度太快。接近终点时，加 1 滴摇几下，再加，再摇。最后是每加半滴摇几下锥形瓶，直至溶液出现明显的颜色变化为止。

（7）半滴的控制和吹洗。学生应该扎扎实实地练好加入半滴溶液的方法。用酸管时，可轻轻转动旋塞，使溶液悬挂在出口管嘴上，形成半滴，用锥形瓶内壁将其沾落，再用洗瓶吹洗。用碱管加半滴溶液时，应先松开拇指与食指，将悬挂的半滴溶液沾在锥形瓶内壁上，再放开无名指和小指，避免出口管尖出现气泡。

（8）滴定管的读数。滴定管读数前，应注意管出口嘴尖上挂水珠。若挂有水珠则读数结果是不准确的。读数一般应遵守下列原则：

①读数时应取下滴定管，用右手大拇指和食指捏住滴定管上部的无刻度处，其他手指从旁辅助，使滴定保持垂直再读数。一般不采用将滴定管夹在滴定管架上读数，因为这样很难保证滴定管的垂直和准确读数。

②由于水的附着力和内聚力的作用，滴定管内的液面呈弯月形，无色和浅色溶液的弯月面比较清晰，读数时视线应与弯月面下缘实线的最低点在同一水平面上，如图 2.8 所示；$KMnO_4$、I_2 等有色溶液的弯月面是不清晰的，读数时，视线应与液面两侧的最高点相切，以保证读数准确。

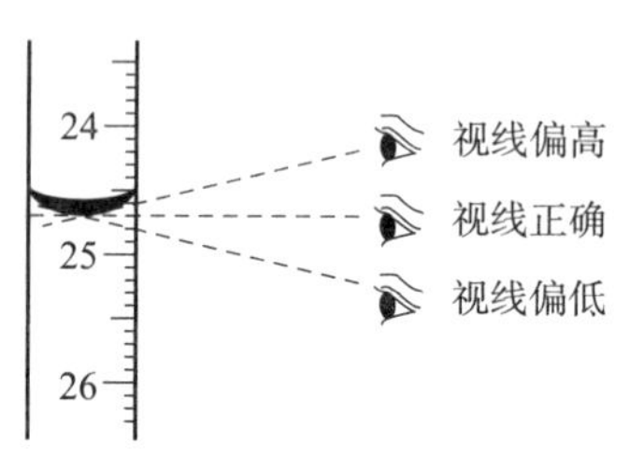

图 2.8　读数视线的位置

③为保证读数准确，在管装满或放出溶液 1 ~ 2 min 后，再读数。如果放出液的速度较慢（如接近终点时），可等 0.5 ~ 1 min 读数。每次读数前，都要观察管壁是否挂有水珠，管的出口尖嘴处是否悬有液滴，管嘴有无气泡。

④读取的值保留毫升小数点后 2 位，即要求估计到 0.01 mL。正确掌握估计 0.01 mL 读数的方法很重要。滴定管上 2 个小刻度之间为 0.1 mL，估计其 1/10 的值需要进行严格的训练。估计方法为：当液面在 2 个小刻度之间时，即为 0.05 mL；若液面在 2 个小刻度的 1/3 处，即为 0.03 mL 或 0.07 mL；当液面在 2 个小刻度的 1/5 处时，即为 0.02 mL 或 0.08 mL。

⑤蓝带滴定管的读数方法与上述相同。当蓝带滴定管盛溶液后近似有 2 个弯月面，其上下 2 个尖端相交，该相交点的位置即为蓝带滴定管读数的正确位置。

⑥采用读数卡有利于初学者练习读数。读数卡是用贴有黑纸或涂有黑色长方形（约 3 cm × 1.5 cm）的白纸制成。读数时，将读数卡放在滴定管背后，使黑色部分在弯月面下约 1 mL 处，此时可看到弯月面的反射层全部为黑色，读出黑色弯月面下缘最低点的读数，如图 2.9 所示。

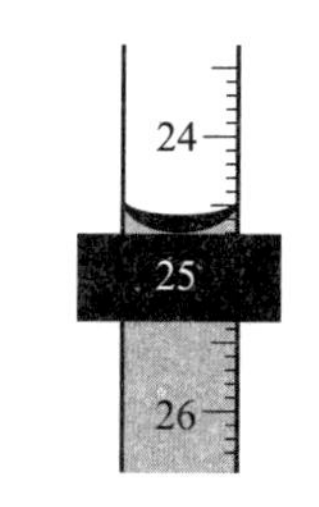

图 2.9　读数卡

有色溶液读其两侧最高点时，用白色卡片作为背景。

2. 容量瓶及其使用

配制标准溶液要用到容量瓶，如图 2.10 所示。容量瓶是一种细颈梨形的平底玻璃瓶，带有玻璃磨口玻璃塞或塑料塞，可用橡皮筋将塞子系在容量瓶的颈上。颈上有标度刻线，一般表示在 20℃时液体充满标度刻线时的准确容积。

容量瓶的精度级别分为 A 级和 B 级，GB/T 12806—2011 规定的容量允差见表 2.2。

表 2.2　常用容量瓶的容量允差

标称总容量/mL		5	10	25	50	100	200	250	500	1 000	2 000
容量允差/mL(±)	A 级	0.020	0.020	0.03	0.05	0.10	0.15	0.15	0.25	0.40	0.60
	B 级	0.040	0.040	0.06	0.10	0.20	0.30	0.30	0.50	0.80	1.20

容量瓶常和分析天平、移液管配合使用，把配成溶液的某种物质分成若干等分或不同的质量。为了正确地使用容量瓶，应注意以下几点。

1）检查容量瓶

首先看瓶塞是否漏水，漏水则无法准确配制溶液；然后看标度刻线位置距离瓶口是否太近，标度刻线离瓶口太近则不便混匀溶液。

（1）容量瓶是否漏水。检查瓶塞是否漏水的方法如下：①加自来水至标度刻线附近，盖好瓶塞后，左手食指按住瓶塞，其余手指拿住瓶颈标度刻线以上部分，右手指尖托住瓶底边缘，如图2.11所示；②将容量瓶倒立2 min，若不漏水，则将其直立，转动瓶塞180°后，再倒立2 min检查，仍不漏水方可使用。

（2）标度刻线位置距离瓶口是否太近。如果漏水或标线离瓶口太近，不便混匀溶液，则不宜使用。使用容量瓶时，不要将玻璃磨口塞随便取下放在桌面上，以免沾污或搞错，可用橡皮筋或细绳将瓶塞系在瓶颈上，如图2.12所示。当使用平顶的塑料塞子时，操作时也可将塞子倒置在桌面上放置。

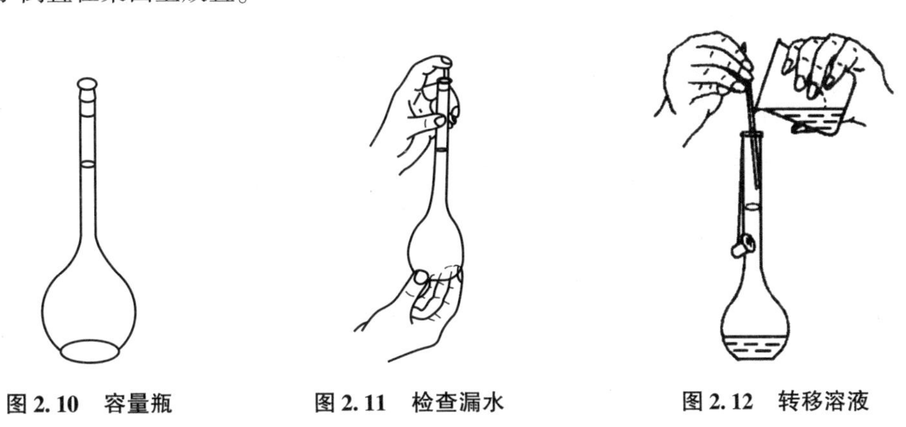

图2.10　容量瓶　**图2.11　检查漏水**　**图2.12　转移溶液**

2）溶液的配制

用容量瓶配制标准溶液或分析试液时，最常用的方法是称取待溶固体于小烧杯中，加水或其他溶剂将固体溶解，然后将溶液定量转入容量瓶中。定量转移溶液时，右手拿玻璃棒，左手拿烧杯，使烧杯嘴紧靠玻璃棒，而玻璃棒悬空伸入容量瓶口中，棒的下端靠在瓶颈内壁上，使溶液沿玻璃棒和内壁流入容量瓶中。烧杯中溶液流完后，将玻璃棒和烧杯稍微向上提起，并使烧杯直立，再将玻璃棒放回烧杯中，然后用洗瓶吹洗玻璃棒和烧杯内壁，再将溶液转入容量瓶中。如此吹洗、转移溶液的操作重复5次以上，以保证定量转移。

加水至容量瓶的3/4左右容积时，用右手食指和中指夹住瓶塞的扁头，将容量瓶拿起，按同一方向摇动几周，使溶液初步混匀；继续加水至距离标度刻线约1 cm处，等待1～2 min使附在瓶颈内壁的溶液流下，再用细而长的滴管或洗瓶加水至弯月面下缘与标度刻线相切。

当加水至容量瓶的标度刻线时，盖上干的瓶塞，按照图2.11所示姿势将容量瓶倒转，待气泡上升到顶部，摇瓶混匀溶液。再将瓶直立过来，然后倒转，使气泡上升到顶部，振荡溶液。如此反复10次左右。

3）稀释溶液

用移液管移取一定体积的溶液于容量瓶中，加水至标度刻线。按前述方法混匀溶液。

4）不宜长期保存试剂溶液

不要将容量瓶当作试剂瓶使用，配好的溶液需要保存时，应转移至磨口试剂瓶中。

5）使用完毕应立即用水冲洗干净

容量瓶若长期不用，磨口处应洗净擦干，并用纸片将磨口隔开。

容量瓶不得在烘箱中烘烤，也不能在电炉等加热器上直接加热。若需使用干燥的容量瓶，可将容量瓶洗净后，用乙醇等有机溶剂荡洗后晾干或用电吹风吹干。

3. 移液管和吸量管及其使用

移液管是用于准确量取一定体积溶液的量出式玻璃量具，它的中间有膨大部分，如图 2. 13（a）所示，管颈上部刻有一圈标线，在标明的温度下，使溶液的弯月面与移液管标线相切，让溶液按一定的方法自由流出，则流出的体积和管上标明的体积相同。

移液管按其容量精度分为 A 级和 B 级。GB/T 12808—2015 规定的容量允差见表 2. 3。

（a）（b）（c）（d）

图 2. 13　移液管和吸量管

（a）移液管；（b）(c)(d)吸量管

吸量管是具有分刻度的玻璃管，如图 2. 13（b）(c)(d) 所示，一般只用于量取小体积的溶液。常用的吸量管有 1 mL、2 mL、5 mL、10 mL 等规格，吸量管吸取溶液的准确度不如移液管。应该注意，有一些吸量管的分刻度不是刻到管尖，而是离管尖差 1 ~2 cm。

表 2. 3　常用移液管的容量允差

标称总容量/mL		2	5	10	20	25	50	100
容量允差/mL（±）	A 级	0. 010	0. 015	0. 020	0. 030	0. 030	0. 050	0. 080
	B 级	0. 020	0. 030	0. 040	0. 060	0. 060	0. 100	0. 160

1）移液管和吸量管的润洗

移取溶液前，可用吸水纸将洗干净的管的尖端内外的水除去，然后用待吸溶液润洗 3 次。按照图 2. 14 所示姿势，将管尖伸入溶液或洗液中吸取，待吸液吸至球部的 1/4 处时（注意勿使溶液流回，以免稀释溶液），移出、荡洗、弃去。如此反复荡洗 3 次，润洗过的溶液应从尖口放出、弃去。荡洗是保证管的内壁及有关部位与待吸溶液处于同一体系浓度状态的重要步骤。

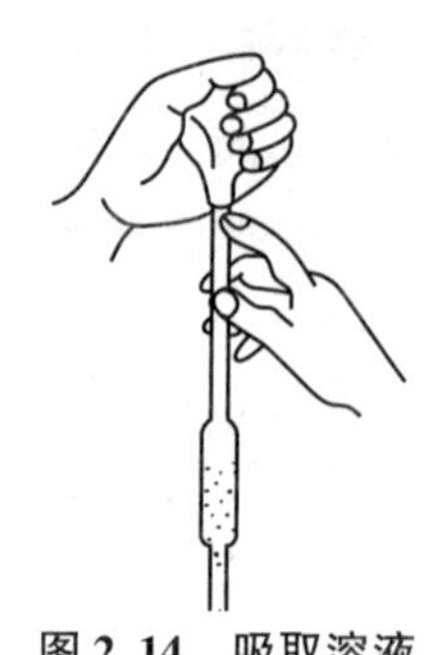

图 2. 14　吸取溶液

吸量管的润洗操作与移液管相同。

2）移取溶液

移液管经润洗后，移取溶液时，将管直接插入待吸液液面下约 1 ~2 cm 处。管尖不应伸入太浅，以免液面下降后造成吸空；也不应伸入太深，以免移液管外部附有过多的溶液。

吸液时，要注意容器中液面和管尖的位置，管尖应随液面下降而下降。当洗耳球慢慢放松时，管中的液面徐徐上升，当液面上升至标线以上时，迅速移去洗耳球，并快速用右手食指堵住管口，左手改拿盛待吸液的容器。

将移液管往上提起，使之离开液面，并将管的下端伸入溶液的部分沿待吸液容器内部轻转 2 圈，以除去管壁上的溶液。然后使容器倾斜成约 30°，其内壁与移液管尖紧贴，此时右手食指微微松动，使液面缓慢下降，直到视线平视时弯月面与标线相切，并立即用食指按紧管口。

移开待吸液容器，左手改拿接收溶液的容器，并将接收容器倾斜，使内壁紧贴移液管尖，成 30°左右。最后放松右手食指，使溶液自然地顺壁流下，如图 2. 15 所示。待液面下降到管尖，再等 15 s 左右，移出移液管。此时，管尖部位仍留有少量溶液，对此，除特别注明“吹”（blow-out）字的以外，工厂生产和检定移液管时未算入管尖部位留存的溶液体积，因此，此部分溶液不能吹入接收容器中。但必须指出，由于一些管口尖部做得并不圆滑，可能会由于靠接收容器内壁的管尖部位的不同方位而留存在管尖部位的体积有大小的变化，为此，可在等待 15 s 后，将管身往左右旋动一下，这样管尖部分每次留存的体积基本相同，不会导致平行测定时的过大误差。

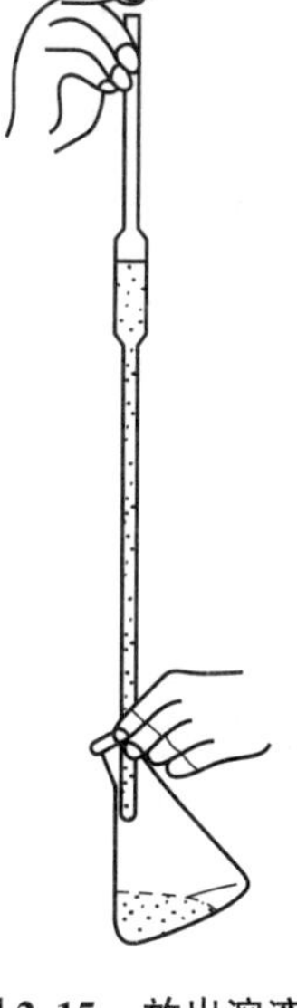

图 2. 15　放出溶液

用吸量管吸取溶液的操作与上述操作基本相同，但要特别注意吸量管上常标有“吹”字，特别是 1 mL 以下的吸量管。对于如图 2. 13（d）所示的吸量管，它的分度刻线到管尖尚差 1 ~2 cm，放出溶液时更应注意。实验中，要尽量使用同一支吸量管，以免带来误差。

2. 2　沉淀重量分析法的操作

沉淀重量分析法是利用沉淀反应，将被测物质转变成一定的称量形式后测定物质含量的方法，基本操作包括试样溶解、沉淀、陈化、过滤和洗涤、烘干和灼烧等，每个操作都会影响最后的分析结果，故每一步操作都必须认真、正确。

1. 试样溶解

根据被测试样的性质选用不同的溶解试剂，以确保待测组分全部溶解，且不使待测组分发生氧化-还原反应造成损失，加入的试剂应不影响测定。所用的玻璃仪器内壁（与溶液接触面）不能有划痕，玻璃棒两头应烧圆，以防粘附沉淀物。

（1）试样溶解时不产生气体的溶解方法：称取样品放入烧杯中，盖上表面皿，溶解时，取下表面皿，凸面向上放置，试剂沿着下端紧靠杯内壁的玻璃棒慢慢加入，加完后将表面皿盖在烧杯上。

（2）试样溶解时产生气体的溶解方法：称取样品放入烧杯中，先用少量水将样品润湿，表面皿凹面向上盖在烧杯上，用滴管滴加或沿玻璃棒将试剂自烧杯嘴与表面皿之间的孔隙缓慢加入试剂，以防猛烈产生气体。加完试剂后，用水吹洗表面皿的凸面，流下来的水应沿烧杯内壁流入烧杯中，用洗瓶吹洗烧杯内壁。

试样溶解需加热或蒸发时，应在水浴锅内进行，烧杯上必须盖上表面皿，以防溶液剧烈爆沸或崩溅，加热、蒸发停止时，用洗瓶洗表面皿或烧杯内壁。

溶解时需用玻璃棒搅拌的，此玻璃棒不能再作为它用。

2. 沉淀

重量分析时对被测组分的洗涤应是完全和纯净的。要达到此目的，对晶形沉淀的沉淀条件应做到“五字原则”，即稀、热、慢、搅、陈。

稀：沉淀的溶液配制要适当稀。

热：沉淀时应将溶液加热。

慢：沉淀剂的加入速度要缓慢。

搅：沉淀时要用玻棒不断搅拌。

陈：沉淀完全后，要静止一段时间陈化。

为达到上述要求，沉淀操作时，应一只手拿滴管，缓慢滴加沉淀剂，另一只手持玻璃棒不断搅动溶液，搅动时玻璃棒不要碰烧杯内壁和烧杯底，速度不宜快，以免溶液溅出。加热时应在水浴或电热板上进行，不得使溶液沸腾，否则会引起水溅或产生泡沫飞散造成被测物的损失。

沉淀后应检查沉淀是否完全，方法是将沉淀溶液静止一段时间，让沉淀下沉，上层溶液澄清后，滴加 1 滴沉淀剂，观察交接面是否混浊，如果混浊，则表明沉淀未完全，还需加入沉淀剂；反之，则沉淀完全。

3. 陈化

沉淀完全后，盖上表面皿，放置过夜或在水浴上保温 1 h 左右，进行陈化，使小晶体长成大晶体，同时减少共沉淀杂质。

4. 过滤和洗涤

过滤和洗涤的目的在于将沉淀从母液中分离出来，使其与过量的沉淀剂及其他杂质组分分开，并通过洗涤将沉淀转化成纯净的单组分。

对于需要灼烧的沉淀物，常在玻璃漏斗中用滤纸进行过滤和洗涤；对只需烘干即可称重的沉淀物，则在古氏坩埚中进行过滤和洗涤。在操作过程中，不得造成沉淀的损失。

过滤用的玻璃漏斗锥体角度应为 60°，颈长一般为 15 ~ 20 cm，颈的内径以 3 ~ 5 mm 为宜，颈口处磨成 45°，如图 2. 16 所示。漏斗的大小应与滤纸的大小相适应，使折叠后的滤纸上缘低于漏斗上沿 0. 5 ~ 1 cm，绝不能超出漏斗边缘。

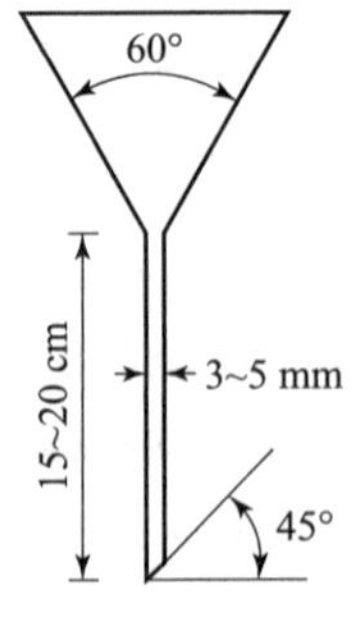

图 2. 16 漏斗规格

滤纸分为定性滤纸和定量滤纸 2 大类，重量分析中使用的是定量滤纸，定量滤纸经灼烧后，灰分小于 0. 000 1 g 的为无灰滤纸，其质量可忽略不计；若灰分质量大于 0.000 2 g，则需从沉淀物中扣除其质量，一般市售定量滤纸都已注明每张滤纸的灰分质量，可供参考。定量滤纸一般为圆形，按直径大小分为 11 cm、9 cm、7 cm、4 cm 等规格，按滤速可分为快、中、慢速 3 种，定量滤纸的选择应根据沉淀物的性质来定。滤纸大小的选择应注意沉淀物完全转入滤纸后，沉淀物的高度一般不超过滤纸圆锥高度的 1/3。

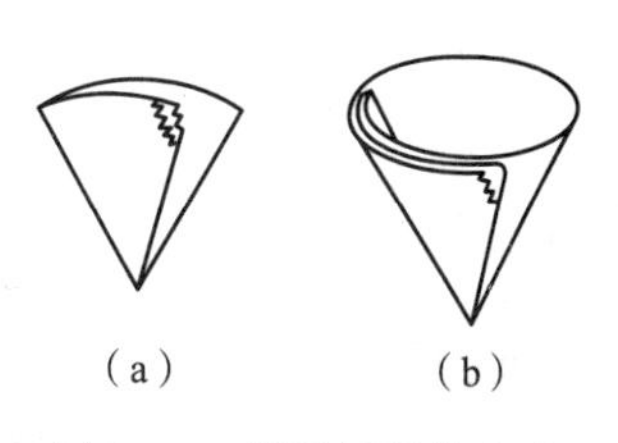

图 2.17　滤纸折叠的方法

(a) 打开前；(b) 打开后

滤纸一般按四折法折叠，即先将滤纸整齐地对折后再对折。为保证滤纸与漏斗密合，第 2 次对折时暂不压紧，将其打开后成为顶角稍大于 60°的圆锥体，如图 2.17 所示。改变滤纸折叠的角度，直到滤纸与漏斗密合为止（这时可把滤纸压紧，但不要用手指在滤纸上抹，以免滤纸破裂）。

为了使滤纸 3 层的一边紧贴漏斗，常把 3 层滤纸的外面两层撕去一角（撕下来的纸角保存起来，以备需要时擦拭沾在烧杯口外或漏斗壁上少量残留的沉淀用），用手指按住滤纸中 3 层的一边，以少量的水润湿滤纸，使它紧贴在漏斗壁上，轻压滤纸，赶走气泡（切勿上下搓揉），加水至滤纸边缘，使之形成水柱（即漏斗颈中充满水）。若不能形成完整的水柱，则一边用手指堵住漏斗的下口，一边稍掀起 3 层的滤纸，用洗瓶在滤纸和漏斗之间加水，使漏斗颈和锥体的大部分被水充满，然后一边轻轻按下掀起的滤纸，一边断断续续放开堵在出口处的手指，即可形成水柱。

将准备好的漏斗放在漏斗架上，盖上表面皿，下面接一个清洁烧杯，烧杯的内壁与漏斗出口长的一边接触，收集滤液的烧杯也用表面皿盖好，然后开始过滤。

过滤分 3 步进行：第 1 步采用倾泻法，尽可能过滤上层清液，如图 2.18 所示；第 2 步转移沉淀到漏斗上；第 3 步清洗烧杯和漏斗上的沉淀。3 个步骤的操作一定要一次完成，不能间断，尤其是过滤胶状沉淀时更应如此。

第 1 步采用倾泻法是为了避免沉淀过早堵塞滤纸上的孔隙，影响过滤速度。沉淀剂加完后，静置一段时间，待沉淀下降后，将上层清液沿玻璃棒倾入漏斗中，玻璃棒要直立，下端对着滤纸的 3 层边，尽可能靠近滤纸但不接触。倾入的溶液量一般只充满滤纸的 2/3，离滤纸上边缘至少 5 mm，否则少量沉淀会因毛细管作用越过滤纸上缘，造成损失。

暂停倾泻溶液时，烧杯应沿玻璃棒使其向上提起，逐渐使烧杯直立，以免烧杯嘴上的液滴流失。带沉淀的烧杯放置方法如图 2.19 所示，烧杯下放一块木块，使烧杯倾斜，以利于

图 2.18　倾泻法过滤

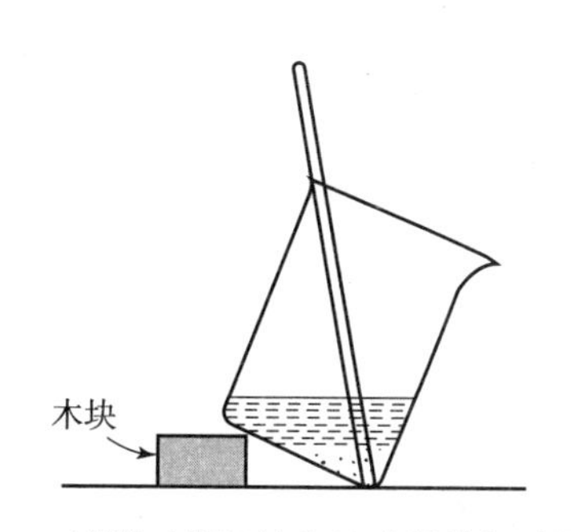

图 2.19　过滤时带沉淀和溶液的烧杯放置方法

沉淀和清液分开。待烧杯中沉淀澄清后，继续倾注，重复上述操作，直至上层清液倾完为止。开始过滤后，要检查滤液是否透明，如果浑浊，则换一个洁净烧杯，将滤液重新过滤。

用倾泻法将清液完全过滤后，应对沉淀做初步洗涤。根据沉淀的类型和实验内容选择洗涤液。洗涤时，沿烧杯壁旋转着加入约 10 mL 洗涤液（或蒸馏水）吹洗烧杯四周内壁，使粘附着的沉淀集中在烧杯底部，待沉淀下沉后，按前述方法倾出过滤清液，如此重复 3 ~ 4 次。加入少量洗涤液于烧杯中，搅动沉淀使之均匀，立即将沉淀和洗涤液一起通过玻璃棒转移至漏斗上，再加入少量洗涤液于杯中，搅拌均匀，转移至漏斗上，重复几次，使大部分沉淀都转移到滤纸上。然后将玻璃棒横架在烧杯口上，下端应在烧杯嘴上，且超出杯嘴 2 ~ 3 cm，用左手食指压住玻棒上端，大拇指在前，其余手指在后，将烧杯倾斜放在漏斗上方，杯嘴向着漏斗，玻棒下端指向滤纸的 3 边层，用洗瓶或滴管吹洗烧杯内壁，沉淀连同溶液流入漏斗中，如图 2.20 所示。若有少许沉淀牢牢粘附在烧杯壁上而吹洗不下来，可用前面折叠滤纸时撕下的纸角，以水湿润后，先擦玻璃棒上的沉淀，再用玻璃棒按住纸块沿杯壁自上而下旋转着把沉淀擦“活”，然后用玻璃棒将其拨出，放入该漏斗中心的滤纸上，与主要沉淀合并，用洗瓶吹洗烧杯，把擦“活”的沉淀微粒涮洗入漏斗中。

在明亮处仔细检查烧杯内壁、玻璃棒、表面皿是否干净，不粘附沉淀，若仍有痕迹，则再次擦拭，转移，直到完全为止。有时也可用沉淀帚（如图 2.21 所示）在烧杯内壁自上而下、从左向右擦洗烧杯上的沉淀，然后洗净沉淀帚。沉淀帚一般可自制，剪一段乳胶管，一端套在玻棒上，另一端用橡胶胶水粘合，用夹子夹扁晾干即成。

沉淀全部转移至滤纸上后，接着要进行洗涤，以除去吸附在沉淀表面的杂质及残留液。洗涤方法如图 2.22 所示，将洗瓶在水槽上洗吹出洗涤剂，使洗涤剂充满洗瓶的导出管后，将洗瓶拿在漏斗上方，吹出洗瓶的水流从滤纸的多重边缘开始，螺旋地往下移动，到多重部分停止，这称为“从缝到缝”，这样，可使沉淀洗得干净且可将沉淀集中到滤纸的底部。为了提高洗涤效率，应掌握洗涤方法的要领。洗涤沉淀时要少量多次，即每次螺旋地往下洗涤时，所用洗涤剂的量要少，以便尽快沥干，沥干后，再行洗涤。如此反复多次，直至沉淀洗净为止。

图 2.20　转移沉淀

图 2.21　沉淀帚

图 2.22　沉淀的洗涤

过滤和洗涤沉淀的操作，必须不间断地一次完成。若时间间隔过久，沉淀会干涸，粘成一团，就几乎无法洗涤干净了。无论是盛着沉淀还是盛着滤液的烧杯，都应该用表面皿盖好。每次过滤完液体后，应将漏斗盖好，以防落入尘埃。

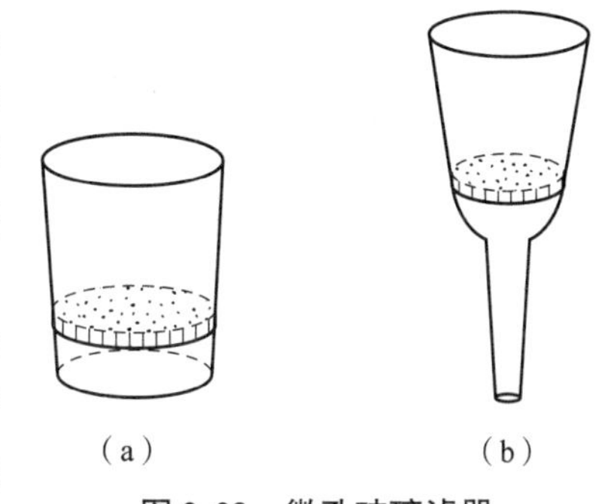

图 2.23　微孔玻璃滤器

（a）微孔玻璃坩埚；（b）微孔玻璃漏斗

不需称量的沉淀或烘干后即可称量或热稳定性差的沉淀，均应在微孔玻璃滤器内进行过滤，如图 2.23 所示，这种滤器的滤板是用玻璃粉末在高温下熔结而成的，因此又常称为玻璃钢砂芯漏斗（坩埚）。微孔玻璃滤器不能过滤强碱性溶液，以免强碱腐蚀玻璃微孔。微孔玻璃滤器按微孔的孔径大小由大到小可分为 6 级，即 G_1 ~ G_6（或称 1 ~ 6 号），其规格和用途见表 2.4。

表 2.4　微孔玻璃滤器的规格和用途

滤板编号	孔径/μm	用途	滤板编号	孔径/μm	用途
G_1	20 ~ 30	滤除大沉淀物及胶状沉淀物	G_4	3 ~ 4	滤除液体中细的沉淀物或极细沉淀物
G_2	10 ~ 15	滤除大沉淀物及气体洗涤	G_5	1.5 ~ 2.5	滤除较大杆菌及酵母
G_3	4.5 ~ 9	滤除细沉淀及水银	G_6	1.5 以下	滤除 1.4 ~ 0.6 μm 的病菌

微孔玻璃滤器的使用方法如下。

（1）砂芯玻璃滤器的洗涤：新的滤器使用前应以热浓盐酸或铬酸洗液边抽滤边清洗，再用蒸馏水洗净。使用后的砂芯玻璃滤器针对不同沉淀物采用适当的洗涤剂洗涤，首先用洗涤剂、水反复抽洗或浸泡玻璃滤器，再用蒸馏水冲洗干净，在 110℃ 条件下烘干，保存在无尘的柜或有盖的容器中备用。洗涤砂芯玻璃滤器的常用洗涤液见表 2.5。

表 2.5　洗涤砂芯玻璃滤器的常用洗涤剂

沉淀物	洗涤液
AgCl	（1∶1）氨水或 10% $Na_2S_2O_3$ 溶液
$BaSO_4$	100℃ 浓硫酸或 EDTA－NH_3 溶液（3% EDTA 二钠盐 500 mL 与浓氨水 100 mL 混合），加热洗涤
氧化铜	热 $KClO_4$ 或 HCl 混合液
有机物	铬酸洗液

（2）过滤：微孔玻璃滤器必须在抽滤的条件下，采用倾泻法过滤，其过滤、洗涤、转移沉淀等操作均与滤纸过滤法相同。

5. 烘干和灼烧

过滤所得沉淀经加热处理，即获得组成恒定的、与化学式表示组成完全一致的沉淀。

1）沉淀的包裹

胶状沉淀体积大，可用扁头玻璃棒将滤纸的3层部分挑起，向中间折叠，将沉淀全部盖住，如图2.24所示，再用玻璃棒轻轻转动滤纸包，以便擦净漏斗内壁可能粘有的沉淀。

将滤纸包转移至已恒重的坩埚中。包晶形沉淀可按照图2.25（a）或（b）所示的方法卷成小包将沉淀包好，用滤纸原来不接触沉淀的部分将漏斗内壁轻轻擦一下，擦下可能粘在漏斗上部的沉淀微粒。

图2.24 胶状沉淀的包裹

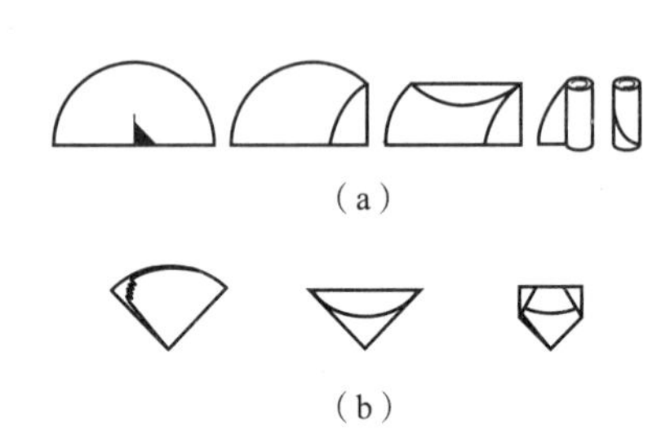

图2.25 晶形沉淀的两种包裹方法

2）沉淀的烘干

滤纸和沉淀的烘干通常采用煤气灯或电炉，温度一般低于250℃。将滤纸包的3层部分向上放入已恒重的坩埚中，使滤纸易于灰化。用煤气灯加热时，将放有沉淀包的坩埚倾斜置于泥三角上，其埚底枕在泥三角的一个横边上，如图2.26所示，然后把坩埚盖半掩着倚于坩埚口，使火焰热气反射，有利于滤纸的烘干和炭化，如图2.26（a）所示。用小火来回扫过坩埚，使其均匀而缓慢地受热，以避免坩埚因骤热而破裂。然后将煤气灯置于坩埚盖中心之下，如图2.26（b）所示，利用反射焰将滤纸和沉淀烘干。这一步不能太快，尤其对于含有大量水分的胶状沉淀，很难一下烘干，若加热太猛，沉淀内部水分迅速汽化，会挟带沉淀溅出坩埚，造成实验失败。

凡是用微孔玻璃滤器过滤的沉淀，可用烘干方法处理。其方法为将微孔玻璃滤器连同沉淀放在表面皿上，置于烘箱中，选择合适的温度。第1次烘干时间可稍长（如2 h），第2次烘干时间可缩短为40 min，沉淀烘干后，置于干燥器中冷却至室温后称重。如此反复操作几次，直至恒重为止。注意每次操作条件要保持一致。

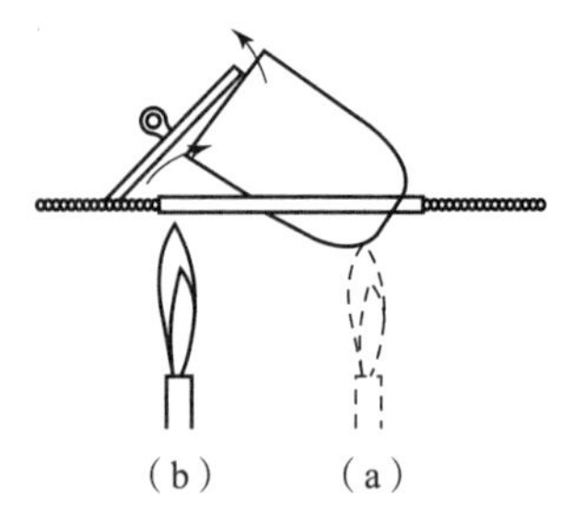

图2.26 沉淀的干燥和灼烧

(a) 沉淀的干燥和滤纸的炭化；
(b) 滤纸的灰化和沉淀的灼烧

3）炭化和灰化

炭化是将烘干后的滤纸烤成炭黑状，灰化是将炭黑状的滤纸灼烧成灰。滤纸全部炭化后，把煤气灯置于坩埚底部，如图2.26（b）所示，逐渐加大火焰，并使氧化焰完全包住坩埚，烧至红热。炭化和灰化时若遇滤纸着火，应立即用坩埚钳夹住坩埚盖将坩埚盖住，让火焰自行熄灭，切勿用嘴吹熄，以避免沉淀随气流飞散而损失。待火熄灭后，将坩埚盖移至原来位置，继续加热至全部炭化直至灰化。

4）灼烧至恒重

沉淀和滤纸灰化后，将坩埚移入高温炉中（根据沉淀性质调节至适当温度），盖上坩埚盖，要注意留有空隙。在与灼热空坩埚相同的温度下，灼烧 40 ~ 45 min，与空坩埚灼烧操作相同，取出，冷却至室温，称重。然后进行第 2 次、第 3 次灼烧，直至坩埚和沉淀恒重为止。一般第 2 次以后灼烧 20 min 即可。恒重是指相邻 2 次灼烧后的称量差值不大于 0.4 mg。每次灼烧完毕从炉内取出坩埚后，都应在空气中稍冷再移入干燥器中，冷却至室温后称重。然后继续灼烧，冷却，称量，直至恒重。注意每次灼烧、称重和放置的时间要保持一致。

2.3　分析天平及其使用方法

分析天平是分析化学实验中最重要、最常用的仪器之一。

按照天平的结构特点，分析天平分为等臂（双盘）天平、不等臂（单盘）天平和电子天平 3 类，它们的载荷一般为 100 ~ 200 g；按照分度值的大小，分为常量分析天平（0.1 mg/分度）、微量分析天平（0.01 mg/分度）和超微量分析天平（0.001 mg/分度）。

表 2.6　常用分析天平的规格和型号

种类	型号	名称	规格
不等臂（双盘）天平	TG328A	全机械加码电光天平	200 g/0.1 mg
	TG328B	半机械加码电光天平	200 g/0.1 mg
	TG322A	微量天平	20 g/0.1 mg
不等臂（单盘）天平	DT-100	单盘精密天平	100 g/0.1 mg
	DTG-160	单盘电光天平	160 g/0.1 mg
电子天平	FA1604	上皿式电子天平	160 g/0.1 mg
	JA2003	上皿式电子天平	200 g/0.1 mg

常用分析天平的规格和型号见表 2.6。下面重点介绍半机械加码电光天平和电子天平。

1. 半机械加码电光天平

半机械加码电光天平是利用杠杆原理制造的。各种型号的半机械加码电光天平的构造和使用方法大同小异。TG328B 型半机械加码电光天平（简称电光天平）如图 2.27 所示，它主要由天平横梁、天平正中、悬挂系统、读数系统、天平升降旋钮、机械加码装置和砝码等部件组成，各部分构造及其使用方法如下。

1）天平横梁

天平横梁是天平的主要部件，一般由铝铜合金制成。在梁上等距离安装了 3 个玛瑙刀，两边装有 2 个平衡螺丝，用来调节横梁的平衡位置（即粗调零点），梁的中间装有垂直的指针，用以指示平衡位置。支点刀的后上方装有重心螺丝，用来调整天平的灵敏度。

天平的灵敏度是指在一个称盘上加 1 mg 物质时所引起指针偏斜的程度，一般以分度/mg

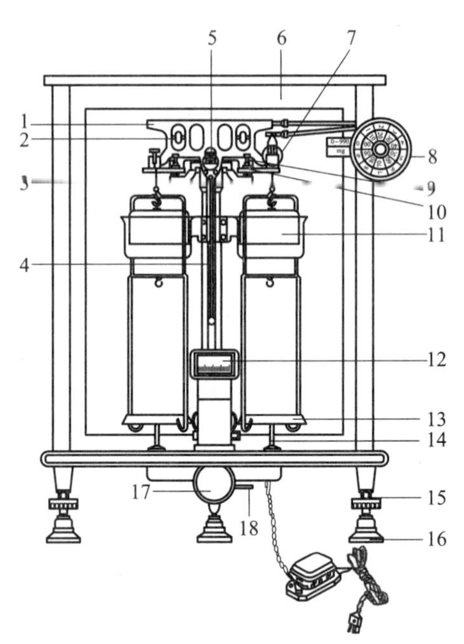

图 2.27　TG328B 型半机械加码电光天平

1. 横梁；2. 平衡铊；3. 吊耳；4. 指针；5. 支点刀；6. 框罩；7. 环码；8. 指数盘；
9. 支力销；10. 托翼；11. 阻尼器内筒；12. 投影屏；13. 秤盘；14. 盘托；
15. 螺旋脚；16. 垫脚；17. 升降旋钮；18. 调平拉杆

表示。分析天平必须具有足够的灵敏度，指针倾斜程度大表示天平的灵敏度高。设天平的臂长为 l，天平横梁的重心与支点间的距离为 d，梁的质量为 m，在一个盘上加 1 mg 物质引起指针倾斜的角度为 α，它们之间的关系为

$$\alpha = l/(m \cdot d) \tag{2-1}$$

由式（2-1）可见，天平臂越长，横梁越轻，支点与重心间的距离越短（重心越高），则天平的灵敏度越高。由于同一台天平的臂长和横梁的质量是固定的，所以只能通过调整重心螺丝的高度来改变支点到重心的距离，从而得到合适的灵敏度。由于天平的臂在载重时略向下垂，因而臂的实际长度减小，横梁的重心也略向下移，故天平载重后的灵敏度会减小。

天平的灵敏度常用分度值或感量表示，与灵敏度的关系为：分度值 = 感量 = 1/灵敏度。

检查电光天平的灵敏度时，通常在天平盘上加 10 mg 片码（或 10 mg 游码），天平的指针偏 98 ~ 102 格即合格。灵敏度为 10 格/mg，分度值为 0.1 mg/格，常称之为“万分之一”的天平。

2）天平正中

天平正中是立柱，安装在天平底板上。柱的上方嵌有一块玛瑙平板，与支点刀口接触。在柱的上部还装有能升降的托梁架，关闭天平时它托住天平梁，使刀口脱离接触，以免磨损。柱的中部装有空气阻尼器的外筒。

3）悬挂系统

（1）吊耳的平板下面嵌有光面玛瑙，与支点刀口接触，使吊钩及秤盘、阻尼器内筒能自由摆动。

（2）空气阻尼器由2个特制的铝合金圆筒组成，外筒固定在立柱上，内筒挂在吊耳上。间隙均匀的两筒之间无磨擦，开启天平时，内筒能自由地上下运动，筒内空气的阻力作用使天平横梁很快停摆而达到平衡。

（3）天平的2个秤盘分别挂在吊耳上，左盘放被称物，右盘放砝码。吊耳、阻尼内筒、秤盘上一般都刻有“1”“2”标记，安装时左、右要配套使用。

4）读数系统

指针下端装有缩微标尺，光源通过光学系统将缩微标尺上的分度线放大，再反射到光屏上，从屏上可看到标尺的投影，中间为零，左边为负右边为正。屏中央有一条垂直刻线，标尺投影与该线重合处即为天平的平衡位置。天平箱下的投影屏调节杠可将光屏在小范围内左右移动，用于微调天平零点。

5）天平升降旋钮

在天平底板正中装有升降旋钮，用于连接托梁架、盘托和光源。开启天平时，顺时针旋转升降旋钮，托梁架下降，梁上的3个刀口与相应的玛瑙平板接触，吊钩及秤盘自由摆动，同时接通光源，屏幕上显出标尺的投影，天平进入工作状态。停止称量时，关闭升降旋钮，横梁、吊耳及秤盘被托住，刀口与玛瑙平板分开，光源被切断，屏幕变黑，天平进入休止状态。

天平箱下装有3个脚，前面的2个脚带有旋钮，用于调节天平的水平位置。天平立柱的后上方装有气泡水平仪，用于指示天平的水平位置。

6）机械加码装置

转动环码指数盘，可使天平梁右端吊耳上加10～990 mg环形砝码。指数盘上刻有环码的质量值，内层为10～90 mg组，外层为100～900 mg组。

7）砝码

每台天平都附有配套使用的砝码盒，盒内装有1 g、2 g、2 g、5 g、10 g、20 g、20 g、50 g、100 g等9个五等砝码。标称值相同的砝码，其实际质量可能有微小的差异，所以分别用单点“·”或单星“*”、双点“··”或双星“* *”作标记以示区别。取用砝码时要用镊子，用完后及时放回盒内并盖严。

我国生产的砝码过去分为五等，其中一、二等砝码主要为计量部门用作基准或砝码；三、四、五等为工作用砝码。双盘分析天平上通常配备三等砝码。新修订的国家计量检定规程《砝码》（JJG 99—2006）中，按有无修正值将砝码分为2类：有修正值的砝码分为一、二等，其质量按标称值加修正值计；无修正值的砝码分为9个级别，其质量按标称值计。原来的三等砝码与现在四级砝码的精度相近。砝码产品均附有质量检定证书。

砝码使用一定时间（一般为1年）后要校核质量。砝码在使用及存放过程中要保持清洁，三级及四级以上的砝码不得以手直接拿取。要防止刮伤及腐蚀砝码表面，定期用无水乙醇和丙酮擦拭，擦拭时应用真丝布，并注意避免溶剂渗入砝码的调整腔内。

2. 电子天平

最新一代的电子天平是根据电磁力平衡原理制造的，可直接用于称量，全量程不需砝码，放上被称物后几秒内即达到平衡，显示读数，称量速度快。它用弹性簧片取代机械天平的玛瑙刀口，用差动变压器取代升降枢装置，用数字显示取代指针刻度式，具有使用寿命长、性能稳定、操作简便和灵敏度高等特点。此外，电子天平还具有自动校正、自动去皮、超载指示、故障报警等功能，能够输出质量电信号，且可与打印机、计算机联用，进一步扩展其功能，如统计称量的最大值、最小值、平均值及标准偏差等。

电子天平按结构可分为上皿式和下皿式，秤盘在支架上面为上皿式，秤盘吊挂在支架下面为下皿式，目前广泛使用的是上皿式电子天平。

电子天平种类繁多，但使用方法大同小异，具体操作可参看各仪器的使用说明书。FA1604 上皿式电子天平如图 2.28 所示。

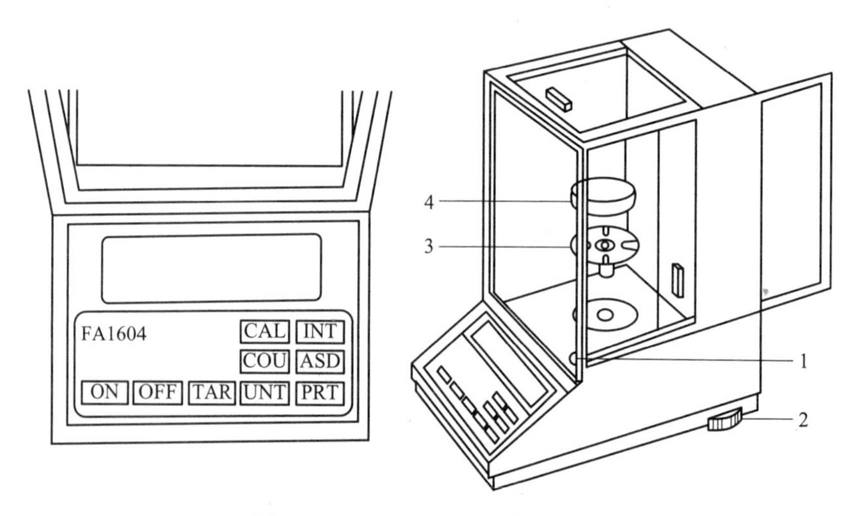

图 2.28　FA1604 上皿式电子天平

1. 水平仪；2. 水平调节脚；3. 盘托；4. 秤盘

ON—开启显示器键；OFF—关闭显示器键；TAR—清零、去皮键；CAL—校准功能键；COU—点数功能键；UNT—量制转换键；INT—积分时间调整键；ASD—灵敏调整键；PRT—输出模式设定键。

1）水平调节

观察水平仪，若水平仪水泡偏移，则需调整水平调节脚，使水泡位于水平仪中心。

2）预热

接通电源，预热 1 h 后开启显示器进行操作。称量完毕，若 2 h 内还需使用，可不切断电源，以省去预热时间。

3）开启显示器

轻按“ON”键，显示器全亮，约 2 s 后显示天平的型号，然后显示称量模式 0.000 0 g。读数时应关上天平门。

4）天平基本模式的选定

天平通常为“通常情况”模式，并具有断电记忆功能。使用后只要按“OFF”键，天平便恢复通常模式，其他模式设置见表 2.7。

ASD 和 INT 配合使用情况见表 2.8。

表 2.7　天平的模式的设置

按键	功能	模式设置
UNT	设置量制单位	g—克；
INT	选择积分时间	0—快速；1—短；2—较短；3—较长
ASD	选择灵敏度	0—最高，生产调试时使用，用户不宜选择此模式；1—高；2—较高；3—低；

表 2.8　ASD 和 INT 配合使用的情况

最快称量速度	INT-1	ASD-3
通常情况	INT-3	ASD-2
环境不理想时	INT-3	ASD-3

5）校准

第1次使用天平前，应对天平进行校准；当存放时间较长、位置移动、环境变化或为获得精确测量，天平在使用前一般也应进行校准。本天平采用外校准（有的电子天平具有内校准功能），由“TAR”键清零及“CAL”键校准、100 g 校准砝码完成。

6）称量

按“TAR”键清零后，将被称物置于秤盘上，数字稳定（显示器左下角的“0”标志熄灭），该数字即为被称物的质量值。

7）去皮称量

按“TAR”键清零后，将容器放在秤盘上，天平显示容器质量，再按“TAR”键，显示零，即去皮重。将被称物加入容器中，直至达到所需的质量，待显示器左下角“0”熄灭，显示被称物的净质量。将秤盘上的所有物品拿开后，天平显示负值，按“TAR”键，天平显示 0.000 0 g。若称量过程中秤盘上的总质量超过最大载荷（FA1604 上皿式电子天平的最大载荷为 160 g）时，天平仅显示上部线段，此时应立即减小载荷。

称量结束后，按“OFF”键关闭显示器。若当天不再使用天平，应拔下电源插头。

3. 分析天平的使用方法

分析天平是精密仪器，使用时要遵守分析天平的使用规则，做到正确使用分析天平，准确快速完成称量，不损坏天平。

1）称量前的检查与准备

取下防尘罩，叠平后放在天平箱上方。检查天平是否水平，秤盘是否洁净，环码指数盘是否在“000”位，环码有无脱位，吊耳有无脱落、移位等。

分析天平称量练习的基本内容之一，是检查和调整天平的空盘零点，学生应掌握会用平衡螺丝（粗调）和投影屏调节杆（细调）调节天平零点的操作。

2）称量

当要求快速称量或被称物可能超过最大载荷时，可用架盘药物天平（台秤）粗称。一般不提倡粗称。

将被称物置于天平中央，关上天平左门，按照“由大到小，中间截取，逐级试重”的原则向右盘加减砝码。试重时应半开天平，观察指针偏移方向或标尺投影移动方向，以判断左右两盘的轻重和所加砝码是否合适及如何调整。调定克以上砝码（应用镊子取放），关上天平右门；依次调定百毫克组和十毫克组环码，每次都从中间量（500 mg 和 50 mg）开始调定；调定十毫克组环码后，完全开启天平，准备读数。

（1）读数：砝码调定，全开天平，标尺停稳后便可读数。被称物的质量等于砝码总量加标尺读数（均以克计）。标尺读数在 9 ~ 10 mg 时，可再加 10 mg 砝码，从屏上读取标尺负值，记录时将此读数从砝码总量中减去。

（2）复原：称量、记录完毕，应关闭天平。取出被称物，将砝码夹回盒内，环码指数盘退回到“000”位，关闭两侧门，盖上防尘罩，并在天平使用登记本上登记。

4. 称量方法

称量对象和天平不同，需要使用不同的称量方法和操作步骤。机械天平常用的称量方法如下。

1）直接称量法

直接称量法用于称量某物体的质量。例如，称量某一小烧杯的质量，容量器皿校正中称量某容量瓶的质量，重量分析实验中称量坩埚的质量等，都使用这种称量法。洁净干燥的、不易潮解或升华的固体试样也常用此法称量。

2）固定质量称量法

固定质量称量法又称增量法，用于称量某一固定质量的试剂（如基准物质）或试样。由于这种称量操作速度很慢，适用于称量不易吸潮、在空气中能稳定存在的粉状或小颗粒（最小颗粒应小于 0.1 mg）样品。

固定质量称量法操作如图 2.29 所示。若加入试剂超过指定质量，应先关闭升降旋钮，再用牛角匙取出多余的试剂。重复上述操作，直至试剂质量符合指定要求为止。取出的多余试剂不要放回原试剂瓶中，同时操作时不能将试剂散落于天平左盘上表面皿等容器以外的地方，称好的试剂必须定量转移。

图 2.29　固定质量称量法

3）递减称量法

递减称量法又称减量法，用于称量一定质量范围的样品或试剂。易吸水、易氧化或易与 CO_2 反应的样品常采用此法。

称量步骤如下：从干燥器中取出盛有待称物的称量瓶（注意：不要让手指直接触及称量瓶和瓶盖，如图 2.30 所示），称量其准确质量。用小纸片夹住称量瓶盖柄，打开瓶盖，在接收器的上方倾斜瓶身，用称量瓶盖轻敲瓶口上部使试样慢慢落入容器中，如图 2.31 所示。当倾出的试样接近所需量（可从体积上估计或试重得知）时，一边继续用瓶盖轻敲瓶口，一边逐渐将瓶身竖直，使粘附在瓶口的试样落入瓶内，然后盖好瓶盖，把称量瓶放回天平左盘，准确称取其质量。两次质量之差为试样的质量。按上述方法连续递减，可称取多份试样。有时一次很难得到合乎质量范围要求的试样，可多进行几次相同的操作过程。

图 2.30　称量瓶拿法

图 2.31　从称瓶中敲出试样

5. 使用天平的注意事项

(1) 开、关天平，放、取被称物，开、关天平侧门以及加、减砝码时，动作都要轻缓，切不可用力过猛、过快，以免造成天平部件脱位或损坏。

(2) 调定零点和读取称量读数时，要关好天平门并立即将数据记录在实验报告卡中。加、减砝码或被称物必须在天平处于关闭状态下进行（单盘天平允许在半开状态下调整砝码）。砝码未调定时不可完全开启天平。

(3) 过热或过冷的被称物应先置于干燥器中，直至其温度与天平室温度一致才能进行称量。

(4) 天平的前门仅供安装、检修和清洁时使用，通常不要打开。

(5) 注意保持天平、天平台和天平室的安全，整洁和干燥，天平箱内放置变色硅胶作为干燥剂，变色硅胶失效后应及时更换。

(6) 天平及天平所附的砝码必须配套使用，如果发现天平不正常，应及时报告教师或实验工作人员，不要自行处理。称量完成后，应及时对天平进行还原，并在天平使用登记本上进行登记。

2.4　酸度计

1. 酸度计简介

酸度计又称 pH 计或离子计，是一种用来准确测定溶液中某离子活度的仪器，主要用来精密测量液体介质的酸碱度值，配上相应的离子选择电极也可以测量离子电极电位 MV 值，广泛应用于工业、农业、科研、环保等领域。该仪器也是食品厂、饮用水厂进行 QS（Quality Standard，质量标准）、HACCP（Hazard Analysis and Critical Control Point，危害分析的临界控制点）认证中的必备检验设备。

氢离子选择电极一般为玻璃电极（如图 2.32 所示），其下端是玻璃球泡，球泡内装有一定 pH 值的内标准缓冲溶液，电极内还有一个 Ag/AgCl 内参比电极，使用前须浸泡在酸或酸碱缓冲溶液中活化 24 h 以上。玻璃电极的电极电位随溶液 pH 值的变化而改变。测试时将玻璃电极与外参比电极组成两电极系统，浸入待测溶液中，再测量两电极间的电位差。

目前广泛使用的测量 pH 值的复合电极是由玻璃电极与 Ag/AgCl 外参比电极组合而来，如图 2.33 所示。它结构紧凑，比 2 支分离的电极用起来更方便，也不容易破碎。

参比电极一般为饱和甘汞电极（如图2.34所示）或Ag/AgCl电极，它们的电极电位不随溶液pH值的变化而改变，测得的两电极间的电位差（E）与溶液的pH值有关。

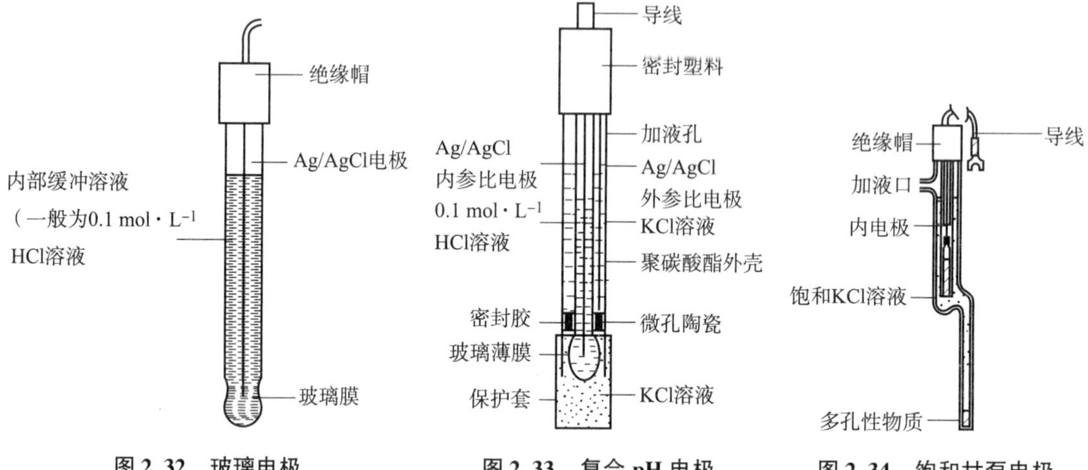

图2.32　玻璃电极　　图2.33　复合pH电极　　图2.34　饱和甘汞电极

根据能斯特公式可知：

$$E = K' + (273 + T)0.059\text{pH}/298 \tag{2-2}$$

式中，K'为常数，可通过pH标准溶液对酸度计进行校正将其抵消；T为被测溶液的温度（℃），可通过温度补偿使其与实际温度一致。

用于校正酸度计的pH标准溶液一般为pH缓冲溶液。我国目前使用的几种pH标准缓冲溶液在不同温度下的pH值见表2.9，常用的pH标准缓冲溶液的组成和配制方法见表2.10。

表2.9　不同温度下标准缓冲溶液的pH值

T/℃	0.05 mol · L^{-1} 草酸三氢钾	饱和酒石酸氢钾	0.05 mol · L^{-1} 邻苯二甲酸氢钾	0.025 mol · L^{-1} 磷酸二氢钾和磷酸氢二钠	0.01 mol · L^{-1} 硼砂
0	1.67	—	4.01	6.98	9.40
5	1.67	—	4.01	6.95	9.39
10	1.67	—	4.00	6.92	9.33
15	1.67	—	4.00	6.90	9.27
20	1.68	—	4.00	6.88	9.22
25	1.69	3.56	4.01	6.86	9.18
30	1.69	3.55	4.01	6.84	9.14
35	1.69	3.55	4.02	6.84	9.10
40	1.70	3.54	4.03	6.84	9.07
45	1.70	3.55	4.04	6.83	9.04
50	1.71	3.55	4.06	6.83	9.01
55	1.72	3.56	4.08	6.84	8.99
60	1.73	3.57	4.10	6.84	8.96

表 2.10　标准缓冲溶液的配制方法

试剂名称	分子式	浓度/($mol \cdot L^{-1}$)	试剂的干燥与预处理	缓冲溶液的配制方法
草酸三氢钾	$KH_3(C_2O_4)_2 \cdot 2H_2O$	0.05	(57 ± 2)℃下干燥至恒重	12.709 6 g $KH_3(C_2O_4)_2 \cdot 2H_2O$ 溶于适量蒸馏水，定量稀释至 1 L
酒石酸氢钾	$KHC_4H_4O_6$	饱和	不必预先干燥	$KHC_4H_4O_6$ 溶于 (25 ± 3)℃蒸馏水中直至饱和
邻苯二甲酸氢钾	$KHC_8H_4O_4$	0.05	(110 ± 5)℃下干燥至恒重	10.211 2 g $KHC_8H_4O_4$ 溶于适量蒸馏水，定量稀释至 1 L
磷酸二氢钾和磷酸氢二钠	KH_2PO_4 和 Na_2HPO_4	0.025	KH_2PO_4 在 (110 ± 5)℃下干燥至恒重，Na_2HPO_4 在 (120 ± 5)℃下干燥至恒重	3.402 1 g KH_2PO_4 和 3.549 0 g Na_2HPO_4 溶于适量蒸馏水，定量稀释至 1 L
硼砂	$Na_2B_4O_7 \cdot 10H_2O$	0.01	放在含有 NaCl 和蔗糖饱和液的干燥器中	3.813 7 g $Na_2B_4O_7 \cdot 10H_2O$ 溶于适量除去 CO_2 的蒸馏水中，定量稀释至 1 L

2. 酸度计的分类

人们根据生产与生活的需要，生产了许多型号的酸度计，按照不同的标准分类如下：

(1) 按测量精度分为 0.2 级、0.1 级、0.01 级或更高精度酸度计。

(2) 按仪器体积分为笔式（迷你型）、便携式、台式以及在线连续监控测量的在线式酸度计。

(3) 按用途分为实验室用酸度计、工业在线酸度计等。

(4) 按先进程度分为经济型酸度计、智能型酸度计和精密型酸度计，或分为指针式酸度计和数显式酸度计。

(5) 根据使用的要求分为笔式（迷你型）与便携式酸度计，一般是检测人员带到现场检测使用。笔式酸度计一般制成单一量程，测量范围狭窄，为专用的简便仪器。

(6) 便携式和台式酸度计测量范围较广，是常用仪器，其中便携式采用直流供电，可携带到现场。实验室酸度计测量范围广，功能多，测量精度高。

工业用酸度计稳定性好，工作可靠，具有一定的测量精度，环境适应能力强，抗干扰能力强，具有模拟量输出、数字通信、上下限报警和控制功能等。

3. 测量

在进行操作前，应首先检查电极的完好性。由于复合电极使用比较广泛，以下主要讨论复合电极。

实验室使用的复合电极主要有全封闭型和非封闭型 2 种，全封闭型比较少，主要以国外企业生产为主。

复合电极使用前首先检查玻璃球泡是否破碎、有裂痕，然后用 pH 缓冲溶液进行两点标定，定位与斜率按钮均可调节到对应的 pH 值，一般认为可以使用，否则可按使用说明书进行电极活化处理。活化方法是在 4% 氟化氢溶液中浸 3 ~5 s 后取出，用蒸馏水进行冲洗，然后在 0.1 $mol \cdot L^{-1}$的盐酸溶液中浸泡数小时，用蒸馏水冲洗干净，再进行标定，即用 pH 值为6.86（25℃）的缓冲溶液进行定位，调节好后选择另一种 pH 缓冲溶液进行斜率调节，若无法调节则需更换电极。

非封闭型复合电极里面要加外参比溶液，即 3 $mol \cdot L^{-1}$氯化钾溶液，所以必须检查电极里的氯化钾溶液是否在 1/3 以上，若不到 1/3 则需添加 3 $mol \cdot L^{-1}$氯化钾溶液；若氯化钾溶液超出小孔位置，则需把多余的氯化钾溶液甩掉，使溶液位于小孔下面，并检查溶液中是否有气泡，若有气泡则轻弹电极，把气泡完全赶出。

在使用过程中应把电极上的橡皮剥下，使小孔露在外面，否则在进行分析时会产生负压，使氯化钾溶液不能顺利通过玻璃球泡与被测溶液进行离子交换，导致测量数据不准确。测量完成后应把橡皮复原，封住小孔。电极经蒸馏水清洗后，应浸泡在 3 $mol \cdot L^{-1}$氯化钾溶液中，以保持电极球泡的湿润，若电极使用前发现保护液已流失，则应在 3 $mol \cdot L^{-1}$氯化钾溶液中浸泡数小时，以使电极达到最好的测量状态。

在实际使用时，若把复合电极当作玻璃电极处理，放在蒸馏水中长时间浸泡，则会大大降低复合电极内的氯化钾溶液浓度，使电极反应不灵敏，导致测量数据不准确，因此不应把复合电极长时间浸泡在蒸馏水中。

1）电极使用

（1）玻璃电极插座应保持干燥、清洁，严禁接触酸雾、盐雾等有害气体，严禁沾上水溶液，保证仪器的高输入阻抗。

（2）不进行测量时，应将输入短路，以免损坏仪器。

（3）新电极或久置不用的电极在使用前，必须在蒸馏水中浸泡数小时，使电极不对称电位降低达到稳定，降低电极内阻。

（4）测量时，电极球泡应全部浸入被测溶液中。

（5）使用时，应使内参比电极浸在内参比溶液中，不要让内参比溶液倒向电极帽一端，使内参比悬空。同时，应拔去参比电极电解液加液口的橡皮塞，使参比电解液（盐桥）借重力作用维持一定流速渗透并与被测溶液相通，否则会造成读数漂移。

（6）氯化钾溶液中不应该有气泡，以免使测量回路断开。

（7）应该经常添加氯化钾盐桥溶液，保持液面高于银/氯化银丝。

2）校准溶液

pH 测量通常有比色法（pH 试纸或比色皿）和电极法 2 种。比色法不需标定，而电极法 pH 测量是将未知溶液与已知 pH 值的标准溶液在测量电池中作用比较测定，因此电极法一定要标定，这是电极法 pH 测量的操作定义所决定的。

pH 计因电计设计的不同而类型很多，其操作步骤各有不同，因而 pH 计的操作应严格按照其使用说明书进行。在具体操作中，校准是 pH 计使用操作中的重要步骤。

尽管 pH 计种类很多，但其校准方法均采用两点校准法，即选择 2 种标准缓冲液：第 1 种是 pH7 标准缓冲液，第 2 种是 pH9 标准缓冲液或 pH4 标准缓冲液。先用 pH7 标准缓冲液对电计进行定位，再根据待测溶液的酸碱性选择第 2 种标准缓冲液。若待测溶液呈酸性，则选用 pH4 标准缓冲液；若待测溶液呈碱性，则选用 pH9 标准缓冲液。若是手动调节的 pH 计，应在 2 种标准缓冲液之间反复操作几次，直至不需再调节其零点和定位（斜率）旋钮，pH 计即可准确显示 2 种标准缓冲液的 pH 值，校准过程结束。此后，在测量过程中零点和定位旋钮就不应再动。若是智能式 pH 计，则不需反复调节，因为其内部已贮存几种标准缓冲液的 pH 值可供选择，而且可以自动识别并校准，但要注意标准缓冲液选择及其配制的准确性。智能式 0.01 级 pH 计一般有 3 ~ 5 种标准缓冲液 pH 值，如科立龙公司的 KL-016 型 pH 计等。

在校准前应特别注意待测溶液的温度，以便正确选择标准缓冲液，并调节电计面板上的温度补偿旋钮，使其与待测溶液的温度一致。不同温度下标准缓冲溶液的 pH 值是不一样的。

校准工作结束后，使用频繁的 pH 计一般在 48 h 内不需再次标定仪器。遇到下列情况之一时，仪器需要重新标定。

（1）溶液温度与标定温度有较大的差异时。

（2）电极在空气中暴露过久，如 0.5 h 以上时。

（3）定位或斜率调节器被误动。

（4）测量过酸（$pH < 2$）或过碱（$pH > 12$）的溶液后。

（5）换过电极后。

（6）当所测溶液的 pH 值不在两点标定所选溶液的中间，且距 pH7 较远时。

测量时应按说明书规定的时间周期对仪器进行校准，校准时应注意：

（1）标准缓冲溶液温度尽量与被测溶液温度接近。

（2）定位标准缓冲溶液应尽量接近被测溶液的 pH 值。两点标定时，应尽量使被测溶液的 pH 值在 2 个标准缓冲溶液的区间内。

（3）由于缓冲溶液的缓冲作用，校准后，应将浸入标准缓冲溶液的电极用水冲洗，以免将缓冲溶液带入被测溶液，造成测量误差。

记录被测溶液的 pH 值时应同时记录被测溶液的温度值，pH 值偏离温度值几乎毫无意义。尽管大多数 pH 计都具有温度补偿功能，但只是补偿电极的响应，即半补偿，而没有同时对被测溶液进行温度补偿，即全补偿。

4. 保养与维护

pH 玻璃电极的寿命取决于测量对象的组成与性质、温度的高低（温度越高寿命越短）和保养的好坏等因素。通常在 pH 玻璃电极说明书中标明使用寿命为 1 年，如果精心保养，它的寿命可以延长数倍。

1）保养

（1）pH 玻璃电极的贮存。短期贮存在 $pH = 4$ 的缓冲溶液中，长期贮存在 $pH = 7$ 的缓冲溶液中。

（2）pH 玻璃电极的清洗。玻璃电极球泡受污染可能使电极响应时间加长，可用 CCl_4 或皂液揩去污物，然后浸入蒸馏水一昼夜后继续使用。污染严重时，可用 5% HF 溶液浸 10～20 min，立即用水冲洗干净，然后浸入 0.1 $mol \cdot L^{-1}$ HCl 溶液 24 h 后继续使用。

（3）玻璃电极老化的处理。玻璃电极的老化与胶层结构渐进变化有关，它会造成旧电极响应迟缓，膜电阻增加，斜率降低，用氢氟酸浸蚀外层胶层能改善电极性能，若能用此法定期清除内外层胶层，则电极的寿命几乎是无限的。

（4）参比电极的贮存。银-氯化银电极最好的贮存液是饱和氯化钾溶液，高浓度氯化钾溶液可以防止氯化银在液接界处沉淀，并维持液接界处于工作状态。此方法也适用于复合电极的贮存。

（5）参比电极的再生。参比电极发生的问题绝大多数是由液接界堵塞引起的，可用下列方法解决。

①浸泡液接界：用 10% 饱和氯化钾溶液和 90% 蒸馏水的混合液，加热至 60～70℃，将电极浸入约 5 cm，浸泡 20 min～1 h，可溶解电极端部的结晶。

②氨浸泡：当液接界被氯化银堵塞时可用浓氨水浸除，具体方法是将电极内充液洗净，放空后浸入氨水中 10～20 min，但不要让氨水进入电极内部。取出电极，用蒸馏水洗净，重新加入内充液后继续使用。

③真空方法：用软管套住参比电极液接界，用水流吸气泵抽吸部分内充液穿过液接界，除去机械堵塞物。

④煮沸液接界：将银-氯化银参比电极的液接界浸入沸水中 10～20 s。注意，下一次煮沸前，应将电极冷却到室温。

当以上方法均无效时，可采用砂纸研磨的机械方法除去堵塞。此法可能会使研磨的砂粒塞入液接界，造成永久性堵塞。

2）维护

实验室使用的电极是复合电极，其优点是使用方便，不受氧化性或还原性物质的影响，且平衡速度较快。使用时，将电极加液口上所套的橡胶套和下端的橡皮套全部取下，以保持电极内氯化钾溶液的液压差。

（1）复合电极不用时，可在 3 $mol \cdot L^{-1}$ 氯化钾溶液中充分浸洗。切忌用洗涤液或其他吸水性试剂浸洗。

（2）使用前，检查玻璃电极前端的球泡。正常情况下，电极应该透明而无裂纹，球泡内充满溶液而无气泡存在。

（3）测量浓度较大的溶液时，应尽量缩短测量时间，用后仔细清洗，防止被测液粘附在电极上而污染电极。

（4）清洗电极后，不要用滤纸擦拭玻璃膜，而应用滤纸吸干，避免损坏玻璃薄膜，防止交叉污染，影响测量精度。

（5）测量时电极的银-氯化银内参比电极应浸入球泡内氯化物缓冲溶液中，避免电计显示部分出现数字乱跳现象。使用时，应将电极轻轻甩几下。

（6）电极不能用于强酸、强碱或其他腐蚀性溶液。

（7）严禁在脱水性介质（如无水乙醇、重铬酸钾等）中使用。

2.5　紫外-可见分光光度法

1. 紫外-可见分光光度法简介

分光光度法通过测定被测物质在特定波长处或一定波长范围内光的吸收度或发光强度，对该物质进行定性或定量分析。常用的波长范围为：①200～380 nm 的紫外光区；②380～780 nm 的可见光区；③2.5～25 μm（按波数计为）的红外光区，所用仪器分别为紫外分光光度计、可见光分光光度计（或比色计）、红外分光光度计或原子吸收分光光度计，有时也称为分光光度仪或光谱仪。

各种型号的分光光度计由 5 个部分组成，即光源、单色器、吸收池、检测器和信号指示系统。紫外-可见分光光度计主要有 5 种类型：单光束分光光度计、双光束分光光度计、双波长分光光度计、多通道分光光度计和探头式分光光度计。

2. 紫外-可见分光光度法原理

1）紫外分光光度法

紫外吸收光谱是基于分子中价电子（即 σ 电子、π 电子、杂原子上未成键的孤对 n 电子）吸收一定波长范围的紫外光在分子轨道上跃迁而产生的分子吸收光谱。该光谱取决于分子的组成结构和分子中价电子的分布，因此分子吸收光谱具有物质分子本身的特征性质，利用这种性质，可对物质进行定性分析。

紫外吸收光谱也可用于定量分析。在选定的波长下，吸光度与物质浓度的关系服从朗伯-比尔定律：

$$A = \lg \frac{I_0}{I} = abc \tag{2-3}$$

式中：A 为吸光度；I_0 为入射光强度；I 为透射光强度；a 为吸光系数；b 为吸收液层厚度；c 为物质的浓度。当浓度 c 用 $mol \cdot L^{-1}$、液层厚度 b 用 cm 为单位表示，则 a 用另一符号 ε 来表示。ε 称为摩尔吸光系数，其单位为 $L \cdot cm^{-1} \cdot mol^{-1}$，表示物质的量浓度为 1 $mol \cdot L^{-1}$、液层厚度为1 cm 时溶液的吸光度。这时公式变为

$$A = \varepsilon bc$$

紫外吸收光谱是带状光谱，分子中有些吸收带已被指认，其中有 K 带、R 带、E_1 带、E_2 带和 B 带等。

（1）K 带是 2 个或 2 个以上双键共轭时，π 电子向 π^* 反键轨道跃迁产生的光谱，简单表示为 $\pi \rightarrow \pi^*$。

（2）R 带是分子中与双键相联结的杂原子（如 C═O、C═N、S═O 等）上未成键的孤对电子向 π^* 反键轨道跃迁的结果，可简单表示为 $n \rightarrow \pi^*$。

（3）E_1 带和 E_2 带是苯环上 3 个双键共轭体系中的 π 电子向 π^* 反键轨道跃迁产生的，常记为 $\pi \rightarrow \pi^*$，其中 E_1 带的 λ_{max} 为 183 nm（ε 47 000），E_2 带的 λ_{max} 为 204 nm（ε 7 900），两者都属于强吸收带。

（4）B 带也是苯环上 3 个双键共轭体系中的 $\pi \rightarrow \pi^*$ 和苯环的振动相重叠引起的，其

λ_{max}为 230 ~ 270 nm（ε 220），是一个较弱的吸收带。

苯在乙醇中的紫外吸收光谱如图 2. 35 所示。若苯环上有助色团取代基，且与苯环共轭形成大 π 键，这时 E_2 带与 K 带合并，仍称为 K 带，且 K 带向长波方向移动，如图 2. 36 所示。在乙酰苯的苯环上有助色团取代基，E_2 带移动到 210 nm。

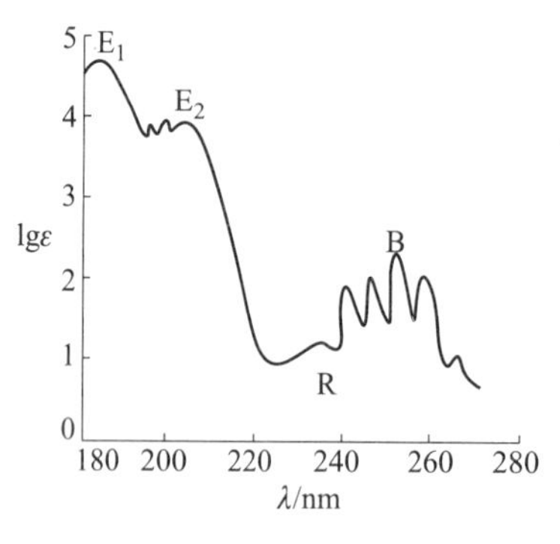

图 2. 35　苯的紫外吸收光谱（在乙醇中）

图 2. 36　乙酰苯的紫外吸收光谱

有机化合物分子大多在紫外区呈现特征的吸收光谱。因此，紫外吸收光谱广泛用于有机化合物的结构剖析、纯度检查、定性和定量分析。

2）可见分光光度法

当以一定波长的单色光照射有色物质溶液时，溶质分子吸收一部分光能，使透射光的强度减弱，记录照射前后光强度随波长的变化情况，即可得到该物质的可见吸收光谱。由于各种物质分子的组成和结构上的差异，它们的吸收光谱各不相同。可见分光光度法就是利用物质分子对光的选择性吸收进行定量测定的分析方法。在选定的波长下，吸光度与物质的浓度之间的关系同样服从朗伯-比尔定律。

根据朗伯-比尔定律，物质的浓度可通过测量吸光度的方法进行测定。特别是有些物质的摩尔吸光系数 ε 比较大，用分光光度法测定的灵敏度比较高，适合于微量分析。

与其他仪器分析方法所需设备相比，可见分光光度计结构简单，价格低廉，操作简便，是分析实验室中普遍使用的一种分析仪器，所以分光光度法在化工、石油、材料、食品工业、医药卫生等行业有着广泛的应用。

3. 仪器结构与操作

1）单光束分光光度计

以卤钨灯为光源的可见分光光度计，一般由手动调节波长，其构造比较简单，没有自动波长扫描与记录装置，适用于可见光区的定量分析。下面介绍 722 型光栅分光光度计。

（1）仪器结构。

722 型光栅分光光度计是以碘钨灯为光源，衍射光栅（1 200 条·mm^{-1}）为色散元件，端窗式光电管为光电转换器的单光束、数显式可见光分光光度计，其波长范围为 325 ~ 1 000 nm，波长精度为 ±2 nm，波长重复性为 ±1 nm，吸光度的显示范围为 0 ~ 2. 5，透射比的准确度为 ±1%，透射比的精密度为 ±0. 3%，吸收池架可同时放置 2 个吸收池。仪器的光学系统如图 2. 37 所示。

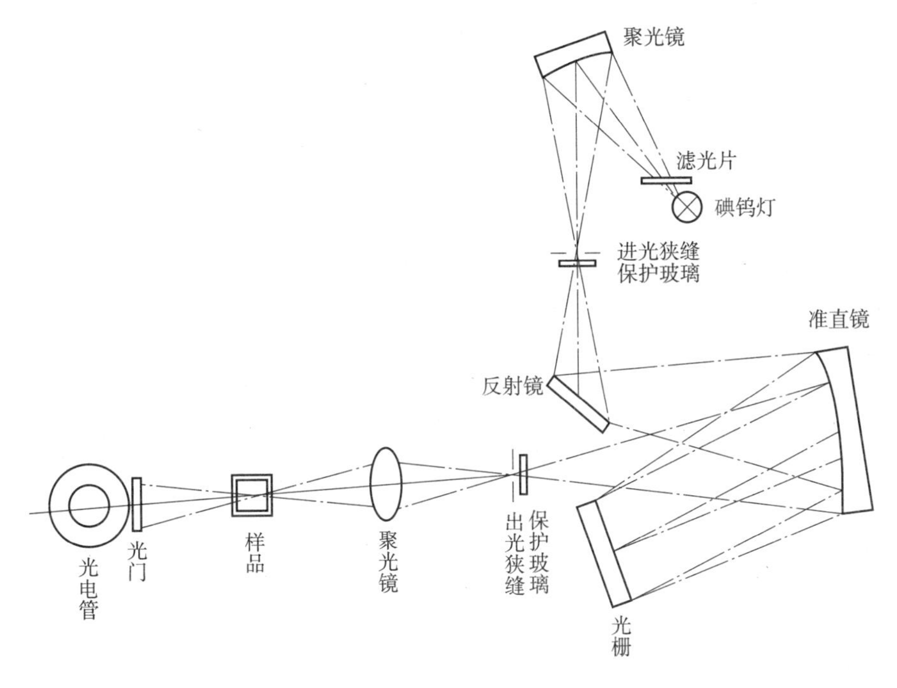

图 2.37　722 型光栅分光光度计的光学系统

碘钨灯发出的连续光经滤光片选择、聚光镜聚集后投向单色仪的进光狭缝，此狭缝正好处于聚光镜及单色器内准直镜的焦平面上。因此，进入单色器的复合光通过平面反射镜反射到准直镜变成平行光射向光栅，通过光栅的衍射作用形成按一定顺序排列的连续单色光谱。此单色光谱重新回到准直镜上，由于单色器的出光狭缝设置在准直镜的焦平面上，因此，从光栅色散出来的光谱经准直镜后利用聚光原理成像在出光狭缝上，出光狭缝选出指定带宽的单色光，通过聚光镜射在被测溶液中心，其透过光经光门射向光电管的阴极面。

波长刻度盘下面的转动轴与光栅上的扇形齿轮相吻合，通过转动波长刻度盘而带动光栅转动，以改变光源出射狭缝的波长。

（2）操作步骤。

①取下防尘罩，将灵敏度调节钮置于“1”挡，将选择开关置于“T”挡。

②打开试样室盖，检查样品室内是否放有遮光物，若有则取出。插上电源插头，按下电源开关，指示灯亮，仪器预热 20 min。

③调节波长旋钮，使测试所需波长值对准标线。

④在试样室盖打开的情况下，调节“0% T”旋钮，使显示器显示“.000”。

⑤用待测的溶液润洗洁净的吸收池后，倒入相应的溶液（溶液不可装太满，以免溢出腐蚀仪器，一般装至池高的2/3 ~4/5 即可），用滤纸吸干吸收池外壁的水珠，用擦镜纸擦亮透光面。将盛参比溶液的吸收池放置于试样架的第 1 格内，盛试样的吸收池按试样编号依次置于第 2 ~4 格内，用弹簧夹固定好，盖上试样室盖。

⑥将参比溶液推入光路，调节“100% T”旋钮，使之显示“100.0”。若显示不到“100. 0”则增大灵敏度挡，再调节“100% T”旋钮，直到显示“100.0”。

⑦稳定地显示“100.0”透射比后，将选择开关置于“A”挡，此时吸光度显示应为“.000”；否则，需调节吸光度调零钮，使之显示“.000”。将试样推入光路，此时的显示值即试样的吸光度。

⑧若测量浓度 c，则先将选择开关旋至“c”挡，将已知浓度的溶液推入光路，调节浓度旋钮，使数字显示器显示为标定值，再将被测溶液推入光路，显示值即为被测溶液相应的浓度值。

⑨仪器使用完毕，关闭电源（短时间不用则不必关闭电源，只需打开试样室盖，即停止照射光电管），洗净吸收池并放回原处，仪器冷却 10 min 后，盖上防尘罩。

（3）操作注意事项。

①测量过程中，参比溶液不要拿出试样室，可随时将其置入光路以检查吸光度零点是否为零，若不为“.000”，则先将选择开关置于“T”挡，将“100% T”旋钮调至“100.0”，再将选择开关置于“A”挡，此时若不为“.000”，方可调节吸光度调零钮。

②测量过程中，若大幅度改变测试波长，需等数分钟才能正常工作（波长大幅度改变时，光能量急剧变化，光电管响应迟缓，需要一段光响应平衡时间）。

（4）仪器的维护和保养。

分光光度计是精密分析仪器，正确安装、使用和保养对保持仪器良好的性能，保证测量结果的准确度具有重要作用。

2）双光束分光光度计

以卤钨灯和氢灯/氘灯为光源的紫外-可见分光光度计，大多有自动波长扫描、自动切换光源、自动记录吸收曲线、屏幕显示、数据处理、打印输出等功能。这类仪器均由微处理器控制，自动化程度很高，其价格比可见光分光光度计高十倍乃至数十倍，主要用于定性/定量分析、结构分析、分析方法研究等。国内外不同档次的紫外-可见分光光度计产品型号很多，这里仅介绍 Cary 1E 型。

（1）仪器结构。

Cary 1E 型紫外-可见分光光度计以碘钨灯和氘灯为光源，波长范围为 190 ~ 900 nm，波长精度为 ±0.2 nm，谱带宽度为 0.2 ~ 4.0 nm，最大扫描速度为 3 000 $nm \cdot min^{-1}$。

Cary 1E 型紫外-可见分光光度计光路如图 2.38 所示。在单色器和样品池之间安装了一个斩波器，使单色器射出的单色光转变为交替的两束光，分别通过参比池和样品池，然后在样品池与检测器之间的斩波器控制下，两束透射光交替聚焦到同一检测器上，检测器输出信号的大小取决于两束光的强度之差。

（2）操作步骤。

①打开主机、计算机和打印机。

②双击 Cary WinUV 图标，然后双击 Scan 图标。

③按“Setup”键，设置实验参数，包括横坐标单位及扫描波长范围（仪器自动选择钨灯或氘灯光源）、纵坐标模式及量程范围、狭缝宽度、图谱显示方式等。

④将样品主参比池分别插入吸收池架中，按“Start”键，输入样品名，单击“OK”按钮，完成仪器采集数据。

⑤选择需要的吸收曲线，标明相关数据，并打印图谱。

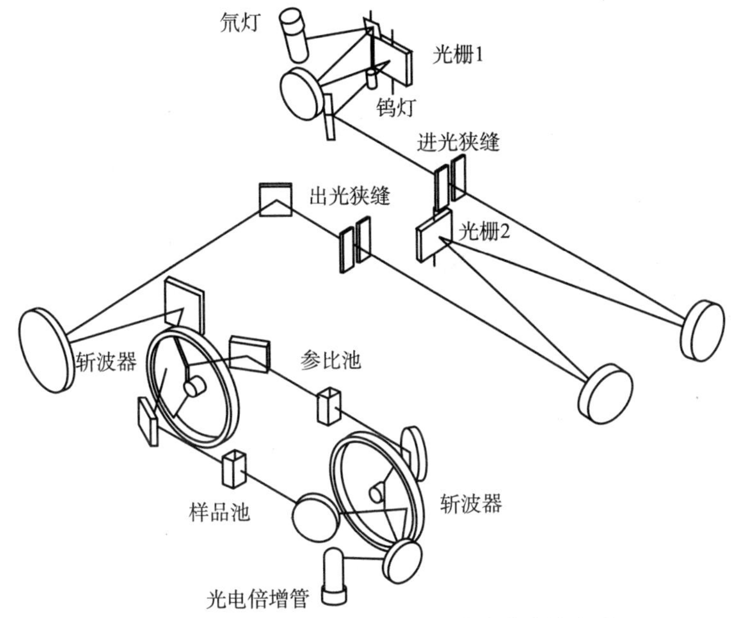

图2.38　Cary 1E型紫外-可见分光光度计光路

(3) 操作注意事项。

样品扫描范围不能超过基线校正范围；其他实验参数（如Energy、SBW、Beam Mode等）应不变，否则重新校正基线。

第 3 章

定量分析基本操作

实验 3.1　分析天平称量练习

1. 实验目的与要求

（1）学习分析天平的基本操作，掌握直接称量法、固定质量称量法和递减称量法等常用称量方法，为以后的分析实验打好称量技术基础。

（2）通过 3 次称量练习，达到以下操作目的：用固定质量称量法称一个试样的时间在 8 min 以内；用递减称量法称一个试样的时间在 12 min 内，倾样次数不超过 3 次，连续称 2 个试样的时间不超过 15 min，称出的 2 份试样的质量在 0.3 ~ 0.4 g 之间。

（3）培养准确、整齐、简明地记录实验原始数据的习惯，不可涂改数据，不可将测量数据记录在实验记录卡以外的任何地方。

（4）预习实验内容。

2. 实验原理

参见 2.3 节。

3. 主要试剂和仪器

1）主要试剂

石英砂或 $K_2Cr_2O_7$ 粉末试样。

2）主要仪器

任一型号分析天平；台秤（又称托盘天平或药物天平）；表面皿；称量瓶；烧杯（50 mL）；牛角匙。

4. 实验步骤

1）固定质量称量法

称取 0.500 0 g 石英砂或 $K_2Cr_2O_7$ 试样 2 份，称量方法如下：

（1）在分析天平上准确称取洁净干燥的表面皿或小烧杯的质量（或先在台秤上粗称），记录称量数据。

（2）在天平的右盘增加500 mg砝码。

（3）用牛角匙将试样慢慢加到表面皿的中央，直到天平的平衡点与称量表面皿的平衡点基本一致（误差范围≤0.2 mg），记录称量数据和试样的实际质量。可以多练习几次。

（4）以表面皿加试样为起点，再增加0.500 0 g砝码，继续敲入试样，直到平衡为止。如此反复练习2～3次。

2）递减称量法

称取0.3～0.4 g试样2份。

（1）取2个洁净、干燥的小烧杯，分别在分析天平上称准至0.1 mg，记录为m_0和m_0'。

（2）取一个洁净、干燥的称量瓶，先在台秤上粗称质量，然后加入约1.2 g试样。在分析天平上准确称量其质量，记录为m_1。

（3）估计样品的体积，转移0.3～0.4 g试样（约占试样总体积的1/3）至第1个质量已知的空的小烧杯中，称量并记录称量瓶和剩余试样的质量m_2。

（4）以同样方法再转移0.3～0.4 g试样至第2个小烧杯中，再次称量称量瓶的剩余量m_3。

（5）分别准确称量2个已有试样的小烧杯，记录其质量为m_1'和m_2'。

（6）参照表3.1的格式记录实验数据并计算实验结果。若称量结果未达到要求，应查找原因，重作称量练习，并进行计时，检验称量操作的熟练程度。

5. 数据处理

表3.1　递减称量法数据记录表

记录项目	Ⅰ	Ⅱ
$m_{称瓶+试样}$/g		
$m_{倒出试样}$/g		
$m_{空烧杯}$/g		
$m_{烧杯+试样}$/g		
$m_{烧杯中试样}$/g		
偏差（$m_{烧杯中试样}-m_{倒出试样}$）/mg		

6. 思考题

（1）用分析天平称量的方法有哪几种？固定称量法和递减称量法各有何优缺点？在什么情况下选用这两种方法？如果用的是电子天平，如何进行这两种方法的称重？

（2）在实验中记录称量数据应保留至小数点后几位？为什么？

（3）称量时每次均应将砝码和物体放在天平盘的中央，为什么？

（4）递减称量法称量过程中能否使用小勺取样，为什么？

（5）本实验中要求称量偏差不大于0.4 mg，为什么？

实验 3.2 滴定分析基本操作练习

1. 实验目的与要求

（1）学习并掌握滴定分析常用仪器的洗涤和正确使用方法。

（2）通过练习滴定操作，初步掌握甲基橙、酚酞指示剂滴定终点的确定。

（3）实验前，预习本教材 2.1 节中的相关内容。

2. 实验原理

（1）0.1 $mol \cdot L^{-1}$ HCl 溶液（强酸）和 0.1 $mol \cdot L^{-1}$ NaOH（强碱）相互滴定时，化学计量点的 pH =7，滴定的 pH 突跃范围在 4.3 ~9.7，选用在突跃范围内变色的指示剂，可保证测定有足够的准确度。

（2）甲基橙（简写为 MO）的 pH 变色范围为 3.1（红）~4.4(黄)，酚酞（简写为 PP）的 pH 变色范围为 8.0（无色）~9.6(红)。

（3）在指示剂不变的情况下，一定浓度的 HCl 溶液和 NaOH 溶液相互滴定时，所消耗的体积之比值 V_{HCl}/V_{NaOH}应是一定的，改变被滴定溶液的体积，此体积之比应基本不变。

借此，可以检验滴定操作技术和判断终点的能力。

3. 主要试剂和仪器

1）主要试剂

HCl 溶液（6 $mol \cdot L^{-1}$）；固体 NaOH；甲基橙溶液（1 $g \cdot L^{-1}$）；酚酞溶液（2 $g \cdot L^{-1}$乙醇溶液）。

2）主要仪器

酸式滴定管（50 mL）；碱式滴定管（50 mL）；锥形瓶（250 mL）；移液管（25 mL）；烧杯（50 mL）；量筒（10 mL）。

4. 实验步骤

1）溶液配制

（1）0.1 $mol \cdot L^{-1}$HCl 溶液。用洁净量筒量取 8 mL 左右 HCl 溶液，倒入装有适量水的试剂瓶中，加水稀释至 500 mL，盖上玻璃塞，摇匀。

（2）0.1 $mol \cdot L^{-1}$ NaOH 溶液。称取 2 g 固体 NaOH 放于小烧杯中，马上加入蒸馏水使之溶解，冷却后转入试剂瓶中，加水稀释至 500 mL①，用橡皮塞塞好瓶口②，充分摇匀。

2）酸碱溶液的相互滴定

（1）用 0.1 $mol \cdot L^{-1}$NaOH 溶液润洗碱式滴定管 2 ~3 次，每次用 5 ~10 mL 溶液润洗，

---

① 这种配制方法对于初学者较为方便，但不严格。市售的 NaOH 常因吸收 CO_2 而混有少量 Na_2CO_3，导致分析结果产生误差。若要求严格，则必须设法除去 CO_3^{2-} 离子，详细内容参看本章酸碱滴定实验。

② 由于 NaOH 溶液腐蚀玻璃，因此不能使用玻璃塞，否则长久放置会导致瓶子打不开，且浪费试剂，一定要使用橡皮塞。长期放置的 NaOH 标准溶液应装入广口瓶中，瓶塞上部装有碱石灰装置，以防止吸收 CO_2 和水分。

然后在碱式滴定管中装入 NaOH 溶液，并调节滴定管液面至 0.00 刻度。

（2）用 0.1 $mol \cdot L^{-1}$ HCl 溶液润洗酸式滴定管 2～3 次，每次用 5～10 mL 溶液，然后在滴定管中装入盐酸溶液，调节液面到 0.00 刻度。

（3）在 250 mL 锥形瓶中加入 25 mL 左右 NaOH 溶液和 2 滴甲基橙指示剂，用酸管中的 HCl 溶液进行滴定操作练习。练习过程中，可以不断补充 NaOH 溶液和 HCl 溶液，反复进行，直至操作熟练，再进行（4）(5)(6）的实验步骤。

（4）从碱管中移取 20～25 mL NaOH 溶液到锥形瓶中，加入 2 滴甲基橙指示剂，用 0.1 $mol \cdot L^{-1}$ HCl 溶液滴定至黄色转变为橙色①，记下读数。滴定 3 份，计算表 3.2 中列出的项目，要求相对偏差在 ±0.3% 以内。

（5）用移液管吸取 25.00 mL 0.1 $mol \cdot L^{-1}$ HCl 溶液于 250 mL 锥瓶中，加 2～3 滴酚酞指示剂，用 0.1 $mol \cdot L^{-1}$ NaOH 溶液滴定溶液呈微红色，此红色保持 30 s 不褪色即为终点。滴定 3 份，计算 3 次的平均值和表 3.3 中列出的项目，要求 3 次之间所消耗 NaOH 溶液体积的最大差值不超过 ±0.04 mL。

（6）重复操作（5），改变指示剂，选用百里酚蓝-甲酚红混合指示剂。平行测定 3 份，所消耗 NaOH 溶液的体积 3 次之间的最大差值要求≤ ±0.04 mL。

5. 数据处理

表 3.2 HCl 溶液滴定 NaOH 溶液（指示剂：甲基橙）

记录项目	Ⅰ	Ⅱ	Ⅲ
V_{NaOH}/mL			
V_{HCl}/mL			
V_{HCl}/V_{NaOH}			
$\overline{V}_{HCl}/V_{NaOH}$			
相对偏差/%			
平均相对偏差/%			

表 3.3 NaOH 溶液滴定 HCl 溶液（指示剂：酚酞）

记录项目	Ⅰ	Ⅱ	Ⅲ
V_{HCl}/mL			
V_{NaOH}/mL			
$\overline{V}_{NaOH}$/mL			
V_{NaOH}最大绝对差值/mL			

① 如果甲基橙由黄色转变为橙色终点不好观察，可用 3 个锥形瓶比较：一个锥形瓶中放入 50 mL 蒸馏水，滴入甲基橙指示剂，显示黄色；另一个锥形瓶中加入 50 mL 蒸馏水，滴入 1 滴甲基橙，再滴入 1/4 或 1/2 滴 0.1 $mol \cdot L^{-1}$ HCl 溶液，显示橙色；再取一个锥形瓶，加入 50 mL 蒸馏水，滴入 1 滴甲基橙，再滴入 1 滴 0.1 $mol \cdot L^{-1}$ NaOH，显示深黄色。

6. 思考题

（1）配制 NaOH 溶液时，应选用何种天平称取试剂？为什么？

（2）HCl 溶液和 NaOH 溶液能直接配制准确浓度吗？为什么？

（3）在滴定分析实验中，滴定管、移液管为何需要用滴定剂和要移取的溶液润洗几次？滴定中使用的锥形瓶是否也要用滴定剂润洗？为什么？

（4）HCl 溶液与 NaOH 溶液定量反应完全后，生成 NaCl 和水，为什么用 HCl 滴定 NaOH 时采用甲基橙作指示剂，而用 NaOH 滴定 HCl 溶液时使用酚酞（或其他适当的指示剂）？

（5）配制酸碱标准溶液时，为什么用量筒量取 HCl，用台秤称取 $NaOH_{(S)}$，而不用吸量管和分析天平？

（6）滴定至临近终点时加入半滴的操作是怎样进行的？

实验 3.3　容量仪器的校准

1. 实验目的与要求

（1）了解容量仪器校准的意义。

（2）学习容量仪器校准的方法，初步掌握滴定管的校准、容量瓶的校准及移液管和容量瓶的相对校准。

2. 实验原理

在分析实验中，滴定管、移液管和容量瓶是常用的玻璃量具，它们都应对有刻度和标称容量。量具产品允许有一定的容量误差，在准确度要求较高的分析测试中，应对使用的量具进行校准。

校准的方法有称量法和相对校准法。用称量法校准时，先在分析天平上称量被校量具中量入或量出的纯水质量 m，再根据纯水的密度 ρ 计算被校量具的实际容量。

测量液体体积的基本单位是升（L）。1 L 是指在真空中，1 kg 的水在最大密度时（3.98℃）所占的体积，即在 3.98℃和真空中称量所得的水的质量，在数值上等于它以毫升表示的体积。

由于玻璃的热胀冷缩，量具的容积在不同温度下是不同的，因此校准玻璃容量器皿时必须规定一个共同的温度值，这一规定温度值为标准温度。国际上规定玻璃容量器皿的标准温度为 20℃，即在校准时将玻璃容量器皿的容积校准到 20℃时的实际容积。在实验校准工作中，容器中水的质量是在室温下和空气中称量的，此时会对以下 3 个方面对量具造成影响，必须进行校正。

（1）空气浮力使质量改变的校正；

（2）水的密度随温度而改变的校正；

（3）玻璃容器本身容积随温度而改变的校正。

考虑上述影响后，得出 20℃ 容量为 1 L 的玻璃容器在不同温度时所盛水的质量见表 3.4，查表计算量器的校正值十分方便。以 25 mL 移液管为例，在 25℃ 放出的纯水质量为 24.921 g，查表得密度为 0.996 17 $g \cdot mL^{-1}$，计算该移液管在 25℃时的实际容积为

$$V_{20} = \frac{24.921\ g}{0.996\ 17\ g \cdot mL^{-1}} = 25.02 mL$$

则这支移液管的校正值为 25.02 mL − 25.00 mL = +0.02 mL。

表 3.4　不同温度下 1 L 水的质量（在空气中用黄铜砝码称量）

t/℃	m/g	t/℃	m/g	t/℃	m/g
10	998.39	19	997.34	28	995.44
11	998.33	20	997.18	29	995.18
12	998.24	21	997.00	30	994.91
13	998.15	22	996.80	31	994.64
14	998.04	23	996.60	32	994.34
15	997.92	24	996.38	33	994.06
16	997.78	25	996.17	34	993.75
17	997.64	26	995.93	35	993.45
18	997.51	27	995.69		

需要特别指出的是：校准不当和使用不当都是产生容量误差的主要原因，其误差甚至可能超过允差或量具本身的误差，因而在校准时务必正确地、仔细地进行操作，尽量减小校准误差。凡要使用校准值的，其校准次数不应少于 2 次，且 2 次校准数据的偏差应不超过该量具容量允许的 1/4，并取其平均值作为校准值。

在分析实验中，常常只要求 2 种容器之间具有一定的比例关系，而无需知道它们各自的准确体积，这时可用容量相对校准法。对经常配套使用的移液管和容量瓶，采用相对校准法更合适。例如，用 25 mL 移液管移取蒸馏水到干净且晾干的 100 mL 倒立容量瓶中，第 4 次重复操作后，观察瓶颈处水的弯月面下缘是否刚好与刻线上缘相切。若不相切，则重新作标线记号，以后此移液管和容量瓶配套使用时就用校准的标线。

为了更全面而详细地了解容量仪器的校准，可参考 JJG 196—2006《常用玻璃量器检定规程》。

3. 主要试剂和仪器

1）主要试剂

纯水。

2）主要仪器

分析天平；滴定管（50 mL）；容量瓶（100 mL）；移液管（25 mL）；锥形瓶（50 mL），带磨口玻璃塞。

4. 实验步骤

1）滴定管的校准（称量法）

（1）取洗净且外表干燥的带磨口玻璃塞的锥形瓶，用分析天平称出空瓶质量 $m_{瓶}$[①]，精确至0.001 g。

（2）在洗净的滴定管中盛满纯水，调至0.00 mL刻度处，从滴定管中移取一定体积（记为 V_0），如移取5 mL的纯水于锥形瓶中，盖紧塞子[②]，称出总质量 $m_{瓶+纯水}$，2次质量之差即为移取纯水的质量 $m_{纯水}$。

（3）继续称量滴定管从0～10 mL、0～15 mL、0～20 mL、0～25 mL、……等刻度间纯水质量的 $m_{纯水}$，用每次称得的纯水质量 $m_{纯水}$[③]除以实验水温时水的密度，便可得到滴定管各部分的实际容量 V_{20}。

（4）重复校准1次，2次相应区间的水质量相差应小于0.02 g，求出平均值，并计算校准值 $\Delta V(V_{20}-V_0)$，将数据填入表3.6，并以 V_0 为横坐标，ΔV 为纵坐标，绘制滴定管校正曲线。

一支50 mL滴定管在水温21℃校准的部分实验数据见表3.5。总校正值为几次校正值的代数和，校准时也可每次都从滴定管的0.00 mL刻度或稍低处某一固定刻度处开始分别移取不同体积（如10 mL、20 mL、30 mL）的纯水后称量，求得总校正值。

表3.5 50 mL滴定管校正表（水温21℃，ρ=0.997 00 g·mL^{-1}）

V_0/mL	$m_{瓶+纯水}$/g	$m_{瓶}$/g	$m_{纯水}$/g	V_{20}/mL	$\Delta V_{校正值}$/mL
0.00～5.00	34.148	29.207	4.941	4.96	−0.04
0.00～10.00	39.317	29.315	10.002	10.03	+0.03
0.00～15.00	44.304	29.350	14.954	15.00	0.00
0.00～20.00	49.304	29.434	19.961	20.02	+0.02
0.00～25.00	54.286	29.383	24.903	24.98	−0.02
……					

同样，也可用称量法校准移液管和容量瓶。校准容量瓶时，称准至0.01 g即可。

2）移液管和容量瓶的相对校准

用洁净的25 mL移液管移取纯水至干净且晾干的100 mL容量瓶中，重复操作4次后，观察液面的弯月面下缘是否恰好与标线上缘相切，若不相切，则用红色油性笔在瓶颈上另作标记。以后实验中，此移液管和容量瓶配套使用时，应以新标记为准。

---

① 拿取锥形瓶时，可像拿取称量瓶一样用纸条（3层以上）套取。

② 锥形瓶磨口部位不要沾到水。

③ 测量实验水温时，应将分度值为0.1℃的温度计插入水中5～10 min再读数，读数时温度计球部仍浸在水中。

5. 数据处理

表 3.6　滴定管校正

滴定管读数/mL	读数的容积/mL	$m_{瓶+纯水}$/g	$m_{纯水}$/g	V_{20}/mL	ΔV 校正值/mL	总校正值/mL

6. 思考题

(1) 校准滴定管时，锥形瓶和水的质量只需称准至 0.001 g，为什么？
(2) 容量瓶校准时为什么需要晾干？在用容量瓶配制标准溶液时是否也需要晾干？
(3) 在实际分析工作中如何应用滴定管的校准值？
(4) 分段校准滴定管时，为什么每次都要从 0.00 mL 开始？
(5) 写出以称量法对移液管（单标线吸量管）进行校准的简要步骤。

第 4 章

酸碱滴定实验

实验 4.1　食用白醋中 HAc 浓度的测定

1. 实验目的与要求

（1）了解基准物质邻苯二甲酸氢钾（$KCH_8H_4O_4$）的性质及其应用。

（2）掌握 NaOH 标准溶液的配制、标定及保存要点。

（3）掌握强碱滴定弱酸的滴定过程、突跃范围及指示剂的选择原理。

2. 实验原理

食用醋的主要酸性物质是醋酸（HAc），此外还有少量其他弱酸，如乳酸等。醋酸为有机弱酸（$K_a = 1.8 \times 10^{-5}$），与 NaOH 反应式为

$$HAc + NaOH \xlongequal{} NaAc + H_2O$$

反应产物为弱酸强碱盐，滴定突跃在碱性范围内（pH 约为 8.7），可选用酚酞等碱性范围变色的指示剂。滴定时，不仅 HAc 与 NaOH 反应，食用醋中可能存在的其他酸也与 NaOH 反应，故滴定所得为总酸度，以 ρ_{HAc}（$g \cdot L^{-1}$）表示。

3. 主要试剂和仪器

1）主要试剂

（1）NaOH 溶液（$0.1\ mol \cdot L^{-1}$）：用新鲜的或煮沸除去 CO_2 的蒸馏水配制。

（2）酚酞指示剂（$2\ g \cdot L^{-1}$的乙醇溶液）。

（3）邻苯二甲酸氢钾（$KHC_8H_4O_4$）基准物质：在 100 ~ 125℃干燥 1 h 后，贮存于干燥器中备用。

2）主要仪器

碱式滴定管（50 mL）；移液管（25 mL、50 mL）；锥形瓶（25 mL、250 mL）；容量瓶（250 mL）。

4. 实验步骤

1）$0.1\ mol \cdot L^{-1}$ NaOH 标准溶液浓度的标定

（1）以差减法称取 $KHC_8H_4O_4$ 基准物质 3 份，每份 0.4 ~ 0.6 g，分别置于 250 mL 锥形瓶中。

（2）加入40～50 mL蒸馏水，待试剂完全溶解后加入2～3滴酚酞指示剂，用待标定的NaOH溶液滴定，从无色至呈微红色，保持30 s内不褪色为终点。

（3）计算NaOH溶液的浓度、各标定结果的相对偏差和表4.1中列出的项目。

2）食用醋总酸度的测定

（1）移取食用白醋25.00 mL，置于容量瓶中，用新煮沸并冷却的蒸馏水稀释至刻度，摇匀。

（2）用50 mL移液管移取上述溶液3份，分别置于250 mL锥形瓶中，加入酚酞指示剂2～3滴，用NaOH标准溶液滴定至微红色，在30 s内不褪色即为终点。

（3）根据消耗的NaOH标准溶液的量计算表4.2中列出的项目。

3）食用醋总酸度的测定（微型滴定）

（1）移取食用白醋5.00 mL，置于50 mL容量瓶中，用新煮沸并冷却的蒸馏水稀释至刻度，摇匀。

（2）用移液管移取2.00 mL上述溶液3份，分别置于25 mL锥形瓶中，加入5.00 mL蒸馏水和1滴酚酞指示剂，用NaOH标准溶液滴定至微红色，在30 s内不褪色即为终点。

（3）根据消耗的NaOH标准溶液的量计算食用醋总酸度ρ_{HAc}（$g\cdot L^{-1}$）。

5. 数据处理

表4.1　$KHC_8H_4O_4$标定NaOH溶液浓度

记录项目	Ⅰ	Ⅱ	Ⅲ
$m_{KHC_8H_4O_4}$/g			
V_{NaOH}/mL			
c_{NaOH}/($mol\cdot L^{-1}$)			
$\overline{c}_{NaOH}$/($mol\cdot L^{-1}$)			
相对偏差/%			
平均相对偏差/%			

表4.2　食用醋总酸度的测定

记录项目	Ⅰ	Ⅱ	Ⅲ
$V_{食用白醋}$/mL			
$V_{稀释后}$/mL			
V_{NaOH}/mL			
ρ_{HAc}/($g\cdot L^{-1}$)			
$\overline{\rho}_{HAc}$/($g\cdot L^{-1}$)			
相对偏差/%			
平均相对偏差/%			

6. 思考题

(1) 标定 NaOH 标准溶液的常用基准物质有哪几种？本实验选用的基准物质是什么？与其他基准物质比较，它有什么显著的优点？

(2) 称取 NaOH 及 $KHC_8H_4O_4$ 各用什么天平？为什么？

(3) 已标定的 NaOH 标准溶液在保存时吸收了空气中的 CO_2，以它测定 HCl 溶液的浓度，若用酚酞为指示剂，会对测定结果产生何种影响？改用甲基橙为指示剂，结果如何？

(4) 测定食用白醋含量时，为什么选用酚酞为指示剂？能否选用甲基橙或甲基红为指示剂？

(5) 酚酞指示剂由无色变为微红时，溶液的 pH 值为多少？变红的溶液在空气中放置后又会变为无色的原因是什么？

(6) 如何计算和称取基准物邻苯二甲酸氢钾或 Na_2CO_3 的质量范围？称得太多或太少对标定结果有何影响？

(7) 溶解基准物质时加入 20 ~ 30 mL 水，是用量筒量取，还是用移液管移取？为什么？

(8) 基准物未烘干会使标准溶液浓度的标定结果偏高还是偏低？

实验 4.2　工业纯碱总碱度测定

1. 实验目的与要求

(1) 了解基准物质碳酸钠及硼砂的分子式和化学性质。

(2) 掌握 HCl 标准溶液的配制及标定过程。

(3) 掌握强酸滴定二元弱碱的滴定过程、突跃范围及指示剂的选择。

(4) 掌握定量转移的基本操作。

2. 实验原理

工业纯碱的主要成分为碳酸钠，商品名为苏打，其中可能含有少量 NaCl、Na_2SO_4、NaOH 及 $NaHCO_3$ 等成分。常以 HCl 标准溶液为滴定剂测定总碱度来衡量产品的质量，滴定反应为

$$Na_2CO_3 + 2HCl \rightleftharpoons 2NaCl + H_2CO_3$$

$$H_2CO_3 \rightleftharpoons CO_2\uparrow + H_2O$$

反应产物 H_2CO_3 易形成过饱和溶液并分解为 CO_2 逸出。化学计量点时溶液 pH 为 3.8 ~ 3.9，可选用甲基橙为指示剂，用 HCl 标准溶液滴定，溶液由黄色转变为橙色即为终点。试样中的 $NaHCO_3$ 同时被中和。

由于试样易吸收水分和 CO_2，应在 270 ~ 300℃ 将试样烘干 2 h，以除去吸附水并使 $NaHCO_3$ 全部转化为 Na_2CO_3。工业纯碱的总碱度通常以 $\omega_{Na_2CO_3}$ 或 ω_{Na_2O} 表示，由于试样均匀

性较差，应称取较多试样，使其具有代表性。测定的允许误差可适当放宽一点。

3. 主要试剂和仪器

1）主要试剂

（1）HCl溶液（0.1 mol·L^{-1}）：配制时应在通风橱中操作，用量筒量取原装浓盐酸约9 mL，倒入试剂瓶中，加水稀释至1 L，充分摇匀。

（2）无水Na_2CO_3：于180℃干燥2～3 h，也可将$NaHCO_3$置于瓷坩埚内，在270～300℃的烘箱内干燥1 h，使之转变为Na_2CO_3，然后放入干燥器内冷却备用。

（3）甲基橙指示剂（1 g·L^{-1}）；甲基红（2 g·L^{-1} 60%的乙醇溶液）。

（4）甲基红-溴甲酚绿混合指示剂：2 g·L^{-1}甲基红乙醇溶液与1 g·L^{-1}溴甲酚绿乙醇溶液以1∶3体积相混合。

（5）硼砂（$Na_2B_4O_7 \cdot 10H_2O$）：在置有NaCl和蔗糖的饱和溶液的干燥器内保存，以使相对湿度为60%，防止失去结晶水。

2）主要仪器

酸式滴定管（50 mL）；移液管（25 mL）；锥形瓶（250 mL）。

4. 实验步骤

1）0.1 mol·L^{-1} HCl溶液的标定

（1）用无水Na_2CO_3基准物质标定。用差减法（称量瓶称样时一定要带盖，以免吸湿）准确称取0.15～0.20 g无水Na_2CO_3 3份，分别倒入250 mL锥形瓶中，加入20～30 mL水使之溶解。再加入1～2滴甲基橙指示剂，用待标定的HCl溶液滴定，溶液由黄色恰变为橙色为终点。计算HCl溶液的浓度和表4.3中列出的项目。

（2）用硼砂$Na_2B_4O_7 \cdot 10H_2O$标定。准确称取0.4～0.6 g硼砂3份，分别置于250 mL锥形瓶中，加水50 mL使之溶解（硼砂在20℃时，100 g水中可溶解5 g，若温度太低，可适量地加入温热的蒸馏水，加速溶解，但滴定时一定要冷却至室温）。加入2滴甲基红指示剂，用HCl标准溶液滴定，溶液由黄色变为浅红色（或用甲基红-溴甲酚绿混合指示剂滴定，溶液由绿色转变为暗红色）即为终点。根据硼砂的质量和滴定时所消耗的HCl溶液的体积，计算HCl溶液的浓度和表4.3中列出的项目。

2）总碱度的测定

（1）准确称取预先在270～300℃处理的试样约2 g，放入烧杯中，加少量水使其溶解，必要时可稍加热促进溶解。

（2）冷却后，将溶液定量转入250 mL容量瓶中，稀释至刻度，充分摇匀。

（3）移取25.00 mL试液3份或5份，分别放入250 mL锥形瓶中，加水20 mL，再加入1～2滴甲基橙指示剂。

（4）用HCl标准溶液滴定，溶液由黄色恰变为橙色即为终点。

（5）计算试样中Na_2O或Na_2CO_3的含量，即为总碱度，完成表4.4中列出的项目。测定的各次相对偏差应在±0.5%以内。

5. 数据处理

表 4.3　HCl 标准溶液浓度的标定

记录项目	Ⅰ	Ⅱ	Ⅲ
$m_{基准物质}$/g			
V_{HCl}/mL			
c_{HCl}/(mol·L^{-1})			
$\overline{c}_{HCl}$/(mol·L^{-1})			
相对偏差/%			
平均相对偏差/%			

表 4.4　总碱度的测定

记录项目	Ⅰ	Ⅱ	Ⅲ
$m_{试样}$/g			
$V_{移取试液}$/mL			
V_{HCl}/mL			
$\omega_{Na_2O或NaCO_3}$			
$\overline{\omega}_{Na_2O或Na_2CO_3}$			
相对偏差/%			
平均相对偏差/%			

6. 思考题

(1) 为什么配制 0.1 mol·L^{-1} HCl 溶液 1 L 需要量取浓 HCl 溶液 9 mL?

(2) 无水 Na_2CO_3 由于保存不当吸收了 1% 的水分，用此基准物质标定 HCl 溶液浓度会对结果产生何种影响?

(3) 标定 HCl 的 2 种基准物质 Na_2CO_3 和 $Na_2B_4O_7 \cdot 10H_2O$ 各有哪些优缺点?

实验 4.3　有机酸摩尔质量的测定

1. 实验目的与要求

(1) 进一步熟悉差减称量法的基本要点。

(2) 了解以滴定分析法测定酸碱物质摩尔质量的基本方法。

(3) 巩固用误差理论分析结果的基础理论知识。

2. 实验原理

有机弱酸与NaOH反应方程式为

$$n\mathrm{NaOH} + \mathrm{H}_n\mathrm{A} \rightleftharpoons \mathrm{Na}_n\mathrm{A} + n\mathrm{H_2O}$$

如果多元有机酸的逐级解离常数均符合准确滴定的要求，则可用酸碱滴定法，按式(4-1)计算其摩尔质量：

$$M_\mathrm{A} = \frac{\frac{a}{b}c_\mathrm{B}V_\mathrm{B}}{m_\mathrm{A}} \tag{4-1}$$

式中：$\frac{a}{b}$为滴定反应的化学计量数比，本实验应为$\frac{1}{n}$，测定时，n值须为已知；c_B及V_B分别为NaOH的物质的量浓度及滴定所消耗的体积；m_A为称取的有机酸的质量。滴定突跃范围及指示剂的选择与实验4.1类似。

3. 主要试剂和仪器

1）主要试剂

(1) NaOH溶液：0.1 $\mathrm{mol \cdot L^{-1}}$，配制方法见实验4.1。

(2) 酚酞指示剂（2 $\mathrm{g \cdot L^{-1}}$的乙醇溶液）。

(3) 邻苯二甲酸氢钾（$\mathrm{KHC_8H_4O_4}$）基准物质：在105～110℃干燥1 h后置干燥器中备用。

(4) 有机酸试样，如草酸、酒石酸、柠檬酸、乙酰水杨酸、苯甲酸等。

2）主要仪器

碱式滴定管（50 mL）；移液管（25 mL）；烧杯（50 mL）；锥形瓶（250 mL）；容量瓶（100 mL）

4. 实验步骤

1）0.1 $\mathrm{mol \cdot L^{-1}}$ NaOH溶液的标定

采用实验4.1步骤进行标定，平行测定7次，求得NaOH溶液的平均浓度$\bar{c}_\mathrm{NaOH}$，计算各项分析结果的相对偏差及平均相对偏差，并记录数据，若平均相对偏差大于0.2%，应征得教师同意并找出原因后，重新标定。数据记录及处理见实验4.1。

2）有机酸摩尔质量的测定

(1) 用指定质量称量法准确称取有机酸试样（称取多少试样，按不同试样预先估算）1份，置于50 mL烧杯中，用水溶解并定量转入100 mL容量瓶中，稀释至刻度，摇匀。

(2) 用25 mL移液管移取3份，分别放入250 mL锥形瓶中，加酚酞指示剂2滴，用NaOH标准溶液滴定，由无色变为微红色30 s内不褪色即为终点。

(3) 根据式(4-1)计算表4.5中列出的项目。

5. 数据处理

表 4.5　有机酸摩尔质量的测定

记录项目	Ⅰ	Ⅱ	Ⅲ
$m_{有机酸试样}$/g			
$V_{移取试液}$/mL			
V_{NaOH}/mL			
$M_{有机酸}$/($g \cdot mol^{-1}$)			
$\overline{M}_{有机酸}$/($g \cdot mol^{-1}$)			
相对偏差/%			
相对平均偏差/%			

6. 思考题

(1) 在用 NaOH 滴定有机酸时能否使用甲基橙作为指示剂？为什么？

(2) 草酸、柠檬酸、酒石酸等多元有机酸能否使用甲基橙作为指示剂？为什么？

(3) $Na_2C_2O_4$ 能否作为酸碱滴定的基准物质？为什么？

(4) 称取 0.4 g $KHC_8H_4O_4$ 溶于 50 mL 水中，此时溶液的 pH 为多少？

(5) 分别以 4 $\bar{d}$ 法则和 Q 检验法对 NaOH 溶液浓度的 7 次标定结果进行检验，判断并剔除离群值或可疑值。

实验 4.4　硫酸铵肥料中含氮量的测定（甲醛法）

1. 实验目的与要求

(1) 了解弱酸强化的基本原理。

(2) 掌握甲醛法测定铵态氮的原理与操作方法。

(3) 熟练掌握酸碱指示剂的选择原理。

2. 实验原理

硫酸铵是常用的氮肥之一。氮在自然界的存在形式比较复杂，测定物质中氮含量时，可以用总氮、铵态氮、硝酸态氮、酰胺态氮等表示。铵盐中 NH_4^+ 的酸性很弱（$K_a = 5.6 \times 10^{-10}$），不能用 NaOH 标准溶液直接滴定，故要采用凯氏定氮法或甲醛法进行测定。

甲醛与 NH_4^+ 作用生成质子化的六亚甲基四胺和 H^+，反应式为

$$4NH_4^+ + 6HCHO \rightleftharpoons (CH_2)_6N_4H^+ + 3H^+ + 6H_2O$$

生成的 $(CH_2)_6N_4H$ 的 K_a 为 7.1×10^{-6}，也可以被 NaOH 准确滴定，因而该反应称为弱

酸的强化。由强化反应式可知，氮与 NaOH 的化学计量数比为 1。

若试样中含有游离酸，在加甲醛之前先以甲基红为指示剂，用 NaOH 溶液预中和至甲基红变为黄色（pH ≈ 6），再加入甲醛，以酚酞为指示剂，用 NaOH 标准溶液滴定强化后的产物。

3. 主要试剂和仪器

1）主要试剂

（1）NaOH 标准溶液（$0.1\ mol \cdot L^{-1}$）。

（2）甲基红指示剂：$2\ g \cdot L^{-1}$ 60% 乙醇溶液或其钠盐的水溶液。

（3）酚酞指示剂（$2\ g \cdot L^{-1}$的乙醇溶液）。

（4）甲醛溶液（1∶1）：用少量浓 H_2SO_4 加热解聚，配成 18% 的溶液。

（5）$KHC_8H_4O_4$（基准试剂）。

2）主要仪器

碱式滴定管（50 mL）；移液管（25 mL）；容量瓶（250 mL）；小烧杯；锥形瓶（250 mL）。

4. 实验步骤

NaOH 溶液的标定见实验 4.1，记录实验数据。

1）甲醛溶液的处理

甲醛中常含有微量酸，采用如下方法事先中和：取原瓶装甲醛上层清液放入烧杯中，加水稀释后加入 2 ~ 3 滴酚酞指示剂，用标准碱溶液滴定甲醛溶液至微红色。

2）$(NH_4)_2SO_4$ 试样中氮含量的测定

（1）准确称取 $(NH_4)_2SO_4$ 试样 2 ~ 3 g 放入小烧杯中，用少量蒸馏水溶解，再定量转移至容量瓶中，并稀释至刻度，摇匀。

（2）移取 25 mL 试液 3 份，分别置于锥形瓶中，加入 1 滴甲基红指示剂，用$0.1\ mol \cdot L^{-1}$ NaOH 溶液中和至呈黄色，其体积不计。

（3）加入 10 mL 甲醛溶液，再加 1 ~ 2 滴酚酞指示剂，充分摇匀。

（4）放置 1 min 后，用 NaOH 标准溶液滴定，溶液呈微橙红色并持续 30 s 不褪色即为终点，计算 $(NH_4)_2SO_4$ 试样中氮的含量和表 4.6 中的其他项目。

5. 数据处理

表 4.6　NaOH 标准溶液滴定 $(NH_4)_2SO_4$

记录项目	Ⅰ	Ⅱ	Ⅲ
$V_{(NH_4)_2SO_4}$			
V_{NaOH}			
N%			
平均值			

续表

记录项目	Ⅰ	Ⅱ	Ⅲ
相对偏差/%			
相对平均偏差/%			

6. 思考题

(1) NH_4^+ 为 NH_3 的共轭酸，为什么不能直接用 NaOH 溶液滴定？

(2) NH_4NO_3、NH_4Cl 或 NH_4HCO_3 中的含氮量能否用甲醛法测定？

(3) 尿素 $CO(NH_2)_2$ 中含氮量的测定方法为：先加 H_2SO_4 加热消化，全部变为 $(NH_4)_2SO_4$ 后，按甲醛法同样测定，试写出含氮量的计算式。

(4) 为什么中和甲醛中的游离酸使用酚酞指示剂，而中和 $(NH_4)_2SO_4$ 试样中的游离酸却使用甲基红指示剂？

实验 4.5 阿司匹林药片中乙酰水杨酸含量的测定

1. 实验目的与要求

(1) 掌握返滴定法的原理与操作。

(2) 掌握用酸碱滴定法测定阿司匹林片的方法。

2. 实验原理

阿司匹林曾经是国内外广泛使用的解热镇痛药，它的主要成分是乙酰水杨酸。乙酰水杨酸是有机弱酸，摩尔质量为 180.16 $g \cdot mol^{-1}$，微溶于水，易溶于乙醇，其 $pK_a = 3.0$，可以用酸碱滴定法进行定量分析，在 NaOH 或 Na_2CO_3 等强碱性溶液中溶解并分解为水杨酸（即邻羟基苯甲酸）和乙酸盐，反应式为

$$C_6H_4(COOH)(OCOCH_3) + 2OH^- \longrightarrow C_6H_4(COO^-)(OH) + CH_3COO^- + 2H_2O$$

由于阿司匹林肠溶片中一般都添加一定量的硬脂酸镁、淀粉等不溶物，不宜直接滴定，可采用返滴定法进行测定。将药片研磨成粉状后加入过量的 NaOH 标准溶液，加热一定时间使乙酰基完全水解，再用 HCl 标准溶液回滴过量的 NaOH，以酚酞的粉红色刚刚消失为终点。

由于酚酞无色时的 pH = 8.0，而水杨酸的 $pK_{a_1} = 2.6$，$pK_{a_2} = 11.6$，乙酸的 $pK_a = 4.74$，因而，在这一滴定中，1 mol 乙酰水杨酸消耗 2 mol NaOH。

3. 主要试剂和仪器

1）主要试剂

NaOH溶液（1.0 $mol \cdot L^{-1}$、0.1 $mol \cdot L^{-1}$）；HCl溶液（0.1 $mol \cdot L^{-1}$）；酚酞指示剂（2 $g \cdot L^{-1}$）；乙醇溶液；邻苯二甲酸氢钾（基准试剂）；无水碳酸钠（基准试剂）；硼砂（基准试剂）；阿司匹林药片；乙醇。

2）主要仪器

碱式滴定管（50 mL）；移液管（25 mL）；锥形瓶（250 mL）；烧杯（100 mL）；容量瓶（100 mL）；量筒（100 mL）；表面皿。

4. 实验步骤

0.1 $mol \cdot L^{-1}$ HCl溶液的标定及数据处理见实验4.2。

1）药片中乙酰水杨酸含量的测定

（1）准确称取0.6 g左右（0.8 g/片）药片研成的粉末，放入烧杯中。

（2）用移液管准确加入25 mL NaOH溶液（1.0 $mol \cdot L^{-1}$），加蒸馏水30 mL，盖上表面皿轻摇几下。

（3）水浴加热15 min，迅速用流水冷却，并定量转移至容量瓶中，稀释至刻度后摇匀。

（4）用移液管准确移取10 mL溶液，放入锥形瓶中，加水20～30 mL，滴加2滴酚酞。

（5）用HCl溶液滴定，红色消失即为终点。

（6）平行测定3份，根据所消耗的HCl溶液体积计算药片中乙酰水杨酸的质量分数和表4.7中的其他项目。

2）NaOH标准溶液与HCl标准溶液体积比的测定

（1）用移液管准确移取25 mL NaOH溶液（1.0 $mol \cdot L^{-1}$）于烧杯中，在与测定药粉相同的实验条件下进行加热，冷却后定量转移至容量瓶中，稀释至刻度、摇匀。

（2）用移液管准确移取10 mL溶液于锥形瓶中，加水20～30 mL，滴加2滴酚酞。

（3）用HCl溶液滴定，红色消失即为终点。

（4）平行测定3份，计算V_{NaOH}/V_{HCl}的值和表4.8中的其他项目。

3）乙醇的预中和

用量筒量取约60 mL乙醇，放入烧杯中，加入8滴酚酞指示剂，在搅拌下滴加NaOH溶液（0.1 $mol \cdot L^{-1}$）至刚刚出现微红色，盖上表面皿，泡在冰水中。

4）乙酰水杨酸（晶体）纯度的测定

（1）称取乙酰水杨酸试样约0.4 g，放入干燥的锥形瓶中，加入20 mL中性冷乙醇。

（2）摇动溶解后立即用NaOH溶液（0.1 $mol \cdot L^{-1}$）滴定至呈微红色，保持30 s不褪色即为终点。

（3）平行测定3份，计算乙酰水杨酸试样的纯度（%）。

5. 数据处理

表 4.7 药片中乙酰水杨酸含量的测定

记录项目	Ⅰ	Ⅱ	Ⅲ
$M_{乙酰水杨酸}$/g			
$V_{移取试液}$/mL			
c_{HCl}/mL			
$\omega_{乙酰水杨酸}$/%			
乙酰水杨酸含量的平均值			
相对偏差/%			
相对平均偏差/%			

表 4.8 NaOH 标准溶液与 HCl 标准溶液体积比的测定

记录项目	Ⅰ	Ⅱ	Ⅲ
V_{HCl}/mL			
V_{NaOH}/mL			
V_{NaOH}/V_{HCl}			
平均体积比（V_{NaOH}/V_{HCl}）			

6. 思考题

（1）在测定药片的实验中，为什么 1 mol 乙酰水杨酸消耗 2 mol NaOH，而不是 3 mol NaOH？在返滴定后的溶液中，水解产物的存在形式是什么？

（2）用返滴定法测定乙酸水杨酸，为什么必须做空白试验？

实验 4.6 蛋壳中碳酸钙含量的测定

1. 实验目的与要求

（1）了解实际试样的处理方法（如粉碎、过筛等）。

（2）掌握返滴定方法的原理。

2. 实验原理

蛋壳的主要成分为 $CaCO_3$，将其研碎并加入已知浓度的过量 HCl 标准溶液，发生下述反应：

$$CaCO_3 + 2HCl \rightleftharpoons CaCl_2 + CO_2\uparrow + H_2O$$

过量的 HCl 溶液用 NaOH 标准溶液返滴定，由加入 HCl 的物质的量与返滴定所消耗的 NaOH 的物质的量之差，即可求得试样中 $CaCO_3$ 的含量。蛋壳中含有少量 $MgCO_3$，以酸碱滴

定法测得的 $CaCO_3$ 含量为近似值。

3. 主要试剂和仪器

1）主要试剂

HCl 溶液（0.1 $mol \cdot L^{-1}$）；NaOH 溶液（0.1 $mol \cdot L^{-1}$）；甲基橙（1 $g \cdot L^{-1}$）。

2）主要仪器

酸式滴定管（50 mL）；碱式滴定管（50 mL）；锥形瓶（250 mL）。

4. 实验步骤

（1）0.1 $mol \cdot L^{-1}$ NaOH 溶液标定，见实验 4.1。

（2）0.1 $mol \cdot L^{-1}$ HCl 溶液标定，见实验 4.5。

（3）将蛋壳去内膜并洗净，烘干后研碎，使其通过 80 ~ 100 目的标准筛。

（4）准确称取 3 份 0.1 g 所制试样，分别置于锥形瓶中，用滴定管逐滴加 HCl 溶液 40 mL，并放置 30 min，加入甲基橙指示剂。

（5）以 NaOH 溶液返滴定其中的过量 HCl，溶液由红色刚刚变为黄色为终点。

（6）计算蛋壳试样中 $CaCO_3$ 的质量分数和表 4.9 中的其他项目。

5. 数据处理

表 4.9　蛋壳中碳酸钙含量的测定

记录项目	Ⅰ	Ⅱ	Ⅲ
$m_{蛋壳}$/g			
V_{HCl}/mL			
V_{NaOH}/mL			
$\omega_{碳酸钙}$/%			
$\overline{\omega}_{碳酸钙}$/%			
相对偏差/%			
相对平均偏差/%			

6. 思考题

（1）研碎后的蛋壳试样为什么要通过标准筛？通过 80 ~ 100 目标准筛后的试样粒度为多少？

（2）为什么向试样中加入 HCl 溶液时要逐滴加入？加入 HCl 溶液后为什么要放置 30 min 后再以 NaOH 返滴定？

（3）本实验能否使用酚酞指示剂？

实验 4.7　磷的测定 磷钼酸铵沉淀-酸碱滴定法

1. 实验目的与要求

（1）了解磷试样的分解方法。

（2）掌握酸碱滴定法测定磷的原理。

2. 实验原理

用酸溶或碱溶试样以后，正磷酸与钼酸铵作用生成磷钼酸铵沉淀，过滤后用稀硝酸洗涤，再用水洗净游离酸和沉淀，用氢氧化钠标准溶液溶解，以酚酞为指示剂，用硝酸标准溶液滴定过量的氢氧化钠，其主要反应是

$$PO_4^{3-} + 12MoO_4^{2-} + 2NH_4^+ + 25H^+ = (NH_4)_2H[PMo_{12}O_{40}] \cdot H_2O \downarrow + 11H_2O$$

$$(NH_4)_2H[PMo_{12}O_{40}] \cdot H_2O + 27OH^- = PO_4^{3-} + 12MoO_4^{2-} + 2NH_3 \cdot H_2O + 14H_2O$$

$$PO_4^{3-} + H^+ = HPO_4^{2-}$$

$$NH_3 + H^+ = NH_4^+$$

从上述反应式可知，若以 NaOH 为滴定剂基本单元，则被测物质磷的基本单元为 P/24（1 mol 磷钼酸铵溶液实际消耗 24 mol NaOH）。根据氢氧化钠标准溶液消耗量计算磷的质量分数。

本方法适用于钢铁和矿石等试样中磷的测定。

3. 主要试剂和仪器

1）主要试剂

（1）硝酸（2∶100）；酚酞指示剂（1% 乙醇溶液）；硝酸标准溶液（0.1 $mol \cdot L^{-1}$）；氢氧化钠标准溶液（0.1 $mol \cdot L^{-1}$）；试样；过氧化钠。

（2）中性水：取蒸馏水或离子交换水煮沸 15 min，除去二氧化碳，冷却后使用。

（3）钼酸铵溶液：称取 65 g 钼酸铵，溶于 142 mL 温水中，冷却后缓缓加入 58 mL 氨水，另取 715 mL（2∶3）硝酸，缓缓加入 85 mL 氨水，使用时将两液按（1∶4）比例混合得到 6.5% 的钼酸铵溶液。

2）主要仪器

酸式滴定管（50 mL）；锥形瓶（250 mL）；烧杯（250 mL）；铁坩埚；煤气灯；漏斗。

4. 实验步骤

（1）称 0.25 g 试样 2 份放入铁坩埚中，分别加 4 ~ 5 g 过氧化钠，混匀。

（2）在煤气灯上先低温加热，再高温加热，冷却后置于 250 mL 烧杯中，以 50 mL 水溶解。

（3）加硝酸中和至酸性并煮沸 1 ~ 2 min，然后取下稍冷却，立即用滤纸或在漏斗中加小孔瓷片加纸浆减压过滤。

（4）用硝酸（2∶100）洗涤锥形瓶 3 ~ 4 次，洗涤沉淀 3 ~ 4 次，再以中性水洗涤锥形瓶

4～5 次，洗涤沉淀至无游离酸（取滴定用氢氧化钠标准溶液 1 滴，酚酞指示剂 1 滴收集 5 mL 洗涤液，红色不消失）。

（5）将沉淀移入原锥形瓶中，加 30 mL 中性水，3 滴酚酞指示剂，沿瓶壁准确加入氢氧化钠标准溶液至沉淀溶解，呈稳定红色后，过量 5 mL 左右记为 V_1。

（6）用少量中性水冲洗瓶壁后，放置 2～3 min，用硝酸标准溶液滴定至酚酞刚好褪色为终点①，记作 V_2，计算试样中磷的含量和表 4.10 中的其他项目。

5. 数据处理

表 4.10 试样中磷含量的测定

记录项目	Ⅰ	Ⅱ	Ⅲ
$m_{试样}$/g			
V_1/mL			
V_2/mL			
ω_P			
相对偏差/%			
相对平均偏差/%			

6. 思考题

（1）酸碱滴定法测定磷的原理是什么？

（2）滴定终点时，溶液中磷和氨的主要存在形式是什么？

（3）磷可沉淀为 $MgNH_4PO_4$，经过滤、洗涤后，可用过量 HCl 溶解，以 NaOH 返滴定。问：①指示剂应选用甲基橙还是酚酞？②n_P∶n_{HCl} = ？

实验 4.8 非水滴定法测定 α-氨基酸含量

1. 实验目的与要求

（1）掌握非水滴定法的基本原理。

（2）了解非水滴定法的基本操作。

2. 实验原理

α-氨基酸分子中既含有 $-NH_2$，又含有 -COOH，为两性物质，在水溶液中，它作为酸或碱离解的趋势均很弱（如氨基乙酸羧基上的氢 $K_a = 2.5 \times 10^{-10}$，氨基作为碱 $K_b = 2.2 \times 10^{-12}$），无法准确滴定。但在非水介质（如冰醋酸）中，可以用 $HClO_4$ 作滴定剂，结晶紫

① 用 HNO_3 标准溶液滴定至酚酞刚褪色时（pH≈8），溶液中的 NH_3 并未完全被中和，会引起负的误差。但是，溶液中的一部分 HPO_4^{2-} 被继续中和成 $H_2PO_4^-$，即 PO_4^{3-} 被中和过度，引起正的误差。实际上这两种误差可基本抵消。

为指示剂准确地滴定氨基酸，反应式为

$$\mathrm{R-\underset{\underset{NH_2}{|}}{\overset{\overset{H}{|}}{C}}-COOH} + \mathrm{HClO_4} \rightleftharpoons \mathrm{R-\underset{\underset{NH_3ClO_4}{|}}{\overset{\overset{H}{|}}{C}}-COOH}$$

产物为 α-氨基酸的高氯酸盐，呈酸性。

由于结晶紫在强酸介质中为绿色，pH =2 左右为蓝色，pH >3 时为紫色，因而滴定时由紫色变为蓝（绿）色为终点，也可采用电位滴定法确定滴定终点。

有些试样在冰醋酸中难溶，可加入适量甲酸助溶，或加入已知量的过量 $HClO_4$-冰醋酸溶液完全溶解后，以 NaAc-冰醋酸返滴定。

α-氨基酸亦可通过滴定羧酸中的 H^+ 来测定。在二甲基甲酰胺等碱性溶剂中用甲醇或季胺碱（RNOH）等碱性物质标准溶液滴定，百里酚蓝指示剂由黄色恰变为蓝色为终点。

3. 主要试剂和仪器

1）主要试剂

（1）$HClO_4$-冰醋酸滴定剂（0.1 $mol \cdot L^{-1}$）：在低于 25℃的 250 mL 冰醋酸中慢慢加入 2 mL 70% ~72% 的高氯酸，混匀后再加入 4 mL 乙酸酐，脱去试液中的水分，仔细搅拌均匀并冷却至室温，放置过夜使试液中所含水分与乙酸酐反应完全。

（2）邻苯二甲酸氢钾基准物质：在 105 ~ 110℃ 干燥 2 h，在干燥器中用广口瓶保存备用。

（3）结晶紫（2 $g \cdot L^{-1}$的冰醋酸溶液）；冰醋酸；乙酸酐；甲酸。

（4）α-氨基酸试样：可以选用氨基乙酸、丙氨酸、谷氨酸等。

2）主要仪器

酸式滴定管（50 mL）；吸量管；锥形瓶（250 mL）。

4. 实验步骤

1）$HClO_4$-冰醋酸滴定剂的标定

（1）称取 $KHC_8H_4O_4$ 基准物质 0.2 g 左右，放入洁净干燥的锥形瓶中，用 20 ~ 25 mL 冰醋酸使其完全溶解，必要时可温热数分钟，冷却至室温。

（2）加入 1 ~ 2 滴结晶紫指示剂，用 $HClO_4$-冰醋酸滴定剂滴定，由紫色转变为蓝（绿）色为终点。

（3）平行测定 3 份，取同量冰醋酸溶剂作空白实验，标定结果应扣除空白值，将结果填入表 4.11。

2）α-氨基酸含量的测定

（1）称取试样 0.1 g 左右，放入 100 mL 小烧杯中，用 20 mL 冰醋酸溶解试样，若试样溶解不完全，则加 1 mL 甲酸助溶，并用 1 mL 乙酸酐除去试液中的水分。

（2）加入 1 滴结晶紫指示剂，以 $HClO_4$-冰醋酸标准溶液滴定，由紫色变为蓝（绿）色为终点。

（3）平行测定 3 份，计算试样中 α-氨基酸的含量和表 4.12 中的其他项目。

5. 数据处理

表 4.11　$HClO_4$-冰醋酸溶液的标定

记录项目	Ⅰ	Ⅱ	Ⅲ
$m_{KHC_8H_4O_4}$/g			
V_{HClO_4-HAc}/mL			
$V_{空白}$/mL			
c_{HClO_4}/(mol·L^{-1})			
$\overline{c}_{HClO_4}$/(mol·L^{-1})			
相对偏差/%			
平均相对偏差/%			

表 4.12　α-氨基酸含量的测定

记录项目	Ⅰ	Ⅱ	Ⅲ
m_{NaAc}/g			
V_{HClO_4-HAc}/mL			
$V_{空白}$/mL			
ω_{NaAc}/%			
$\overline{\omega}_{NaAc}$/%			
相对偏差/%			
平均相对偏差/%			

6. 思考题

（1）为什么要在 $HClO_4$-冰醋酸滴定剂中加入乙酸酐？

（2）邻苯二甲酸氢钾常用于标定 NaOH 水溶液，为何在本实验中作为标定 $HClO_4$-冰醋酸的基准物质？

（3）水和冰醋酸对于 $HClO_4$、H_2SO_4、HCl 和 HNO_3 四种酸分别是什么溶剂？

（4）氨基乙酸在水中以什么形态存在？

实验 4.9　磷酸的电位滴定

1. 实验目的与要求

（1）掌握酸度计测量溶液 pH 值的操作要点。

（2）了解电位滴定法的基本原理。

（3）学习使用“CAI 教学辅助软件”对 NaOH 滴定磷酸的数据进行计算机处理，观察滴定曲线中的两个突跃，学会计算相应的两级解离常数。

（4）掌握三切线法及一级、二级微商处理实验数据的方法。

2. 实验原理

电位滴定法是根据滴定过程中指示电极的电位突跃确定终点的一种滴定分析方法。

在以 NaOH 滴定 H_3PO_4 时，将饱和甘汞电极及玻璃电极插入待测溶液中，组成电池：

$$\underbrace{Ag \mid AgCl, HCl\ (0.1mol \cdot L^{-1}) \mid 玻璃膜}_{玻璃电极} \mid 被测试液 \underset{H^+盐桥}{\parallel} \underbrace{KCl\ (>3.5mol \cdot L^{-1}), HgCl_2 \mid Hg}_{甘汞电极}$$

玻璃电极对 H^+ 响应，称为指示电极，甘汞电极为参比电极。当 NaOH 溶液不断滴入试液中，溶液 H^+ 的活度随着改变，电池的电势也不断变化，即

$$E_{电池} = K' + 0.059pH \tag{4-2}$$

式中，K' 表示一个常数。

以滴定体积 V_{NaOH} 为横坐标，溶液的 pH 值为纵坐标，绘制 NaOH 滴定 H_3PO_4 的滴定曲线，曲线上有 2 个滴定突跃，以三切线法作图，得到如图 4.1 所示的曲线，可以较准确地确定 2 个突跃，以三切线法作图，可以较准确地确定 2 个突跃范围内各自的滴定终点。如图 4.1 所示，作切线 AB、CD、EF，交点分别为 Q、P，过 Q、P 点作平行于横坐标的直线 QH 和 PG，再于两平行线之间作与直线等距的直线 JJ'，与滴定曲线相交于 J' 点，J' 点即为滴定终点。

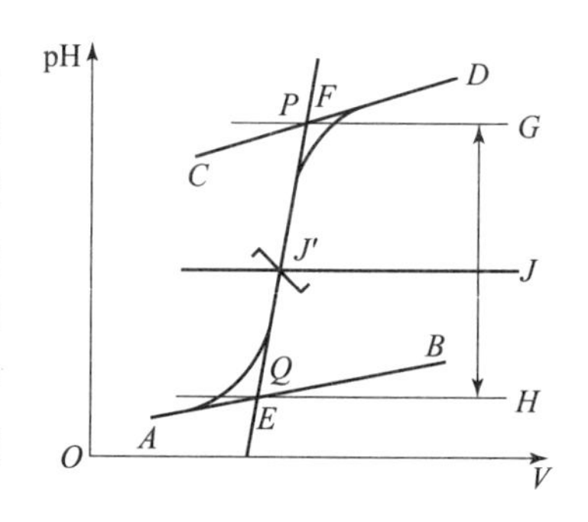

图 4.1 三切线法作图

若要求更准确的确定滴定终点，则可用一级微商法和二级微商法如图 4.2 所示。数据处理示例见表 4.13。用三切线法求得第 1 个终点时，$V_{ep_1} = 19.00$ mL，用一级微商求得 $V_{ep_1} = 19.50$ mL，用二级微商求得 $V_{ep_1} = 19.48$ mL，所得结果略有差异，而用二级微商法处理准确度高。

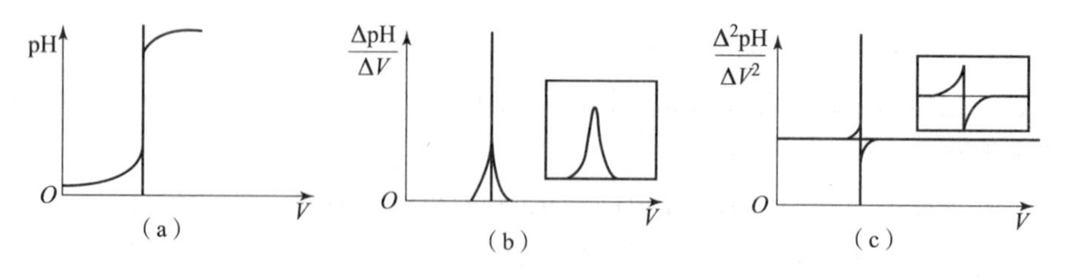

图 4.2 一级和二级微商法处理滴定曲线

根据表 4.13 数据和图 4.2，当 $\frac{\Delta^2 pH}{\Delta V^2} = 0$ 时，此点即为滴定终点。利用表 4.13 二次微商数据，可以准确地计算终点时标准溶液的体积为 19.48 mL，由 $3.0 : x = 7.5 : 0.2$ 得 $x = 0.08$ mL。电位滴定曲线不仅可以确定滴定终点，还能计算 H_3PO_4 的 K_{a_1} 和 K_{a_2}。

在 pH-V 滴定曲线上找出滴定到第 1 个终点所用 NaOH 滴定剂体积一半时对应的 pH 值，此时$[H_3PO_4]\approx[H_2PO_4^-]$，由 $K_{a_1}\approx[H^+][H_2PO_4^-]/[H_3PO_4]$ 计算得到 $K_{a_1}=[H^+]$，即 $pK_{a_1}=pH$。由于磷酸的 K_{a_1} 较大，用 $K_{a_1}=[H^+]$ 计算误差大，最好采用式（4-3）计算。

$$[H^+]=K_{a_1}\frac{[H_3PO_4]-[H^+]+[OH^-]}{[H_2PO_4^-]+[H^+]-[OH^-]} \tag{4-3}$$

由于$[H^+]\gg[HO^-]$，式（4-3）可简化为

$$[H^+]=K_{a_1}\frac{[H_3PO_4]+[H^+]}{[H_2PO_4^-]+[H^+]} \tag{4-4}$$

同理可得到 H_3PO_4 的 K_{a_2}，但应根据第 2 个滴定终点所用的 NaOH 体积一半时对应的 pH 值计算。此时 pH 值粗略地估算约等于 pK_{a_2}。较精确计算时，应将式（4-4）略作改变，即

$$[H^+]=K_{a_2}\frac{[H_2PO_4^-]+[OH^-]}{[HPO_4^{2-}]-[OH^-]} \tag{4-5}$$

本实验要求用 0.1 $mol\cdot L^{-1}$ NaOH 滴定 0.1 $mol\cdot L^{-1}$ H_3PO_4，绘制出 pH-V 滴定曲线，用三切线或一级微商法准确求出 pH_{ep_1} 和 pH_{ep_2}，K_{a_1} 及 K_{a_2}。数据处理方法可以用手工法，也可以用计算机法。

3. 主要试剂和仪器

1）主要试剂

（1）NaOH 标准溶液（0.1 $mol\cdot L^{-1}$）。

（2）H_3PO_4 溶液（0.1 $mol\cdot L^{-1}$）：量取 7 mL 原装 H_3PO_4 加水稀释至 1 L，充分摇匀，存放在试剂瓶中。

（3）标准缓冲溶液：0.025 $mol\cdot L^{-1}$ KH_2PO_4 与 0.025 $mol\cdot L^{-1}$ Na_2HPO_4 混合溶液，pH 值为 6.864。

（4）甲基橙指示剂（2 $g\cdot L^{-1}$）；酚酞指示剂（2 $g\cdot L^{-1}$的乙醇溶液）。

2）主要仪器

pHS-3c 型酸度计及配套电极；电磁搅拌器。

4. 实验步骤

连接电位滴定装置，熟悉 pHS-3c 型酸度计的正确使用方法及电极的安装、仪器的校正和定位、pH 测量等主要操作。

1）测量 H_3PO_4 试液的 pH 值

吸取 20 mL（或 25 mL）0.1 $mol\cdot L^{-1}$ H_3PO_4 溶液放入 150 mL（或 200 mL）烧杯中，插入电极（如电极末被浸没，可适当加入一些蒸馏水至电极被浸没），测量 0.1 $mol\cdot L^{-1}$ H_3PO_4 试液的 pH 值。

2）磷酸的电位滴定

（1）在碱式滴定管中加入 0.1 $mol\cdot L^{-1}$ NaOH 标准溶液，将搅拌磁子放入被测溶液中，为了更好地观察终点，同时加入甲基橙和酚酞指示剂。

（2）启动电磁搅拌器，用 NaOH 标准溶液滴定，开始时可一次滴入 5 mL，读取 pH 值。其后每加入 2 mL NaOH 溶液读取相应的 pH 值，滴定至 pH = 3 后，每隔 0.1 mL 或 0.2 mL 读数，突跃部分要多测几个点（可借助甲基橙指示剂的变色来判断第 1 个计量点）。

（3）用 0.1 $mol \cdot L^{-1}$ NaOH 溶液继续滴定，方式与第一终点相同，当被测试液中出现微红色时（或滴至 pH = 7.5 后），每次要少滴入 NaOH，直至出现第 2 次突跃，测量至 pH 值为 11.5 左右可停止滴定。

实验完毕，取下甘汞电极，用水吹洗，并用滤纸吸干后归还原处保存。玻璃电极仍浸泡在盛有蒸馏水的烧杯中。

5. 数据处理

表 4.13　H_3PO_4 电位滴定数据记录和处理

加入 NaOH 的溶液体积		溶液 pH 值	$\Delta pH/\Delta V$	$\Delta^2 pH/\Delta V^2$
V/mL	$\overline{V}$ /mL			
⋮		⋮		
18.80		3.51		
	18.90		0.45	
19.00		3.60		2.25
	19.30		0.90	
19.20		3.78		6.0
	19.30		2.70	
19.40		4.20		3.0
	19.50		2.10	
19.60		4.70		-4.5
	19.70		1.80	
19.80		5.10		
	19.90		0.90	
20.00		5.28		
⋮		⋮		

（1）以 V_{NaOH} 为横坐标、pH 值为纵坐标，绘出 pH-V 关系曲线，用三切线法计算终点的 pH 值及相应的 NaOH 标准溶液体积、H_3PO_4 试样溶液的浓度，还用一级微商和二级微商法处理并与之比较。

（2）计算机处理有条件的学校，可利用“CAI 教学辅助软件”进行处理。

6. 思考题

（1）H_3PO_4 是三元酸，为什么在 pH-V 滴定曲线上仅出现 2 个突跃？

（2）用 NaOH 滴定 H_3PO_4 时，第 1 个化学计量点和第 2 个化学计量点所消耗的 NaOH 体积应该相等，但实际上第 2 个化学计量点的体积稍大于第 1 个化学计量点体积的 2 倍，为什么？

（3）电位滴定时，若用自来水代替蒸馏水，对测定结果是否有影响？

（4）测量 0.1 $mol \cdot L^{-1}$ H_3PO_4 溶液 pH 值时，取 20 mL H_3PO_4 试液置于小烧杯中，若电极未被浸没，加入蒸馏水，这一操作对 H_3PO_4 最初的 pH 值是否有影响？对 NaOH 滴定的结果是否有影响？

实验 4.10 醋酸解离度和解离常数的测定

1. 实验目的与要求

（1）学习测定弱酸解离度和解离常数的方法。

（2）掌握使用酸度计测定溶液 pH 值的方法。

2. 实验原理

醋酸是弱酸，在水溶液中存在下述解离平衡：

$$HAc \rightleftharpoons H^+ + Ac^-$$

若 HAc 的起始浓度为 c，$[H^+]$、$[Ac^-]$ 和 $[HAc]$ 分别为 H^+、Ac^- 和 HAc 的平衡浓度，α 为解离度，K_a 为解离常数，平衡时 $[H^+]=[Ac^-]$，$[HAc]=c(1-\alpha)$，则

$$K_a = \frac{[H^+][Ac^-]}{[HAc]} = \frac{[H^+]^2}{c-[H^+]}$$

$$\alpha = \frac{[H^+]}{c} \times 100\%$$

当 $\alpha<5\%$ 时，$K_a \approx \frac{[H^+]^2}{c}$，因此，测定出已知浓度的 HAc 溶液的 pH 值，即可计算其解离度和解离常数。

3. 主要试剂和仪器

1）主要试剂

（1）标准缓冲溶液：pH = 4.003 邻苯二甲酸氢钾，pH = 6.864 混合磷酸盐，pH = 9.182 硼砂。

（2）NaOH 标准溶液（约 0.1 $mol \cdot L^{-1}$）；HAc 溶液（约 0.1 $mol \cdot L^{-1}$）；酚酞（2 $g \cdot L^{-1}$）；邻苯二甲酸氢钾（$KHC_8H_4O_4$）。

2）主要仪器

pHS-3S 型酸度计；复合电极。

4. 实验步骤

NaOH 溶液的标定见实验 4.1，记录数据。

1）测定 HAc 溶液浓度

（1）用移液管准确移取 25 mL 0.1 mol·L^{-1} HAc 溶液 3 份，分别放入 250 mL 锥形瓶中，各加 2～3 滴酚酞指示剂。

（2）用 NaOH 标准溶液滴定，微红色在 30 s 内不褪色即为终点，根据消耗的 NaOH 标准溶液的量，计算此 HAc 溶液的浓度和表 4.14 中的其他项目。

2）配制不同浓度的 HAc 溶液

用移液管（或滴定管）分别量取上述 HAc 溶液 25 mL、10 mL 和 5 mL，置于 50 mL 容量瓶中，分别用蒸馏水稀释到刻度，摇匀。

3）校正酸度计

参考实验 4.9 及第 2 章酸度计内容校正酸度计。

4）测定不同浓度 HAc 溶液的 pH 值

（1）将原溶液及上述 3 种不同浓度的 HAc 溶液分别转入 4 只干燥的 50 mL 烧杯中，按由稀至浓的顺序用 pH 计分别测定它们的 pH 值，数据记录及处理见表 4.15。

（2）测量完毕，将电极吹洗干净后，用滤纸吸干，将盛满饱和 KCl 溶液的电极保护套套上，取下电极放回电极盒内，关上电源。

5. 数据处理

表 4.14 HAc 溶液的测定

记录项目	Ⅰ	Ⅱ	Ⅲ
V_{HAc}/mL			
V_{NaOH}/mL			
c_{HAc}/(mol·L^{-1})			
$\overline{c}_{HAc}$/(mol·L^{-1})			
相对偏差/%			
平均相对偏差/%			

表 4.15 HAc 解离度 α 和解离常数的测定

记录项目	Ⅰ	Ⅱ	Ⅲ	Ⅳ
c_{HAc}/(mol·L^{-1})				
pH 值				
[H^+]				
解离度 α				
解离常数 K_a				
K_a 平均值				

6. 思考题

（1）若所用 HAc 溶液的浓度极稀，是否可用 $K_a = \frac{[H^+]^2}{c}$ 求解离常数？

（2）改变所测醋酸的浓度和温度，则解离度和解离常数是否有变化？若有变化，则如何变化？

（3）为什么 HAc 溶液的 pH 值要用 pH 计来测定？HAc 的浓度与 HAc 溶液的酸度有何区别？

（4）如何使用酸度计测量溶液的 pH 值？请写出主要的操作步骤。

（5）298 K 时 HAc 的解离常数的文献值为 $1.75 \times 10^{-5}\ mol \cdot L^{-1}$，求本实验测定值的相对误差，并分析产生误差的原因。

第 5 章

络合滴定实验

实验 5.1　EDTA 标准溶液的配制和标定

1. 实验目的与要求

（1）了解 EDTA 标准溶液的配制和标定原理。

（2）掌握常用的标定 EDTA 方法。

2. 实验原理

EDTA 常因吸附约 0.3% 的水分和含有少量杂质而不能用作基准物，通常需要先把EDTA 配成所需要的大概浓度，然后用基准物质标定。

标定 EDTA 的基准物质有含量不低于 99.95% 的 Cu、Zn、Ni、Pb 等金属、金属氧化物或 $ZnSO_4 \cdot 7H_2O$、$MgSO_4 \cdot 7H_2O$、$CaCO_3$ 等。

在选用纯金属用作基准物质时，金属表面的氧化膜会带来标定误差，应将氧化膜用细砂纸擦去，或用稀酸把氧化膜溶掉，先用蒸馏水，再用乙酸或丙酮冲洗，并于 105℃ 的烘箱中烘干，冷却后再称重。

3. 主要试剂与仪器

1）主要试剂

（1）乙二胺四乙酸二钠（$Na_2H_2Y \cdot 2H_2O$，相对分子质量为 372.2）。

（2）NH_3-NH_4Cl 缓冲溶液：称取 20 g NH_4Cl，用水溶解，加入 100 mL 原装氨水，用蒸馏水稀释至 1 L，pH≈10。

（3）铬黑 T：称取 0.50 g 铬黑 T，溶于含有 25 mL 三乙醇胺和 75 mL 无水乙醇的溶液中，浓度为 5 $g \cdot L^{-1}$，低温保存，有效期约 100 天。

（4）锌片（纯度为 99.99%）。

（5）$CaCO_3$ 基准物质：于 110℃ 烘箱干燥 2 h，稍冷后置干燥器中冷却至室温，备用。

（6）Mg^{2+}-EDTA 溶液：分别配制 0.05 $mol \cdot L^{-1}$ 的 $MgCl_2$ 和 0.05 $mol \cdot L^{-1}$ EDTA 溶液各 500 mL，在 pH = 10 的氨性条件下，以铬黑 T 作指示剂，用上述 EDTA 溶液滴定 Mg^{2+}，得到 Mg^{2+} 溶液与 EDTA 溶液的体积比，按所得比例混合 $MgCl_2$ 和 EDTA，确保 Mg∶EDTA = 1∶1。

（7）六亚甲基四胺（200 g·L^{-1}）；二甲酚橙水溶液（2 g·L^{-1}），低温保存，有效期半年；HCl溶液（1∶1）；氨水（1∶2）；甲基红（1 g·L^{-1}的60%乙醇溶液）。

2）主要仪器

滴定管（50 mL）；移液管（25 mL）；锥形瓶（250 mL）；容量瓶（250 mL）；烧杯（150 mL）。

4. 操作步骤

1）标准溶液和EDTA溶液的配制

（1）Ca^{2+}标准溶液的配制。

计算配制250 mL 0.01 mol·L^{-1} Ca^{2+}标准溶液所需的$CaCO_3$质量，用差减法准确称取计算所得质量的基准$CaCO_3$（称量值与计算值偏离最好不超过10%），置于150 mL烧杯中，以少量水润湿，盖上表面皿，从烧杯嘴处往烧杯中滴加约5 mL（1∶1）HCl溶液，使$CaCO_3$全部溶解。加水50 mL，微沸几分钟以除去CO_2。冷却后用水冲洗烧杯内壁和表面皿，定量转移$CaCO_3$溶液于250 mL容量瓶中，并稀释至刻度，摇匀，计算标准Ca^{2+}溶液的浓度。

（2）Zn^{2+}标准溶液的配制。

用铝铲准确称取基准锌（称量值与计算值偏离不超过5%），置于150 mL烧杯中，加入6 mL（1∶1）HCl溶液，立即盖上表面皿，待锌完全溶解，以少量水冲洗表面皿和烧杯内壁，定量转移Zn^{2+}溶液于250 mL容量瓶中，并稀释至刻度，摇匀，计算Zn^{2+}标准溶液的浓度。

（3）EDTA溶液的配制。

计算配制500 mL 0.01 mol·L^{-1}EDTA二钠盐所需EDTA的质量，用天平（哪种天平?）称取上述质量的EDTA置于200 mL烧杯中，加水温热溶解，冷却后移入乙烯塑料瓶中。

2）标定操作

（1）以铬黑T为指示剂标定EDTA。

①以Zn^{2+}为基准物质标定EDTA。用移液管吸取25 mL 0.01 mol·$L^{-1}$$Zn^{2+}$标准溶液置于锥形瓶中，加1滴甲基红，用（1∶2）氨水中和Zn^{2+}标准溶液中的HCl，溶液由红变为黄时即可。加入20 mL水和10 mL NH_3-NH_4Cl缓冲溶液，再滴入3滴铬黑T指示剂，用0.02 mol·L^{-1}的EDTA溶液滴定，当溶液由红色变为蓝色即为终点。平行滴定3次，取平均值计算EDTA的准确浓度和表5.1中的其他项目。

②以$CaCO_3$为基准物质。用移液管吸25 mL Ca^{2+}标准溶液置于锥形瓶中，滴入1滴甲基红，用氨水中和Ca^{2+}标准溶液中的HCl，当溶液由红变黄即可。加入20 mL水和5 mL Mg^{2+}-EDTA溶液（是否需要准确加入?），然后加入10 mL NH_3-NH_4Cl缓冲溶液，再滴入3滴铬黑T指示剂，并立即用EDTA溶液滴定，当溶液由酒红色转变为紫蓝色即为终点。平行滴定3次，取平均值计算EDTA的准确浓度和表5.2中的其他项目。

（2）以二甲酸橙为指示剂标定EDTA。

用移液管吸取25 mL Zn^{2+}标准溶液置于锥形瓶中，滴入2滴二甲酚橙指示剂后，滴加200 g·L^{-1}六亚甲基四胺溶液至Zn^{2+}-二甲酚橙混合溶液呈现稳定的紫红色，再加入5 mL六亚甲基四胺溶液。用EDTA溶液滴定，当溶液由紫红色转变为黄色时即为终点。平行滴定3次，取平均值，计算EDTA的准确浓度和表5.3中的其他项目。

5. 数据处理

表 5.1　用 Zn^{2+} 标准溶液标定 EDTA（m_{Zn} =　　g，铬黑 T 指示剂）

记录项目	Ⅰ	Ⅱ	Ⅲ
V_{EDTA}/mL			
$\overline{V}_{EDTA}$/mL			
c_{EDTA}/(mol·L^{-1})			

表 5.2　用 Ca^{2+} 标准溶液标定 EDTA（m_{CaCO_3} =　　g，铬黑 T 指示剂）

记录项目	Ⅰ	Ⅱ	Ⅲ
V_{EDTA}/mL			
$\overline{V}_{EDTA}$/mL			
c_{EDTA}/(mol·L^{-1})			

表 5.3　用 Zn^{2+} 标准溶液标定 EDTA（m_{Zn} =　　g，二甲酚橙指示剂）

记录项目	Ⅰ	Ⅱ	Ⅲ
V_{EDTA}/mL			
$\overline{V}_{EDTA}$/mL			
c_{EDTA}/(mol·L^{-1})			

6. 思考题

（1）为什么要使用 2 种指示剂分别标定 EDTA？

（2）在中和标准物质中的 HCl 时，能否用酚酞取代甲基红？为什么？

（3）阐述 Mg^{2+}-EDTA 能够提高终点敏锐度的原理。

（4）滴定为什么要在缓冲溶液中进行？如果没有缓冲溶液存在，将会导致什么现象发生？

实验 5.2　自来水总硬度的测定

1. 实验目的与要求

（1）学习络合滴定法的原理及其应用。

（2）掌握络合滴定法中的直接滴定法。

2. 实验原理

水硬度的测定分为水的总硬度和钙-镁硬度 2 种，前者测定 Ca、Mg 总量，后者分别测定 Ca 和 Mg 的含量。世界各国表示水硬度的方法不同，一些国家水硬度的换算关系见表 5.4。我国采用 $mmol \cdot L^{-1}$ 或 $mol \cdot L^{-1}$（$CaCO_3$）为单位表示水的硬度。

表 5.4　一些国家水硬度的换算关系

硬度单位	换算值				
	$mmol \cdot L^{-1}$	德国硬度	法国硬度	英国硬度	美国硬度
1 $mmol \cdot L^{-1}$	1.000 00	2.804 0	5.005 0	3.511 0	50.050
1 德国硬度	0.356 63	1.000 0	1.784 8	1.252 1	17.848
1 法国硬度	0.199 82	0.560 3	1.000 0	0.701 5	10.000
1 英国硬度	0.284 83	0.798 7	1.425 5	1.000 0	14.255
1 美国硬度	0.019 98	0.056 0	0.100 0	0.070 2	1.000 0

本实验用 EDTA 络合滴定法测定自来水的总硬度。在 pH 值为 10 的 NH_3-NH_4Cl 缓冲溶液中，以铬黑 T 为指示剂，用三乙醇胺掩蔽 Fe^{3+}、Al^{3+}、Cu^{2+}、Pb^{2+}、Zn^{2+} 等共存离子。当 Mg^{2+} 浓度小于 Ca^{2+} 浓度的 1/20 时，则需加入 5 mL Mg^{2+}-EDTA 溶液。

计算公式为

$$\text{水的总硬度} = \frac{c \times V}{\text{水样体积}} \times M_{CaCO_3}(mmol \cdot L^{-1}\ CaCO_3)$$

3. 主要试剂和仪器

所需试剂和仪器与实验 5.1 相同。

4. 实验步骤

（1）取 100 mL 自来水置于 250 mL 锥形瓶中，滴入 1 ~2 滴 HCl 使试液酸化，并煮沸数分钟以除去 CO_2。

（2）冷却后加入 3 mL 三乙醇胺溶液、5 mL 氨性缓冲液和 1 mL Na_2S 溶液以掩蔽重金属离子，再滴入 3 滴铬黑 T 指示剂，并立即用 EDTA 标液滴定，当溶液由红色变为蓝色时即为终点。

（3）平行测定 3 份，计算水样的总硬度，所得结果以 $mmol \cdot L^{-1}$ 表示，数据记录及处理见表 5.5。

5. 数据处理

表 5.5　自来水总硬度测定（$V_{水样}$ =　　mL）

记录项目	Ⅰ	Ⅱ	Ⅲ
V_{EDTA}/mL			
$\overline{V}_{EDTA}$/mL			
水样总硬度（$CaCO_3$）/($mg \cdot L^{-1}$)			

6. 思考题

（1）本实验所使用的 EDTA，应该采用何种指示剂标定？最合适的基准物质是什么？

（2）在测定自来水的硬度时，先在 3 个锥瓶中加入水样，再加入 NH_3-NH_4Cl 缓冲液，加……，然后一份一份地滴定，这样好不好？为什么？

（3）写出以 ρ_{CaCO_3}（单位为 $mg \cdot L^{-1}$）表示水的硬度的计算公式，并计算本实验中水样的总硬度。

实验 5.3 EDTA 滴定法连续测定铋和铅

1. 实验目的与要求

（1）熟悉调节酸度提高 EDTA 选择性的原理。

（2）掌握用 EDTA 进行连续滴定的方法。

2. 实验原理

混合离子的滴定常用控制酸度法、掩蔽法进行，可根据有关副反应系数论证对它们分别滴定的可能性。

Bi^{3+} 和 Pb^{2+} 均能与 EDTA 形成稳定的 1:1 络合物，$\lg K_{稳}$ 分别为 27.94 和 18.04。由于两者的 $\lg K_{稳}$ 相差很大，故可利用酸效应控制不同的酸度，分别进行滴定，在 pH≈1 时滴定 Bi^{3+}，在 pH = 5 ~ 6 时滴定 Pb^{2+}。

在 Bi^{3+}-Pb^{2+} 混合溶液中，首先调节溶液的 pH≈1，以二甲酚橙为指示剂，Bi^{3+} 与指示剂形成紫红色络合物（Pb^{2+} 在此条件下不会与二甲酚橙形成有色络合物），用 EDTA 标准溶液滴定 Bi^{3+}，溶液由紫红色变为黄色为滴定 Bi^{3+} 的终点。

在滴定 Bi^{3+} 后的溶液中加入六亚甲基四胺溶液，调节溶液 pH = 5 ~ 6，此时 Pb^{2+} 与二甲酚橙形成紫红色络合物，溶液再次呈现紫红色。用 EDTA 标准溶液继续滴定，溶液由紫红色恰转变为黄色即为滴定 Pb^{2+} 的终点。

3. 主要试剂和仪器

1）主要试剂

（1）EDTA 标准溶液（0.01 ~ 0.015 $mol \cdot L^{-1}$）；二甲酚橙溶液（2 $g \cdot L^{-1}$）；六亚甲酸四胺溶液（200 $g \cdot L^{-1}$）；HCl 溶液（1 + 1）。

（2）Bi^{3+} 和 Pb^{2+} 混合液（含 Bi^{3+} 和 Pb^{2+} 各 0.01 $mol \cdot L^{-1}$ 左右）：称取 49 g $Bi(NO_3)_3 \cdot 5H_2O$ 和 33 g $Pb(NO_3)_2$，将它们加入盛有 312 mL HNO_3 的烧杯中，在电炉上微热溶解后，稀释至 10 L。

（3）浓 HNO_3 溶液。

2）主要仪器

滴定管（50 mL）；移液管（25 mL）；锥形瓶（250 mL）；容量瓶（250 mL）；烧杯（150 mL）。

4. 操作步骤

（1）EDTA 浓度的标定，数据记录和处理见实验 5.1。

（2）用移液管移取 25 mL Bi^{3+} 和 Pb^{2+} 混合溶液 3 份，置于 250 mL 锥形瓶中，滴入 1 ~ 2 滴二甲酚橙指示剂，用 EDTA 标准溶液滴定，溶液由紫红色变为黄色时为溶液 Bi^{3+} 的终点。

（3）根据消耗的 EDTA 体积，计算混合液中 Bi^{3+} 的含量（以 $g \cdot L^{-1}$ 表示）。

（4）在滴定 Bi^{3+} 后的溶液中滴加六亚甲基四胺溶液，呈现稳定的紫红色后，再加入 5 mL，此时溶液的 pH = 5 ~ 6。

（5）用 EDTA 标准溶液滴定，溶液由紫红色转变为黄色时为终点。

（6）根据滴定结果，计算混合液中 Pb^{2+} 的含量（以 $g \cdot L^{-1}$ 表示）。数据记录及处理见表 5.6。

5. 数据处理

表 5.6　铅铋的连续测定

记录项目	Ⅰ	Ⅱ	Ⅲ
$V_{混合溶液}/mL$			
V_1/mL			
V_2/mL			
$\omega_{Bi^{3+}} = \frac{cV_1 \times 208.98}{25}/(g \cdot L^{-1})$			
$\bar{\omega}_{Bi^{3+}}/(g \cdot L^{-1})$			
d_r			
$\omega_{Pb^{2+}} = \frac{c(V_2 - V_1) \times 207.2}{25}/(g \cdot L^{-1})$			
$\bar{\omega}_{Pb^{2+}}/(g \cdot L^{-1})$			
d_r			

6. 思考题

（1）描述连续滴定 Bi^{3+} 和 Pb^{2+} 过程锥形瓶中颜色变化的情形，并说明颜色变化的原因。

（2）为什么不用 NaOH、NaAc 或 $NH_3 \cdot H_2O$，而用六亚甲基四胺调节 pH 值到 5 ~ 6?

实验 5.4　铝合金中铝含量的测定

1. 实验目的与要求

（1）熟悉返滴定和置换滴定的原理，并了解其应用。

（2）接触复杂试样，以提高分析和解决问题的能力。

（3）能够设计实验方案。

2. 实验原理

由于Al^{3+}易形成一系列多核羟基络合物，而使Al^{3+}与EDTA络合反应缓慢，故通常采用返滴定法测定铝。预先定量地加入过量的EDTA标准溶液，在pH值为3.5左右时煮沸几分钟，使Al^{3+}与EDTA络合反应完全；在pH值为5~6时，以二甲酚橙为指示剂，用Zn^{2+}盐溶液返滴定过量的EDTA，从而得到铝的含量。

返滴定法测定铝的选择性欠佳，能与EDTA形成稳定络合物的离子会产生干扰，因此合金、硅酸盐、水泥和炉渣等复杂试样中的铝，往往采用置换滴定法以提高选择性。在用Zn^{2+}返滴定过量的EDTA后，加入过量的NH_4F，加热至沸腾，AlY^-与F^-发生置换反应，使与Al^{3+}络合的EDTA全部释放，再用Zn^{2+}标准溶液滴定释放出来的EDTA而得到铝的含量。置换反应为

$$AlY^- + 6F^- + 2H^+ \Longrightarrow AlF_6^{3+} + H_2Y^{2-}$$

此试样中含有Ti^{4+}、Zr^{4+}、Sn^{4+}等离子时，也将发生置换反应，干扰Al^{3+}的测定，此时需要采用掩蔽的方法，把上述干扰离子掩蔽掉，如用苦杏仁酸掩蔽Ti^{4+}等。

铝合金所含杂质主要有Si、Mg、Cu、Mn、Fe、Zn，可能含有Ti、Ni、Ca等，通常用HNO_3-HCl混合酸溶解，亦可在银坩锅或塑料烧杯中以$NaOH-H_2O_2$分解后再用HNO_3酸化。

3. 主要试剂和仪器

1）主要试剂

NaOH溶液（200 $g \cdot L^{-1}$）；HCl溶液（1:1、1:3）；EDTA（0.02 $mol \cdot L^{-1}$）；二甲酚橙（2 $g \cdot L^{-1}$）；氨水（1:1）；六亚甲基四胺（200 $g \cdot L^{-1}$）；Zn^{2+}标准溶液（0.02 $mol \cdot L^{-1}$，配制方法见实验5.1）；NH_4F（200 $g \cdot L^{-1}$，贮于塑料瓶中）；铝合金试样。

2）主要仪器

滴定管（50 mL）；移液管（25 mL）；锥形瓶（250 mL）；塑料烧杯（50 mL）；容量瓶（250 mL）。

4. 操作步骤

（1）准确称取0.10~0.11 g铝合金，置于50 mL塑料烧杯中，加入10 mL NaOH溶液，在沸水浴中使其完全溶解，稍冷后加入HCl溶液（1:1）至有絮状沉淀产生，再多加10 mL HCl溶液（1:1）。

（2）定量转移试液至250 mL容量瓶中，稀释至刻度，摇匀。

（3）移取上述试液25 mL至250 mL锥形瓶中，加入30 mL EDTA后，滴加2滴二甲酚橙，此时试液为黄色。

（4）用氨水调至溶液呈紫红色，再加入HCl溶液（1:3），使溶液呈黄色。煮沸3 min，冷却。

（5）加入20 mL六亚甲基四胺，此时溶液为黄色，如果溶液呈红色，则滴加HCl

(1∶3) 溶液，使其变黄。

(6) 在锥形瓶中滴加 Zn^{2+} 标准溶液用以结合多余的 EDTA，当溶液由黄色转变为紫色时停止滴定。

(7) 在上述溶液中加入 10 mL NH_4F，加热至微沸，流水冷却，滴加 2 滴二甲酚橙，此时溶液应为黄色，若为红色，则滴加 HCl 溶液 (1∶3) 使其变为黄色。

(8) 用 Zn^{2+} 标准溶液滴定，溶液由黄转变为红色时为终点，根据这次 Zn^{2+} 标准溶液所耗体积，计算铝的质量分数和表 5.7 中的其他项目。

5. 数据处理

表 5.7　铝含量的测定 ($m_{铝合金}$ =　　g，$m_{Zn^{2+}}$ =　　g)

记录项目	Ⅰ	Ⅱ	Ⅲ
$V_{Zn^{2+}}$/mL			
$\overline{V}_{Zn^{2+}}$/mL			
ω_{Al}/%			

6. 思考题

(1) 试述返滴定和置换滴定各适用于哪些含铝的试样。

(2) 复杂的铝合金试样不用置换滴定而用返滴定，所得结果是偏高还是偏低？

(3) 返滴定与置换滴定所使用的 EDTA 有什么不同？

实验 5.5　胃舒平药片中 $Al(OH)_3$ 和 MgO 含量的测定

1. 实验目的与要求

(1) 学习药剂测定前的处理方法。

(2) 学习用返滴定法测定铝的方法。

(3) 掌握沉淀分离的操作方法。

2. 实验原理

胃舒平又称复方氢氧化铝，是一种常见的胃药，主要成分为氢氧化铝、三硅酸铝及少量中药颠茄流浸膏，在制成片剂时还加了大量糊精等赋形剂。药片中铝和镁的含量可用 EDTA 络合滴定法测定。

滴定前先用 HCl 溶液溶解药片，再取药片溶液，将溶液 pH 调为 3～4，加入一定量且过量的 EDTA 溶液，加热煮沸数分钟，冷却后将其 pH 调到 5～6，以二甲酚橙为指示剂，用 Zn^{2+} 标准溶液返滴定过量的 EDTA，测出铝的含量。

测定镁含量时，先调节溶液的 pH 值，使 Al^{3+} 转变为 $Al(OH)_3$ 沉淀，过滤分离后，在

pH = 10 的条件下，以铬黑 T 作指示剂，用 EDTA 标准溶液滴定滤液中的 Mg^{2+}，求得其含量。

3. 主要试剂和仪器

1）主要试剂

胃舒平药片；EDTA 标准溶液（0.02 mol·L^{-1}）；Zn^{2+} 标准溶液（0.02 mol·L^{-1}）；六亚甲基四胺溶液（200 g·L^{-1}）；三乙醇胺溶液（1∶2）；氨水（1∶1）；HCl 溶液（1∶1）；甲基红指示剂（0.2% 乙醇溶液）；铬黑 T 指示剂；二甲酚橙指示剂（2 g·L^{-1}）；固体 NH_4Cl；NH_3-NH_4Cl 缓冲溶液（pH = 10）；蒸馏水。

2）主要仪器

锥形瓶（250 mL）；滴定管（50 mL）；容量瓶（250 mL）；移液管（25 mL）。

4. 实验步骤

1）样品处理

（1）取胃舒平药片 10 片，研细后从中称取药粉 2 g 左右，加入 20 mL HCl 溶液和蒸馏水 100 mL，煮沸。

（2）冷却后过滤，并以水洗涤沉淀，收集滤液及洗涤液置于 250 mL 容量瓶中，稀释至刻度，摇匀。

2）$Al(OH)_3$ 含量的测定

（1）准确吸取上述试液 5 mL，加水至 25 mL 左右，滴加氨水至出现浑浊，再滴加 HCl 溶液至沉淀恰好溶解。

（2）准确加入 EDTA 标准溶液 25 mL，再加入 10 mL 六亚甲基四胺溶液，煮沸 10 min。

（3）冷却后滴加二甲酚橙指示剂 2～3 滴，以 Zn^{2+} 标准溶液滴定至溶液由黄色变为红色，即为终点。

（4）根据 EDTA 标准溶液加入量与 Zn^{2+} 标准溶液滴定体积，计算每片药片中 $Al(OH)_3$ 的质量分数和表 5.8 中的其他项目。

3）MgO 含量的测定

（1）吸取试液 25 mL，滴加氨水至刚出现沉淀，再滴加 HCl 溶液至沉淀恰好溶解。

（2）加入 2 g 固体 NH_4Cl，滴加六亚甲基四胺溶液至沉淀出现，再滴加 15 mL，加热至 80℃，维持 10～15 min。

（3）冷却后过滤，以少量蒸馏水洗涤沉淀数次，收集滤液与洗涤液至 250 mL 锥形瓶中。

（4）加入三乙醇胺溶液 10 mL、NH_3-NH_4Cl 缓冲溶液 10 mL、甲基红指示剂 1 滴和铬黑 T 指示剂少许，用 EDTA 标准溶液滴定，试液由暗红色转变为蓝绿色即为终点。

（5）计算每片药片中 MgO 的质量分数和表 5.9 中的其他项目。

5. 数据处理

表 5.8　测定 $Al(OH)_3$ 含量（$m_{胃舒平}$ =　　g，$m_{Zn^{2+}}$ =　　g，$V_{试液}$ =　　mL）

记录项目	Ⅰ	Ⅱ	Ⅲ
V_{EDTA}/mL			
$V_{Zn^{2+}}$/mL			
$\omega_{Al(OH)_3}$/%			

表 5.9　测定 MgO 含量（$V_{试液}$ =　　mL）

记录项目	Ⅰ	Ⅱ	Ⅲ
V_{EDTA}/mL			
ω_{MgO}/%			

6. 思考题

（1）本实验为什么要称取试样后，再分取部分试液进行滴定？
（2）在分离铝后的滤液中测定镁，为什么要加三乙醇胺溶液？

第 6 章

氧化-还原滴定实验

实验 6.1　过氧化氢含量的测定

1. 实验目的与要求

（1）掌握 $KMnO_4$ 溶液配制及标定的方法。

（2）了解自动催化反应。

（3）学习高锰酸钾法测定 H_2O_2 的原理与方法。

（4）认知 $KMnO_4$ 指示剂的特点。

2. 实验原理

过氧化氢在工业、生物、医药等方面应用广泛，利用 H_2O_2 的氧化性可漂白毛、丝织物，医药上可用来消毒和杀菌，纯 H_2O_2 可用作火箭燃料的氧化剂，工业上利用 H_2O_2 的还原性除去氯气，反应式为

$$H_2O_2 + Cl_2 = 2Cl^- + O_2\uparrow + 2H^+$$

植物体内的过氧化物氢酶也能催化 H_2O_2 的分解反应，故在生物上利用此性质测量 H_2O_2 分解所放出的氧而测量过氧化氢酶的活性。由于过氧化氢有着广泛的应用，常需要测定它的含量。

H_2O_2 在酸性溶液中是强氧化剂，遇到 $KMnO_4$ 则为还原剂。因此，在稀硫酸溶液中用高锰酸钾标准溶液可测定过氧化氢的含量，其反应式为

$$5H_2O_2 + 2MnO_4^- + 6H^+ = 2Mn^{2+} + 5O_2\uparrow + 8H_2O$$

滴定开始时反应速率缓慢，待 Mn^{2+} 生成后，Mn^{2+} 具有催化作用，便加快了反应速率，从而顺利地滴定，呈现稳定的微红色为终点，因而称为自动催化反应。稍过量的滴定剂（2×10^{-6} $mol\cdot L^{-1}$）显示紫红色即为终点。

H_2O_2 工业产品中常加入少量乙酰苯胺等有机物质作为稳定剂，此类有机物也消耗 $KMnO_4$，遇此情况可采用碘量法测定：利用 H_2O_2 和 KI 作用，析出 I_2，然后用 $S_2O_3^{2-}$ 标准溶液滴定。

$$H_2O_2 + 2H^+ + 2I^- = 2H_2O + I_2$$

$$I_2 + 2S_2O_3^{2-} = S_2O_6^{2-} + 2I^-$$

3. 主要试剂和仪器

1）主要试剂

（1）$Na_2C_2O_4$ 基准物质：于105 ℃干燥2 h后备用。

（2）H_2SO_4 溶液（3 mol·L^{-1}）；$KMnO_4$ 固体；$MnSO_4$ 溶液（1 mol·L^{-1}）；原装 H_2O_2；蒸馏水。

2）主要仪器

烧杯（1 000 mL）；酸式滴定管（50 mL）；锥形瓶（250 mL）；容量瓶（250 mL）；吸量管；微孔玻璃漏斗；移液管。

4. 实验步骤

1）$KMnO_4$ 溶液的配制

（1）称取 $KMnO_4$ 固体1.6 g左右，置于1 000 mL烧杯中，加入500 mL蒸馏水使之溶解，盖上表面皿，加热至沸腾并保持微沸状态1 h。

（2）冷却后，将滤液贮存于棕色试剂瓶中，于暗处静置2～3 d①，然后用微孔玻璃漏斗（3号或4号）过滤备用②。也可将 $KMnO_4$ 固体溶于煮沸过的蒸馏水中，让该溶液在暗处放置6～10 d，用砂芯漏斗过滤备用。有时也可不经过滤而直接取上层清液进行实验。

2）用 $Na_2C_2O_4$ 标定 $KMnO_4$ 溶液

（1）准确称取0.15～0.20 g $Na_2C_2O_4$ 基准物质3份，分别置于250 mL锥形瓶中，用60 mL水使之溶解。

（2）加入15 mL H_2SO_4 溶液，在水浴上加热到75～85 ℃③（刚好冒蒸气），趁热用待标定的 $KMnO_4$ 溶液滴定。开始滴定时反应速率慢，待溶液中产生 Mn^{2+} 后，滴定速度加快，直到溶液呈现微红色并持续30 s内不褪色为终点。

（3）平行滴定3次，根据滴定消耗的 $KMnO_4$ 溶液的体积和 $Na_2C_2O_4$ 的量，计算 $KMnO_4$ 溶液的浓度（$KMnO_4$ 标准溶液久置后需重新标定），数据及处理见表6.1。

3）H_2O_2 含量的测定

（1）用吸量管吸取1 mL原装 H_2O_2 置于250 mL容量瓶中，稀释至刻度，充分摇匀。

（2）用移液管移取25 mL该稀溶液3份，分别置于250 mL锥形瓶中，各加入60 mL水和30 mL H_2SO_4 溶液。

（3）用已标定的 $KMnO_4$ 标准溶液滴定至微红色在30 s内不消失为终点，数据记录及处理见表6.2。

由于 H_2O_2 与 $KMnO_4$ 溶液开始反应速率很慢，可加入2～3滴 $MnSO_4$ 溶液（相当于10～

---

① 由于蒸馏水中常含有少量的还原性物质，使 $KMnO_4$ 还原为 $MnO_2 \cdot nH_2O$，能加速 $KMnO_4$ 的分解，故通常将 $KMnO_4$ 溶液煮沸一段时间，放置2～3 d，使之充分作用，然后将沉淀物过滤除去。

② $KMnO_4$ 标准溶液只能贮存在棕色试剂瓶中，保存的溶液应呈中性、避光、防尘、不含 MnO_2。

③ 在室温条件下，$KMnO_4$ 与 $C_2O_4^{2-}$ 之间的反应速率缓慢，故加热能提高反应速率。加热温度不能过高，若温度超过85℃，则有部分草酸分解，其反应式为

$$H_2C_2O_4 = CO_2\uparrow + CO\uparrow + H_2O$$

13 mg Mn^{2+}）为催化剂，以加快反应速率。

5. 数据处理

表 6.1 $KMnO_4$ 溶液的标定

记录项目	Ⅰ	Ⅱ	Ⅲ
$m_{Na_2C_2O_4}$/g			
V_{KMnO_4}/mL			
c_{KMnO_4}/(mol·L^{-1})			
平均浓度/(mol·L^{-1})			
相对偏差/%			
相对平均偏差/%			

表 6.2 $KMnO_4$ 溶液滴定 H_2O_2

记录项目	Ⅰ	Ⅱ	Ⅲ
$V_{H_2O_2}$/mL			
V_{KMnO_4}/mL			
$V_{Na_2C_2O_4}$/mL			

6. 思考题

（1）$KMnO_4$ 溶液的配制过程要用微孔玻璃漏斗过滤，能否用定量滤纸过滤？为什么？

（2）配制 $KMnO_4$ 溶液应注意什么？用 $Na_2C_2O_4$ 基准物质标定 $KMnO_4$ 溶液时，为什么开始滴入的 $KMnO_4$ 紫色消失缓慢，后来却消失得越来越快，直至滴定终点出现稳定的紫红色？

（3）用高锰酸钾法测定 H_2O_2 时，能否用 HNO_3、HCl 或 HAc 控制酸度？为什么？

（4）配制 $KMnO_4$ 溶液时，过滤后的滤器上沾附的物质是什么？应选用什么物质清洗干净？

（5）H_2O_2 有什么重要性质？使用时应注意什么？

实验 6.2 水样中化学耗氧量（COD）的测定（高锰酸钾法）

1. 实验目的与要求

（1）初步了解环境分析的重要性及水样采集和保存的方法。

（2）对水中化学耗氧量（COD）与水体污染的关系有所了解。

（3）掌握高锰酸钾法测定水中化学耗氧量（COD）的原理。

2. 实验原理

化学耗氧量（COD）是指将水体中易被强氧化剂氧化的还原性物质所消耗的氧化剂的量换算成氧的含量（以 $mg \cdot L^{-1}$ 计），它是衡量水体受还原性物质（主要是有机物）污染程度的综合性指标。测定时，在水样中加入 H_2SO_4 及一定量的 $KMnO_4$ 溶液，在沸水浴中加热，使水样中的还原性物质氧化，剩余的 $KMnO_4$ 用过量的 $Na_2C_2O_4$ 还原，再以 $KMnO_4$ 标准溶液返滴定剩余的 $Na_2C_2O_4$。Cl^- 对上述方法有干扰，故本方法仅适合地表水、地下水、饮用水和生活污水中 COD 的测定，含 Cl^- 高的工业废水应采用 $K_2Cr_2O_7$ 法测定。

本方法的反应式为

$$4MnO_4^- + 5C + 12H^+ \xlongequal{} 4Mn^{2+} + 5CO_2\uparrow + 6H_2O$$

$$2MnO_4^- + 5C_2O_4^{2-} + 16H^+ \xlongequal{} 2Mn^{2+} + 10CO_2\uparrow + 8H_2O$$

测定结果的计算式为

$$COD = \frac{\left[\frac{5}{4}c_{MnO_4^-}(V_1+V_2)_{MnO_4^-} - \frac{1}{2}(cV)_{C_2O_4^{2-}}\right] \times 32\ g \cdot mol^{-1} \times 1\ 000}{V_{水样}} \quad (O_2\ mg/L)$$

式中：V_1 为第1次加入 $KMnO_4$ 溶液的体积；V_2 为第2次加入 $KMnO_4$ 溶液的体积。

3. 主要试剂和仪器

1）主要试剂

（1）$KMnO_4$ 标准溶液（$0.02\ mol \cdot L^{-1}$）。

（2）$KMnO_4$ 溶液（$0.002\ mol \cdot L^{-1}$）：吸取 $KMnO_4$ 标准溶液 25 mL 置于 250 mL 容量瓶中，以新煮沸且冷却的蒸馏水稀释至刻度。

（3）$Na_2C_2O_4$ 标准溶液（$0.005\ mol \cdot L^{-1}$）：将 $Na_2C_2O_4$ 于100～105 ℃干燥2 h，在干燥器中冷却至室温，准确称取0.17 g左右，置于小烧杯中，加水溶解，并定量转移至250 mL容量瓶中，以水稀释至刻度。

（4）H_2SO_4（1∶3）；蒸馏水。

（5）水样，采集后，加入 H_2SO_4 使 $pH < 2$，抑制微生物繁殖，并尽快分析，必要时在0～5 ℃保存，且在48 h内测定。

2）主要仪器

酸式滴定管（50 mL）；锥形瓶（250 mL）；容量瓶（250 mL）；吸量管。

4. 实验步骤

（1）$KMnO_4$ 溶液的标定，见实验6.1，记录数据。

（2）根据水质污染程度取水样 10 ～ 100 mL①，置于 250 mL 锥形瓶中，加入 10 mL H_2SO_4。

---

① 取水样的量由外观可初步判断：洁净透明的水样取100 mL，污染严重、混浊的水样取10～30 mL，补加蒸馏水至100 mL。

(3) 准确加入 10 mL $KMnO_4$ 溶液，加热至沸腾，若此时红色褪去，说明水中有机物含量较多，应补加适量 $KMnO_4$ 溶液，直至试样溶液呈现稳定的红色。

(4) 从冒第 1 个大泡开始计时，用小火准确煮沸 10 min。

(5) 取下锥形瓶，趁热加入 10 mL 0.005 mol·L^{-1} $Na_2C_2O_4$ 标准溶液，摇匀，溶液由红色转为无色。

(6) 用 $KMnO_4$ 溶液滴定至稳定的淡红色出现为终点。平行测定 3 份取平均值。

(7) 另取 100 mL 蒸馏水代替水样，重复上述操作，求得空白值，计算耗氧量时将空白值减去。数据记录及处理见表 6.3。

5. 数据处理

表 6.3　COD 的测定

记录项目	Ⅰ	Ⅱ	Ⅲ
$V_{水样}$/mL			
V_{KMnO_4}/mL			
$V_{Na_2C_2O_4}$/mL			
COD 平均值/(mg·L^{-1})			
空白值/(mg·L^{-1})			
校正后的 COD/(mg·L^{-1})			

6. 思考题

(1) 水样的采集及保存有哪些注意事项？

(2) 水样加入 $KMnO_4$ 溶液煮沸后，红色消失说明什么？应采取什么措施？

(3) 当水样中 Cl^- 含量高时，能否用高锰酸钾法测定？为什么？

(4) 测定水中 COD 有什么意义？测定 COD 有哪些方法？

实验 6.3　铁矿中全铁含量的测定（无汞定铁法）

1. 实验目的与要求

(1) 掌握 $K_2Cr_2O_7$ 标准溶液的配制及使用。

(2) 了解矿石试样的酸溶法。

(3) 掌握无汞定铁法法测定铁的原理及方法。

(4) 了解无汞定铁，增强环保意识。

(5) 了解二苯胺磺酸钠指示剂的作用和原理。

2. 实验原理

用 HCl 溶液分解铁矿石后，加热溶液，以甲基橙为指示剂，用 $SnCl_2$ 将 Fe^{3+} 还原成

Fe^{2+}，并过量1～2滴。经典方法是用$HgCl_2$氧化过量的$SnCl_2$除去Sn^{2+}的干扰，但$HgCl_2$会造成环境污染，本实验采用无汞定铁法，还原反应为

$$2FeCl_4^- + SnCl_4^{2-} + 2Cl^- \longrightarrow 2FeCl_4^{2-} + SnCl_6^{2-}$$

Sn^{2+}将Fe^{3+}还原完后，过量的Sn^{2+}可将甲基橙还原为氢化甲基橙而褪色，不仅能指示还原的终点，还能继续使氢化甲基橙还原成N、N-二甲基对苯二胺和对氨基苯磺酸，从而除去过量的Sn^{2+}。

本实验必须控制HCl浓度在4 $mol \cdot L^{-1}$左右，HCl浓度若大于6 $mol \cdot L^{-1}$，Sn^{2+}会先将甲基橙还原为无色，无法指示Fe^{3+}的还原反应；HCl溶液浓度若低于2 $mol \cdot L^{-1}$，则甲基橙褪色缓慢。

滴定反应为

$$6Fe^{2+} + Cr_2O_7^{2-} + 14H^+ \longrightarrow 6Fe^{3+} + 2Cr^{3+} + 7H_2O$$

滴定突跃范围在0.93～1.34 V，而用二苯胺磺酸钠指示剂的条件电位为0.85 V，故需加入H_3PO_4，使滴定产物Fe^{3+}生成$Fe(HPO_4)_2^-$，Fe^{3+}/Fe^{2+}电对的电位降低，突跃范围变成0.71～1.34 V，这样，二苯胺磺酸钠便可用作指示剂，同时消除$FeCl_4^-$黄色对终点观察的干扰。Sb(Ⅴ)和Sb(Ⅲ)会干扰本实验结果，不应存在。

3. 主要试剂和仪器

1）主要试剂

（1）$SnCl_2$（100 $g \cdot L^{-1}$）：将10 g $SnCl_2 \cdot 2H_2O$溶于40 mL浓HCl溶液中，加水稀释至100 mL。

（2）$SnCl_2$（50 $g \cdot L^{-1}$）；蒸馏水；浓HCl；铁矿石粉。

（3）H_2SO_4-H_3PO_4混合酸：将15 mL浓H_2SO_4缓慢加入70 mL水中，冷却后加入15 mL浓H_3PO_4混匀。

（4）甲基橙（10 $g \cdot L^{-1}$）；二苯胺磺酸钠（2 $g \cdot L^{-1}$）。

（5）$K_2Cr_2O_7$标准溶液（$c_{\frac{1}{6}K_2Cr_2O_7}=0.05\ mol \cdot L^{-1}$）：将$K_2Cr_2O_7$在150～180℃干燥2 h，置于干燥器中冷却至室温，用指定质量称量法准确称取0.612 9 g $K_2Cr_2O_7$置于小烧杯中，加水溶解，定量转移至250 mL容量瓶中，用水稀释至刻度，摇匀。

2）主要仪器

烧杯（250 mL）；移液瓶（25 mL）；酸式滴定管（50 mL）；锥形瓶（250 mL）；容量瓶（250 mL）；吸量管；表面皿。

4. 实验步骤

（1）准确称取铁矿石粉1.0～1.5 g，置于250 mL烧杯中，用少量水润湿，加入20 mL浓HCl，盖上表面皿，在通风柜中低温加热分解试样。若有带色不溶残渣，可滴加20～30滴$SnCl_2$（100 $g \cdot L^{-1}$）助溶，待试样完全分解，残渣应接近白色（SiO_2）。

（2）用少量水吹洗表面皿及烧杯壁，冷却后转移至250 mL容量瓶中，稀释至刻度并摇匀。

（3）移取上述溶液25 mL置于锥形瓶中，加8 mL浓HCl，加热接近沸腾时加入6滴甲

基橙，趁热边摇动锥形瓶边滴加 $SnCl_2$（100 g·L^{-1}）还原 Fe^{3+}，溶液由橙色变为红色。

（4）慢慢滴加 $SnCl_2$（50 g·L^{-1}）至溶液变为淡粉色，再摇几下，直至淡粉色褪去。若刚加入 $SnCl_2$ 红色立即褪去，则说明 $SnCl_2$ 已经过量，可补加 1 滴甲基橙，以除去过量的 $SnCl_2$，此时溶液若呈现浅粉色，表明 $SnCl_2$ 已不过量。

（5）用流水冷却，加入 50 mL 蒸馏水、20 mL 硫磷混合酸和 4 滴二苯胺磺酸钠，立即用 $K_2Cr_2O_7$ 标准溶液滴定，稳定的紫红色出现为终点。

（6）平行测定 3 次，计算铁矿石中铁的含量（质量分数）及表 6.4 中的其他项目。

5. 数据处理

表 6.4 铁矿石中铁含量的测定

记录项目	Ⅰ	Ⅱ	Ⅲ
$m_{铁矿石}$/g			
$V_{铁矿石}$/mL			
$V_{K_2Cr_2O_7}$/mL			
Fe%			
平均值/(mol·L^{-1})			
相对偏差/%			
相对平均偏差/%			

6. 思考题

（1）$K_2Cr_2O_7$ 为什么可以直接称量配制准确浓度的溶液？

（2）为什么要在低温下分解铁矿石？加热至沸腾，会对结果产生什么影响？

（3）$SnCl_2$ 还原 Fe^{3+} 的条件是什么？怎样控制 $SnCl_2$ 不过量？

（4）以 $K_2Cr_2O_7$ 溶液滴定 Fe^{2+} 时，加入 H_3PO_4 的作用是什么？

实验 6.4 间接碘量法测定铜合金中的铜含量

1. 实验目的与要求

（1）掌握 $Na_2S_2O_3$ 溶液的配制及标定方法。

（2）了解淀粉指示剂的作用和原理。

（3）了解间接碘量法测定铜含量的原理，掌握间接碘量法测定铜含量的操作过程。

（4）掌握铜合金试样的分解方法。

2. 实验原理

在众多铜合金中，黄铜和各种青铜一般采用间接碘量法测定其中的铜含量。

在弱酸溶液中，Cu^{2+}与过量的KI作用，生成CuI沉淀，同时析出I_2，反应为

$$2Cu^{2+}+4I^- \xlongequal{} 2CuI\downarrow+I_2$$

或

$$2Cu^{2+}+5I^- \xlongequal{} 2CuI\downarrow+I_3^-$$

析出的I_2以淀粉为指示剂，用$Na_2S_2O_3$标准溶液滴定，反应为

$$I_2+2S_2O_3^{2-} \xlongequal{} 2I^-+S_4O_6^{2-}$$

Cu^{2+}与I^-之间的反应是可逆的，任何引起Cu^{2+}浓度减小（如形成络合物等）或CuI溶解度增加的因素均使反应不完全。加入过量的KI可使Cu^{2+}的还原趋于完全，但是CuI沉淀强烈吸附I_3^-会使结果偏低。可在接近终点时加入硫氰酸盐，将CuI（$K_{sp}=1.1\times10^{-12}$）转化为溶解度更小的CuSCN沉淀（$K_{sp}=4.8\times10^{-15}$）而使吸附的碘释放出来。

$$CuI+SCN^- \xlongequal{} CuSCN\downarrow+I^-$$

KSCN应在接近终点时加入，否则SCN^-会还原大量存在的I_2，致使测定结果偏低。溶液的pH值一般应控制在3.0～4.0之间。酸度过低时，Cu^{2+}易水解，造成结果偏低，而且反应速率慢，终点时间拖长；酸度过高时，I^-被空气中的氧气氧化为I_2（Cu^{2+}催化此反应），造成结果偏高。

Fe^{3+}会氧化I^-而干扰测定，可加入NH_4HF_2掩蔽Fe^{3+}，HF的$K_a=6.6\times10^{-4}$，使溶液的pH值控制在3.0～4.0。

3. 主要试剂和仪器

1）主要试剂

（1）$Na_2S_2O_3$溶液（0.1 mol·L^{-1}）：称取25 g $Na_2S_2O_3\cdot5H_2O$置于烧杯中，用300～500 mL新煮沸并冷却的蒸馏水溶解，加入约0.1 g Na_2CO_3，再用新煮沸并冷却的蒸馏水稀释至1 L，贮存于棕色试剂瓶中，在暗处放置3～5 d后标定。

（2）淀粉溶液（5 g·L^{-1}）：称取0.5 g可溶性淀粉，用少量水搅匀，再加入100 mL沸水搅匀，若需放置，可加入少量HgI_2或H_3BO_3作为防腐剂。

（3）KI溶液（200 g·L^{-1}）NH_4SCN溶液（100 g·L^{-1}）；H_2O_2（30%原装）；Na_2CO_3固体；纯铜（$\omega>99.9\%$）；$K_2Cr_2O_7$标准溶液（$c_{\frac{1}{6}K_2Cr_2O_7}=0.1$ mol·L^{-1}）；KIO_3基准物质；H_2SO_4（1 mol·L^{-1}）；HCl溶液（1∶1）；HCl溶液（6 mol·L^{-1}）；NH_4HF_2（200 g·L^{-1}）；HAc（1∶1）；氨水（1∶1）；蒸馏水；铜合金试样（质量分数为80%～90%）。

2）主要仪器

烧杯（250 mL）；移液管（25 mL）；酸式滴定管（50 mL）；锥形瓶（250 mL，500 mL）；容量瓶（250 mL）；吸量管；碘量瓶。

4. 实验步骤

1）$Na_2S_2O_3$ 溶液的标定

（1）用 $K_2Cr_2O_7$ 标准溶液标定。

①准确移取25 mL $K_2Cr_2O_7$ 标准溶液置于碘量瓶中，加入5 mL HCl溶液（6 mol·L^{-1}）和5 mL KI溶液，盖好盖子，摇匀。

②放在暗处5 min，待反应完全后加入100 mL蒸馏水，用待标定的 $Na_2S_2O_3$ 溶液滴定至淡黄色。

③加入2 mL淀粉指示剂，继续滴定至溶液呈现亮绿色为终点，计算 $c_{Na_2S_2O_3}$ 和表6.5中的其他项目。

（2）用纯铜标定。

①准确称取0.2 g左右纯铜置于250 mL烧杯中，加入10 mL HCl溶液（1∶1），边搅动边逐滴加入2～3 mL H_2O_2，至金属铜完全分解（H_2O_2 不应过量太多）。

②加热至冒大气泡，除去多余的 H_2O_2，然后定量转入250 mL容量瓶中，加水稀释至刻度，摇匀。

③移取25 mL纯铜溶液置于250 mL锥形瓶中，滴加氨水至沉淀生成。

④加入8 mLHAc、10 mL NH_4HF_2 溶液和10 mL KI溶液，用 $Na_2S_2O_3$ 溶液滴定至呈淡黄色。

⑤加入3 mL淀粉溶液，继续滴定至浅蓝色。

⑥接着加入10 mL NH_4SCN 溶液，继续滴定至溶液的蓝色消失为终点，记下所消耗的 $Na_2S_2O_3$ 溶液的体积，计算 $Na_2S_2O_3$ 溶液的浓度。

（3）用 KIO_3 基准物质标定。

①称取0.891 7 g KIO_3 基准物质置于烧杯中，用水溶解，定量转入250 mL容量瓶中，加水稀释至刻度，充分摇匀。

②吸取25 mL KIO_3 标准溶液3份，分别置于500 mL锥形瓶中，加入20 mL KI溶液和5 mL H_2SO_4 溶液，用水稀释至200 mL，立即用待标定的 $Na_2S_2O_3$ 溶液滴定至浅黄色。

③加入5 mL淀粉溶液，继续滴定至由蓝色变为无色为终点。

2）铜合金中铜含量的测定

（1）称取0.10～0.15 g铜合金试样置于250 mL锥形瓶中，加入10 mL HCl溶液。

（2）滴加约2 mL H_2O_2，加热使试样完全溶解。

（3）继续加热除去 H_2O_2，再煮沸1～2 min。

（4）冷却后，加入60 mL水，滴加氨水至溶液中有稳定的沉淀出现。

（5）加入8 mL HAc、10 mL NH_4HF_2 溶液和10 mL KI溶液，用 $Na_2S_2O_3$ 溶液滴定至浅黄色。

（6）加入3 mL淀粉指示剂，滴定至浅蓝色。

（7）加入10 mL NH_4SCN 溶液，继续滴定至蓝色消失。

根据滴定所消耗的 $Na_2S_2O_3$ 的体积计算铜含量和表6.6中的其他项目。

5. 数据处理

表 6.5 $Na_2S_2O_3$ 溶液的标定（以 $K_2Cr_2O_7$ 标定为例）

记录项目	Ⅰ	Ⅱ	Ⅲ
$m_{K_2Cr_2O_2}$/g			
$V_{K_2Cr_2O_7}$/mL			
$c_{K_2Cr_2O_7}$/(mol·L^{-1})			
$V_{Na_2S_2O_3}$/mL			
$c_{Na_2S_2O_3}$/(mol·L^{-1})			
平均浓度/(mol·L^{-1})			
相对偏差/%			
相对平均偏差/%			

表 6.6 铜合金中铜含量的测定

记录目录	Ⅰ	Ⅱ	Ⅲ
$m_{黄铜}$/g			
$V_{Na_2S_2O_3}$/mL			
Cu%			
平均值/%			
相对偏差/%			
相对平均偏差/%			

6. 思考题

（1）间接碘量法测定铜含量时，为什么常要加入 NH_4HF_2？为什么接近终点时加入 NH_4SCN（或 KSCN）？

（2）已知 $E^{\theta}_{Cu^{2+}/Cu^{+}}=0.159$ V，$E^{\theta}_{I_3^-/I^-}=0.545$ V，为什么本实验中 Cu^{2+} 却能使 I^- 氧化为 I_2？

（3）铜合金试样能否用 HNO_3 分解？本实验采用 HCl 和 H_2O_2 分解试样，试写出反应式。

（4）碘量法测定铜为什么要在弱酸性介质中进行？在用 $K_2Cr_2O_7$ 标定 $S_2O_3^{2-}$ 溶液时，先加入 5 mL HCl 溶液，而用 $Na_2S_2O_3$ 溶液滴定时却要加入 100 mL 蒸馏水稀释，为什么？

（5）用纯铜标定 $Na_2S_2O_3$ 溶液时，如果在 H_2O_2 分解铜的过程中加入 HCl，H_2O_2 未除尽，对标定 $Na_2S_2O_3$ 的浓度会有什么影响？

（6）标定 $Na_2S_2O_3$ 溶液的基准物质有哪些？以 $K_2Cr_2O_7$ 标定 $Na_2S_2O_3$ 时，终点的亮绿色是什么物质的颜色？

实验 6.5　直接碘量法测定水果中的抗坏血酸（V_c）含量

1. 实验目的与要求

（1）掌握碘标准溶液的配制与标定方法。

（2）了解直接碘量法测定 V_c 的原理及操作过程。

2. 实验原理

抗坏血酸又称维生素 C（V_c），分子式为 $C_6H_8O_6$，由于分子中的烯二醇基具有还原性，I_2 可将其氧化成二酮基，即

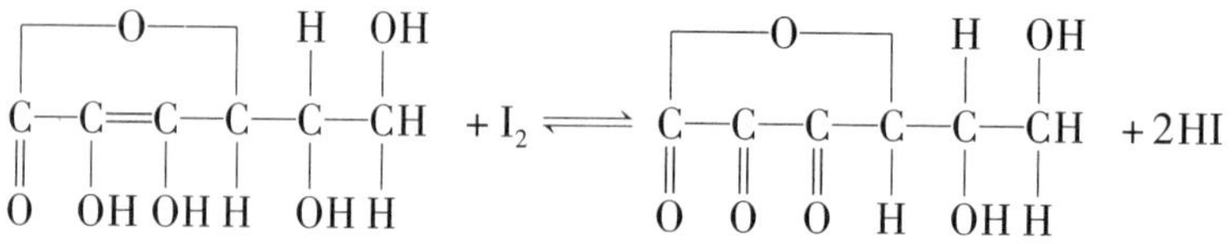

```
┌────O────┐    H   OH                ┌────O────┐    H   OH
│         │    │   │                 │         │    │   │
C──C══C──C──C──CH  + I2 ⇌  C──C──C──C──C──CH  + 2HI
‖  │  │  │  │   │                    ‖  ‖  ‖  │  │   │
O  OH OH H  OH  H                    O  O  O  H  OH  H
```

维生素 C 的半反应式为

$$C_6H_8O_6 \longrightarrow C_6H_6O_6 + 2H^+ + 2e^- \quad (E^\theta \approx +0.18\ V)$$

1 mol 维生素 C 与 1 mol I_2 定量反应，可以用于测定药片、注射液及果蔬中的 V_c 含量。

由于维生素 C 还原性很强，极易被空气中的氧气氧化，在碱性介质中更易发生歧化反应，因此测定时加入 HAc 使溶液呈弱酸性，减少维生素 C 的副反应。

3. 主要试剂和仪器

1）主要试剂

（1）I_2 溶液（$c_{\frac{1}{2}I_2}=0.10\ mol \cdot L^{-1}$）：称取 3.3 g I_2 和 5 g KI，置于研钵中，在通风橱中加入少量水研磨，待 I_2 全部溶解后，将溶液转入棕色试剂瓶中，加水稀释至 250 mL，充分摇匀，放于暗处保存。

（2）I_2 标准溶液（$c_{\frac{1}{2}I_2}=0.010\ mol \cdot L^{-1}$）：将 I_2 溶液稀释 10 倍即可。

（3）As_2O_3 基准物质：于 105 ℃干燥 2 h。

（4）$Na_2S_2O_3$ 标准溶液（0.01 $mol \cdot L^{-1}$）：将实验 6.4 中的 0.1 $mol \cdot L^{-1}$ $Na_2S_2O_3$ 溶液稀释 10 倍即可。

（5）淀粉溶液（5 $g \cdot L^{-1}$，配制方法见实验 6.4）；HAc（2 $mol \cdot L^{-1}$）；$NaHCO_3$ 固体；NaOH 溶液（6 $mol \cdot L^{-1}$）；酚酞指示剂；HCl 溶液；取水果可食部分捣碎为果浆。

2）主要仪器

烧杯（100 mL）；移液管（25 mL）；酸式滴定管（50 mL）；锥形瓶（250 mL）；容量瓶（250 mL）；吸量管。

4. 实验步骤

1）I_2 溶液的标定

（1）用 As_2O_3 标定 I_2 溶液。

①准确称取 1.1 ~ 1.4 g As_2O_3 基准物质（剧毒，严格管理，小心使用）置于 100 mL 烧杯中，加入 10 mL NaOH 溶液，温热溶解。

②滴加 2 滴酚酞指示剂，用 HCl 溶液中和至刚好无色。

③加入 2 ~ 3 g $NaHCO_3$ 固体，搅拌使之溶解，定量转移至 250 mL 容量瓶中，用水稀释至刻度，摇匀。

④移取 25 mL 溶液 3 份，分别置于 250 mL 锥形瓶中，加入 50 mL 水、5 g $NaHCO_3$ 和 2 mL 淀粉溶液，用 I_2 溶液滴定至稳定蓝色 0.5 min 不消失为终点。

计算 I_2 溶液的浓度。

（2）用 $Na_2S_2O_3$ 标准溶液标定 I_2 溶液。

①吸取 25 mL $Na_2S_2O_3$ 标准溶液 3 份，分别置于 250 mL 锥形瓶中，加入 50 mL 水和 2 mL 淀粉溶液。

②用 I_2 溶液滴定至稳定的蓝色，0.5 min 内不褪色为终点。计算 I_2 溶液的浓度和表 6.7 中的其他项目。

2）水果中 V_c 含量的测定

（1）在 100 mL 烧杯中准确称取 30 ~ 50 g 新捣碎的果浆（橙、桔、番茄等），加入 10 mL HAc，定量转入 250 mL 锥形瓶中。

（2）加入 2 mL 淀粉溶液，立即用 I_2 标准溶液滴定至呈现稳定的蓝色。

计算果浆中 V_c 的含量和表 6.8 中的其他项目。

5. 数据处理

表 6.7 I_2 溶液的标定

记录项目	Ⅰ	Ⅱ	Ⅲ
$c_{Na_2S_2O_3}/(mol \cdot L^{-1})$			
$V_{Na_2S_2O_3}/mL$			
V_{I_2}/mL			
$c_{I_2}/(mol \cdot L^{-1})$			
平均浓度/$(mol \cdot L^{-1})$			
相对偏差/%			
相对平均偏差/%			

表 6.8 果蔬试样中 V_c 含量的测定

记录项目	Ⅰ	Ⅱ	Ⅲ
$m_{果蔬试样}$/g			
V_{I_2}/mL			
V_c 的含量（mg/100 g）			
平均值（mg/100 g）			
相对偏差/%			
相对平均偏差/%			

6. 思考题

（1）果浆中加入 HAc 的作用是什么？

（2）配制 I_2 溶液时加入 KI 的目的是什么？

（3）以 As_2O_3 标定 I_2 溶液时，为什么加入 $NaHCO_3$？

实验 6.6 高锰酸钾间接滴定法测定补钙制剂中的钙含量

1. 实验目的与要求

（1）掌握沉淀分离的基本操作。

（2）掌握氧化-还原法间接测定钙含量的原理及方法。

2. 实验原理

碱土金属、Pb^{2+}、Cd^{2+} 等与草酸根能形成难溶的草酸盐沉淀，用高锰酸钾法可以间接测定它们的含量。以 Ca^{2+} 为例，反应为

$$Ca^{2+} + C_2O_4^{2-} = CaC_2O_4 \downarrow$$

$$CaC_2O_4 + H_2SO_4 = CaSO_4 + H_2C_2O_4$$

$$5H_2C_2O_4 + 2MnO_4^- + 6H^+ = 2Mn^{2+} + 10CO_2 \uparrow + 8H_2O$$

该法可用于葡萄糖酸钙、钙立得等补钙制剂中的钙含量测定。

3. 主要试剂和仪器

1）主要试剂

$KMnO_4$ 溶液（0.02 mol·L^{-1}，配制及标定同实验 6.1）；$(NH_4)_2C_2O_4$（5 g·L^{-1}）；尿素；氨水（10%）；浓 HCl；HCl 溶液（1:1）；H_2SO_4 溶液（1 mol·L^{-1}）；甲基橙（2 g·L^{-1}）；蒸馏水；硝酸（0.1 mol·L^{-1}）；补钙制剂。

2）主要仪器

烧杯（250 mL）；低温电热板；漏斗；滤纸；洗瓶。

4. 实验步骤

(1) 准确称取补钙制剂2份（每份含钙0.05 g左右），分别置于250 mL烧杯中，加入适量蒸馏水及HCl溶液，加热促使其溶解。

(2) 在溶液中滴加2~3滴甲基橙，以氨水中和溶液由红色转变为黄色，趁热逐滴加入50 mL $(NH_4)_2C_2O_4$。

(3) 在低温电热板（或水浴）上陈化30 min或加入50 mL $(NH_4)_2C_2O_4$ 及尿素后加热，尿素水解产生的 NH_3 均匀地中和 H^+，可使 Ca^{2+} 均匀地沉淀为 CaC_2O_4 的粗大晶形沉淀。

(4) 冷却后过滤，先将上层清液倾入漏斗中，再将烧杯中的沉淀洗涤数次后转入漏斗中，继续洗涤沉淀至无 Cl^-（承接洗液在 HNO_3 介质中用 $AgNO_3$ 检查）。

(5) 将带有沉淀的滤纸铺在原烧杯的内壁上，用50 mL H_2SO_4 把沉淀由滤纸上洗入烧杯中，再用洗瓶洗2次。

(6) 加入蒸馏水使总体积为100 mL左右，加热至70~80℃。

(7) 用 $KMnO_4$ 标准溶液滴定至溶液呈淡红色，再将滤纸搅入溶液中，若溶液褪色，则继续滴定，直至淡红色30 s内不消失为终点，数据记录及处理见表6.9。

5. 数据处理

表6.9　钙制剂中钙含量的测定

记录项目	Ⅰ	Ⅱ	Ⅲ
m_s/g			
V_{KMnO_4}/mL			
$\omega_{钙}$/%			
平均值/%			

6. 思考题

(1) 以 $(NH_4)_2C_2O_4$ 沉淀钙时，pH值控制为多少？为什么选择该pH值？

(2) 加入 $(NH_4)_2C_2O_4$ 时，为什么要在热溶液中逐滴加入？

(3) 洗涤 CaC_2O_4 沉淀时，为什么要洗至无 Cl^-？

(4) 试比较高锰酸钾间接滴定法测定 Ca^{2+} 和络合滴定法测定 Ca^{2+} 的优缺点。

实验6.7　溴酸钾法测定苯酚

1. 实验目的与要求

(1) 掌握 $KBrO_3$-KBr溶液的配制方法。

(2) 了解溴酸钾法测定苯酚的原理及方法。

2. 实验原理

溴酸钾是一种强氧化剂，在酸性溶液中与还原性物质作用被还原为 Br^-，反应为

$$BrO_3^- + 6H^+ + 6e^- = Br^- + 3H_2O \quad (E^\theta = 1.44 V)$$

苯酚是煤焦油的主要成分之一，广泛应用于消毒杀菌，是高分子材料、染料、医药、农药合成的原料。苯酚的生产和应用常造成环境污染，是常规环境监测的主要项目之一。

溴酸钾法测定苯酚的方法为：$KBrO_3$ 与 KBr 在酸性介质中反应，定量地产生 Br_2；Br_2 与苯酚发生取代反应，生成三溴苯酚；剩余的 Br_2 用过量 KI 还原，析出的 I_2 以 $Na_2S_2O_3$ 标准溶液滴定。

$$BrO_3^- + 5Br^- + 6H^+ = 3Br_2 + 3H_2O$$

$$C_6H_5OH + 3Br_2 \rightleftharpoons C_6H_2Br_3OH + 3Br^- + 3H^+$$

$$Br_2 + 2I^- = I_2 + 2Br^-$$

$$I_2 + 2S_2O_3^{2-} = 2I^- + S_4O_6^{2-}$$

计量关系为 $C_6H_5OH \sim BrO_3^- \sim 3\ Br_2 \sim 3I_2 \sim 6S_2O_3^{2-}$。

计算苯酚含量的公式为

$$\omega_{C_6H_5OH} = \frac{\left[(cV)_{BrO_3^-} - \frac{1}{6}(cV)_{S_2O_3^{2-}}\right] M_{C_6H_5OH}}{m_s}$$

该实验为了与测定苯酚的条件一致，在标定 $Na_2S_2O_3$ 时要采用 $KBrO_3$-KBr 法，标定过程与上述测定过程相同，只是以水代替苯酚试样进行操作。

3. 主要试剂和仪器

1）主要试剂

（1）$KBrO_3$-KBr 标准溶液（$c_{\frac{1}{6}KBrO_3} = 0.1\ mol \cdot L^{-1}$）：称取 0.695 9 g $KBrO_3$ 置于小烧杯中，加入 4 g KBr，用水溶解后，定量转移至 250 mL 容量瓶中，以水稀释至刻度，摇匀。

（2）$Na_2S_2O_3$ 溶液（$0.5\ mol \cdot L^{-1}$，配制方法见实验 6.4）；淀粉溶液（$5\ g \cdot L^{-1}$，配制方法见实验 6.4）；KI（$100\ g \cdot L^{-1}$）；HCl 溶液（1∶1）；NaOH（$100\ g \cdot L^{-1}$）；苯酚试样。

2）主要仪器

移液管（25 mL）；碘量瓶（250 mL）；量筒；表面皿；烧杯（100 mL）；容量瓶（250 mL）；锥形瓶（250 mL）；滴定管。

4. 实验步骤

1）$Na_2S_2O_3$ 溶液的标定

（1）移取 25 mL $KBrO_3$-KBr 标准溶液置于 250 mL 碘量瓶中，加入 25 mL 水和 10 mL

HCl 溶液，摇匀，盖上表面皿，放置5~8 min。

（2）加入20 mL KI 溶液，摇匀，放置5~8 min。

（3）用 $Na_2S_2O_3$ 溶液滴定至浅黄色，加入2 mL 淀粉溶液，继续滴定至蓝色消失为终点。

（4）平行测定3份，数据记录及处理见表6.10。

2）苯酚试样的测定

（1）称取0.2~0.3 g 苯酚试样置于100 mL 烧杯中，加入5 mL NaOH 溶液，用少量水溶解后，定量转入250 mL 容量瓶中，并稀释至刻度，摇匀。

（2）分别取10 mL 试样溶液置于250 mL 锥形瓶中，用移液管加入25 mL $KBrO_3$-KBr 标准溶液和10 mL HCl 溶液，充分摇匀2 min，使三溴苯酚沉淀完全分散，盖上表面皿，放置5 min。

（3）加入20 mL KI 溶液，继续放置5~8 min，再用 $Na_2S_2O_3$ 溶液滴定至浅黄色。

（4）加入2 mL 淀粉溶液，继续滴定至黄色消失为终点。

（5）平行测定3份，计算苯酚含量和表6.11中的其他项目。

5. 数据处理

表6.10 $Na_2S_2O_3$ 溶液的标定

记录项目	Ⅰ	Ⅱ	Ⅲ
$c_{KBrO_3-KBr}/(mol \cdot L^{-1})$			
V_{KBrO_3-KBr}/mL			
$V_{Na_2S_2O_3}/mL$			
$c_{Na_2S_2O_3}/(mol \cdot L^{-1})$			
平均浓度/$(mol \cdot L^{-1})$			
相对偏差/%			
相对平均偏差/%			

表6.11 苯酚试样的测定

记录项目	Ⅰ	Ⅱ	Ⅲ
$m_{苯酚}/g$			
$V_{苯酚}/mL$			
V_{KBrO_3-KBr}/mL			
$V_{Na_2S_2O_3}/mL$			
$\omega_{苯酚}/\%$			
平均值/%			
相对偏差/%			
相对平均偏差/%			

6. 思考题

（1）标定 $Na_2S_2O_3$ 及测定苯酚时，能否用 $Na_2S_2O_3$ 溶液直接滴定 Br_2？

（2）试分析该操作流程主要的误差来源有哪些？

（3）苯酚试样中加入 $KBrO_3$-KBr 标准溶液后，用力摇动锥形瓶的目的是什么？

第 7 章

沉淀滴定及重量分析实验

实验 7.1　莫尔法测定氯化物中的氯含量

1. 实验目的与要求

（1）掌握 $AgNO_3$ 标准溶液的配制和标定方法。

（2）掌握莫尔法进行沉淀滴定的原理、方法和操作。

2. 实验原理

某些可溶性氯化物中氯含量的测定常采用莫尔法。在中性或弱碱性溶液中，用 K_2CrO_4 作为指示剂，用 $AgNO_3$ 标准溶液进行滴定。由于 AgCl 沉淀的溶解度比 Ag_2CrO_4 小，因此溶液中首先析出 AgCl 沉淀。当 AgCl 定量沉淀后，过量 1 滴 $AgNO_3$ 溶液即与 ${CrO_4}^{2-}$ 生成砖红色 Ag_2CrO_4 沉淀，指示达到终点。主要反应如下：

$$Ag^+ + Cl^- \xlongequal{} AgCl\downarrow \qquad (K_{sp} = 1.8\times10^{-10})$$

$$2Ag^+ + CrO_4^{2-} \xlongequal{} Ag_2CrO_4\downarrow \text{（砖红色）} \qquad (K_{sp} = 2.0\times10^{-12})$$

滴定必须在中性或弱碱性溶液中进行，最适宜的 pH 值范围为 6.5 ~ 10.5。如果有铵盐存在，溶液的 pH 值须控制在 6.5 ~ 7.2。

指示剂的浓度对滴定有影响，一般以 5×10^{-3} $mol\cdot L^{-1}$ 为宜。能与 Ag^+ 生成难溶性化合物或络合物的 PO_4^{3-}、AsO_4^{3-}、SO_3^{2-}、S^{2-}、CO_3^{2-}、$C_2O_4^{2-}$ 等阴离子会干扰测定，可加热煮沸除去，将 SO_3^{2-} 氧化成 SO_4^{2-} 后不再干扰测定；大量 Cu^{2+}、Ni^{2+}、Co^{2+} 等有色离子将影响终点观察；Ba^{2+}、Pb^{2+} 等能与 ${CrO_4}^{2-}$ 指示剂生成难溶化合物的阳离子，也会干扰测定；可加入过量的 Na_2SO_4 消除 H_2S 的干扰。

3. 主要试剂和仪器

1）主要试剂

（1）NaCl 基准物质：将 NaCl 在 500 ~ 600 ℃高温炉中灼烧 0.5 h 后，置于干燥器中冷却即可使用；也可将 NaCl 置于带盖的瓷坩埚中加热，并不断搅拌，待爆炸声停止后，继续加热15 min，将坩埚于干燥器中冷却后使用。

（2）$AgNO_3$ 标准溶液（0.1 $mol\cdot L^{-1}$）：称取 8.5 g $AgNO_3$ 溶解于 500 mL 不含 Cl^- 的蒸

馏水中，将溶液转入棕色试剂瓶中，于暗处保存，以防光照分解。

（3）K_2CrO_4 溶液（50 g·L^{-1}）；蒸馏水。

2）主要仪器

小烧杯；容量瓶（100 mL、250 mL）；移液管；锥形瓶（250 mL）；吸量管；滴定管。

4. 实验步骤

1）$AgNO_3$ 溶液的标定

（1）准确称取0.5～0.65 g NaCl基准物质置于小烧杯中，用蒸馏水溶解后转入100 mL容量瓶中，稀释至刻度，摇匀。

（2）用移液管移取25 mL NaCl试液至250 mL锥形瓶中，加入25 mL水。

（3）用吸量管加入1 mL K_2CrO_4 溶液，用 $AgNO_3$ 溶液滴定至出现砖红色即为终点。

（4）平行标定3份，根据消耗 $AgNO_3$ 的体积和NaCl的质量，计算 $AgNO_3$ 的浓度和表7.1中的其他项目。

2）试样分析

（1）准确称取2 g NaCl基准物质置于烧杯中，用水溶解后转入250 mL容量瓶中，稀释至刻度，摇匀。

（2）用移液管移取25 mL试液至250 mL锥形瓶中，加入25 mL水。

（3）用1 mL吸量管加入1 mL K_2CrO_4 溶液，用 $AgNO_3$ 标准溶液滴定至溶液出现砖红色为终点。

（4）平行测定3份，计算试液中氯的含量和表7.2中的其他项目。

实验完毕后，将装 $AgNO_3$ 标准溶液的滴定管用蒸馏水冲洗2～3次，再用自来水洗净，以免AgCl残留于管内。

5. 数据处理

表7.1　$AgNO_3$ 标准溶液的标定

记录项目	Ⅰ	Ⅱ	Ⅲ
m_{NaCl}/g			
V_{NaCl}/mL			
V_{AgNO_3}/mL			
c_{AgNO_3}/(mol·L^{-1})			
平均浓度/(mol·L^{-1})			
相对偏差/%			
相对平均偏差/%			

表7.2　氯含量的测定

记录项目	Ⅰ	Ⅱ	Ⅲ
m_{NaCl}/g			
V_{NaCl}/mL			

续表

记录项目	Ⅰ	Ⅱ	Ⅲ
V_{AgNO_3}/mL			
平均体积/mL			
试样中氯的含量/%			

6. 思考题

（1）莫尔法测定氯含量时，为什么溶液的 pH 控制在 6.5～10.5？

（2）以 K_2CrO_4 作指示剂时，指示剂浓度过大或过小对测定有何影响？

（3）用莫尔法测定酸性光亮镀铜液（主要成分为 $CuSO_4$ 和 H_2SO_4）中的氯含量时，试液应作哪些预处理？

实验 7.2　佛尔哈德法测定氯化物中的氯含量

1. 实验目的与要求

（1）掌握 NH_4SCN 标准溶液的配制和标定方法。

（2）掌握用佛尔哈德测定氯化物中氯含量的原理和操作。

2. 实验原理

在含 Cl^- 的酸性试液中，加入一定量过量的 Ag^+ 标准溶液，定量生成 AgCl 沉淀后，过量 Ag^+ 以铁铵矾为指示剂，用 NH_4SCN 标准溶液回滴，用 $Fe(SCN)^{2+}$ 络离子的红色指示滴定终点。主要反应为

$$Ag^+ + Cl^- = AgCl\downarrow \text{（白色）} \qquad K_{sp} = 1.8\times10^{-10};$$

$$Ag^+ + SCN^- = AgSCN\downarrow \text{（白色）} \qquad K_{sp} = 1.0\times10^{-12};$$

$$Fe^{3+} + SCN^- = Fe(SCN)^{2+}\downarrow \text{（红色）} \qquad K_1 = 138。$$

指示剂用量大小对滴定有影响，一般控制 Fe^{3+} 浓度为 0.015 mol·L^{-1} 为宜。

滴定时，控制氢离子浓度为 0.1～1 mol·L^{-1}，激烈摇动溶液。为了防止 AgCl 沉淀与 SCN^- 发生交换反应而消耗滴定剂，在滴定前加入硝基苯（有毒！）或石油醚保护 AgCl 沉淀，使其与溶液隔开。

测定时，能与 SCN^- 生成沉淀或络合物，或能氧化 SCN^- 的物质均有干扰，而 PO_4^{3-}、AsO_4^{3-}、CrO_4^{2-} 等离子因酸效应而不影响测定。

佛尔哈德法常用于直接测定银合金和矿石中银的质量分数。

3. 主要试剂和仪器

1）主要试剂

（1）$AgNO_3$ 标准溶液（0.1 mol·L^{-1}）。

（2）NH_4SCN 溶液（0.1 mol·L^{-1}）：称取3.8 g NH_4SCN，用500 mL水溶解后转入试剂瓶中；

（3）铁铵钒指示剂溶液（400 g·L^{-1}）：此溶液维持1 mol·L^{-1} HNO_3 溶液。

（4）HNO_3 溶液（1∶1）：含有氮的氧化物而呈黄色时，应煮沸除去氮化合物。

（5）硝基苯；NaCl基准物质（见莫尔法）。

2）主要仪器

烧杯（50 mL）；容量瓶（250 mL）；移液管（25 mL）；吸量管；锥形瓶（250 mL）；滴定管。

4. 实验步骤

1）NH_4SCN 溶液的标定

（1）用移液管移取25 mL $AgNO_3$ 标准溶液至250 mL锥形瓶中，加入5 mL HNO_3 溶液和1 mL铁铵矾指示剂溶液。

（2）用 NH_4SCN 溶液滴定，滴定时，剧烈振荡溶液，当滴至溶液颜色淡红色不变时为终点。

（3）平行标定3份，计算 NH_4SCN 溶液浓度和表7.3中的其他项目。

2）试样分析

（1）准确称取约2 g NaCl基准物质置于50 mL烧杯中，用水溶解后转入250 mL容量瓶中，并稀释至刻度，摇匀。

（2）用移液管移取25 mL试样溶液至250 mL锥形瓶中，加入25 mL水和5 mL HNO_3 溶液。

（3）用滴定管加入 $AgNO_3$ 标准溶液至过量5～10 mL①。

（4）加入2 mL硝基苯，用橡皮塞塞住瓶口，剧烈振荡0.5 min，使AgCl沉淀进入硝基苯层而与溶液隔开。

（5）加入1.0 mL铁铵矾指示剂溶液，用 NH_4SCN 溶液滴至出现淡红色的 $Fe(SCN)^{2+}$ 络合物稳定不变为终点。

（6）平行测定3份，计算NaCl基准物质中氯的含量和表7.4中的其他项目。

5. 数据处理

表7.3　0.1 mol·L^{-1} NH_4SCN 溶液的标定

记录项目	Ⅰ	Ⅱ	Ⅲ
V_{AgNO_3}/mL			
V_{NH_4SCN}/mL			
c_{NH_4SCN}/(mol·L^{-1})			
平均浓度/(mol·L^{-1})			
相对偏差/%			

① 加入 $AgNO_3$ 标准溶液时，生成白色AgCl沉淀，接近计量点时，AgCl凝聚，振荡溶液后静置片刻，使沉淀沉降，然后加入几滴 $AgNO_3$ 标准溶液到清液层。若不再生成沉淀时说明 $AgNO_3$ 已过量，此时再加入过量5～10 mL $AgNO_3$ 即可。

表 7.4　氯含量的测定

记录项目	Ⅰ	Ⅱ	Ⅲ
m_{NaCl}/g			
V_{NaCl}/mL			
V_{AgNO_3}/mL			
V_{NH_4SCN}/mL			
试样中氯的含量/%			
平均值/%			
相对偏差/%			

6. 思考题

（1）佛尔哈德法测定氯含量时，为什么要加入石油醚或硝基苯？当用此法测定 Br^- 和 I^- 时，还需加入硝基苯或石油醚吗？

（2）试讨论酸度对佛尔哈德法测定卤素离子含量的影响。

（3）本实验为什么使用 HNO_3 溶液酸化？能否用 HCl 溶液或 H_2SO_4 溶液酸化？为什么？

实验 7.3　二水合氯化钡中钡含量的测定（硫酸钡晶形沉淀重量分析法）

1. 实验目的与要求

（1）学习用重量法测定钡含量的原理和方法。

（2）掌握晶形沉淀的制备、过滤、洗涤、灼烧及恒重等基本操作。

2. 实验原理

硫酸钡晶形沉淀重量分析法既可以用于测定 Ba^{2+}，也可以用于测定 SO_4^{2-} 的含量。

称取一定量的 $BaCl_2 \cdot 2H_2O$，用水溶解，加稀 HCl 溶液酸化，加热至微沸，在不断搅动下，慢慢地加入热的稀 H_2SO_4 溶液，Ba^{2+} 与 SO_4^{2-} 形成晶形沉淀。沉淀经陈化、过滤、洗涤、烘干、炭化、灰化、灼烧后，以 $BaSO_4$ 形式称量，可求出 $BaCl_2 \cdot 2H_2O$ 中的钡含量。

$$Ba\% = \frac{m_{BaSO_4} \cdot \dfrac{M_{Ba}}{M_{BaSO_4}}}{W_{钡盐}} \times 100\%$$

Ba^{2+} 可生成一系列微溶化合物，如 $BaCO_3$、$BaCrO_4$、$BaHPO_4$、$BaSO_4$ 等，其中以 $BaSO_4$ 溶解度最小，100℃时 100 mL 溶液中溶解 0.4 mg，25 ℃时仅溶解 0.25 mg。当过量沉淀剂存在时，溶解度迅速减小，一般可以忽略不计。

硫酸钡晶形沉淀重量分析法一般在 0.05 mol·L^{-1} 左右的盐酸介质中进行沉淀，它是为了防止产生 $BaCO_3$、$BaHPO_4$、$BaHAsO_4$ 沉淀以及 $Ba(OH)_2$ 共沉淀。适当提高酸度，增加

$BaSO_4$ 在沉淀过程中的溶解度，以降低其相对过饱和度，有利于获得较好的晶形沉淀。

用硫酸钡晶形沉淀重量分析法测定 Ba^{2+} 时，一般用稀 H_2SO_4 做沉淀剂，为了使 $BaSO_4$ 沉淀完全，必须加入过量的 H_2SO_4。由于 H_2SO_4 在高温下可挥发除去，故沉淀吸附的 H_2SO_4 不致引起误差，因此可加入过量 50% ~100% 的沉淀剂。用硫酸钡晶形沉淀重量分析法测定 SO_4^{2-} 时，由于 $BaCl_2$ 灼烧时不易挥发除去，只允许加入过量 20% ~30% 的 $BaCl_2$ 沉淀剂。

$PbSO_4$、$SrSO_4$ 的溶解度较小，因此，Pb^{2+}、Sr^{2+} 会对钡的测定产生干扰。NO_3^-、ClO_3^-、Cl^- 等阴离子和 K^+、Na^+、Ca^{2+}、Fe^{3+} 等阳离子会引起共沉淀现象，故应严格掌握沉淀条件，减少共沉淀现象，以获得纯净的 $BaSO_4$ 晶形沉淀。

3. 主要试剂和仪器

1）主要试剂

H_2SO_4 溶液（1 mol·L^{-1}、0.1 mol·L^{-1}）；HCl 溶液（2 mol·L^{-1}）；HNO_3 溶液（2 mol·L^{-1}）；$AgNO_3$ 溶液（0.1 mol·L^{-1}）；$BaCl_2 \cdot 2H_2O$。

2）主要仪器

瓷坩埚（25 mL）；烧杯（250 mL）；定量滤纸（慢速或中速）；沉淀帚；玻璃漏斗；表面皿；马福炉。

4. 实验步骤

1）沉淀的制备

（1）称取 0.4 ~0.6 g $BaCl_2 \cdot 2H_2O$ 试样 1 份，置于 250 mL 烧杯中，加入约 100 mL 水和 3 mL HCl 溶液搅拌溶解，加热至接近沸腾。

（2）取 4 mL 1mol·L^{-1} H_2SO_4 溶液于置 100 mL 烧杯中，加入 30 mL 水，加热至接近沸腾，趁热用胶头滴管将 H_2SO_4 溶液逐滴滴入热的钡盐溶液中，并用玻璃棒不断搅拌，直至 H_2SO_4 溶液加完为止。

（3）待 $BaSO_4$ 沉淀下沉后，在上层清液中加入 1 ~2 滴 0.1 mol·L^{-1} H_2SO_4 溶液，仔细观察沉淀是否完全。沉淀完全后，盖上表面皿（切勿将玻璃棒拿出杯外），放置过夜陈化。

2）沉淀的过滤与洗涤

用慢速或中速滤纸倾泻法过滤。用 0.1mol·L^{-1} H_2SO_4 溶液洗涤沉淀 3 ~4 次，每次约 10 mL。然后将沉淀转移到定量滤纸上，用折叠滤纸时撕下的小片滤纸擦拭杯壁，并将此小片滤纸放入玻璃漏斗中，再用 0.1 mol·L^{-1} H_2SO_4 溶液洗涤 4 ~6 次，直至洗涤液中不含 Cl^- 为止。

3）空坩埚的恒重

将洁净的瓷坩埚放在 800℃ 的马福炉中灼烧至恒重（第 1 次灼烧 40 min，第 2 次后每次只灼烧 20 min）。灼烧也可在煤气灯下进行。

4）沉淀的灼烧和恒重

将折叠的沉淀滤纸包置于已恒重的瓷坩埚中，经烘干、炭化、灰化后，在 800 ℃ 的马弗炉中灼烧至恒重。计算 $BaCl_2 \cdot 2H_2O$ 中的钡含量和表 7.5 中的其他项目。

5. 数据处理

表7.5　二水合氯化钡中钡含量的测定

记录项目	Ⅰ	Ⅱ
$m_{BaCl_2 \cdot 2H_2O}$/g		
空坩埚 m_1/g		
空坩埚和灼烧后试样总质量 m_2/g		
($m_2 - m_1$) /g		
$BaCl_2 \cdot 2H_2O$ 试样中钡的含量/%		
平均值/%		
相对偏差/%		

6. 思考题

（1）沉淀 $BaSO_4$ 为什么要在稀溶液中进行？不断搅拌的目的是什么？
（2）为什么沉淀 $BaSO_4$ 要在热溶液中进行，而在冷却后进行过滤？
（3）测定 SO_4^{2-} 时，加入沉淀剂 $BaCl_2$ 溶液为什么不能过量太多？

实验7.4　沉淀重量法测定钡（微波干燥恒重）

1. 实验目的与要求

（1）进一步掌握结晶形沉淀的制备方法及重量分析的基本操作。
（2）了解微波技术在样品干燥方面的应用。

2. 实验原理

沉淀重量法的原理及沉淀操作条件与实验7.3的实验原理基本相同，不同之处是本实验使用微波炉干燥 $BaSO_4$ 沉淀。与传统的灼烧干燥法相比，微波炉干燥法既可节省1/3以上的实验时间，又可节约能源。

使用微波炉干燥 $BaSO_4$ 沉淀时，沉淀中的 H_2SO_4 等高沸点杂质不能在干燥过程中分解或挥发（灼烧干燥时可以除掉 H_2SO_4），因此，对沉淀条件和洗涤操作的要求更严格：应将含有 Ba^{2+} 的试液进一步稀释，过量沉淀剂（H_2SO_4）必须控制在20%～50%之内，滴加沉淀剂的速度要缓慢，从而得到颗粒较大的晶形沉淀，并减少 $BaSO_4$ 沉淀中的 H_2SO_4 及其他杂质，使测定结果的准确度与传统的灼烧法相同。

3. 主要试剂和仪器

1）主要试剂

$BaCl_2 \cdot 2H_2O$ 试样；HCl 溶液（2 $mol \cdot L^{-1}$）；H_2SO_4 溶液（0.50 $mol \cdot L^{-1}$）；$AgNO_3$ 溶液

（0.1 mol·L^{-1}）。

2）主要仪器

烧杯（200 mL）；玻璃坩埚（G4 号或 P16 号）；玻璃棒；搅棒；沉淀帚；循环水真空泵（配抽滤瓶）；电炉；微波炉。

4. 实验内容

1）玻璃坩埚的准备

（1）用水洗净 2 个玻璃坩埚，用真空泵抽 2 min 以除掉玻璃砂板微孔中的水分，放进微波炉①。

（2）在 500 W 的输出功率（中高火）下进行干燥，第 1 次干燥 10 min，第 2 次干燥 4 min②。每次干燥后放入保干器中冷却 12 ~ 15 min（刚放入时留一条小缝隙，0.5 min 后盖严），然后在分析天平上快速称量。2 次干燥后称量所得质量之差不超过 0.4 mg 则为恒重，否则，还要再次干燥 4 min，冷却、称量，直至恒重。

2）沉淀的制备

（1）称取 0.4 ~ 0.5 g $BaCl_2·2H_2O$ 试样 2 份，分别置于 250 mL 烧杯中，各加入 150 mL 水（或量取 20 mL $BaCl_2$ 试液 2 份，各加入 120 mL 水）及 3 mL HCl 溶液，在水浴锅上用蒸汽加热至 80℃以上。

（2）在 2 个小烧杯中各加入 5 ~ 6 mL H_2SO_4 溶液及 40 mL 水，在电炉上加热至接近沸腾。边搅拌边逐滴加到热的试液中。沉淀剂加完后，待试液澄清时向清液中滴加 2 滴 H_2SO_4 溶液，仔细观察是否已沉淀完全。若出现浑浊，说明沉淀剂不够，应补加沉淀剂使 Ba^{2+} 沉淀完全。在蒸汽浴上陈化 1 h，其间每隔几分钟要搅拌 1 次。

3）洗涤液的准备

在 100 mL 水中加 3 ~ 5 滴浓 H_2SO_4 溶液，混匀。

4）称量形式的获得

（1）$BaSO_4$ 沉淀冷却后，用倾泻法在已恒重的玻璃坩埚中进行减压过滤，上清液滤完后，用洗涤液将烧杯中的沉淀洗涤 3 次，每次用 15 mL 洗涤液，再用水洗涤 1 次③。

（2）将沉淀转移到玻璃坩埚中，用沉淀帚擦“活”粘附在杯壁和搅棒上的沉淀，再用水冲洗烧杯和玻璃棒直到沉淀转移完全。

（3）用水淋洗沉淀及坩埚内壁 6 次以上，这时沉淀已基本洗涤干净，继续抽干 2 min 以上（至不再产生水雾），将玻璃坩埚放入微波炉进行干燥（第 1 次干燥 10 min，第 2 次干燥 4 min），冷却、称量，直至恒重。

（4）计算 2 份 $BaCl_2·2H_2O$ 试样中的钡含量或 2 份液体试样中的钡含量。

5. 数据处理

参见实验 7.3。

---

① 微波炉和循环水真空泵的使用方法及注意事项，请阅读实验室提供的操作规程或遵循任课教师的指导。

② 不要将进行第 1 次干燥的坩埚（湿的）与第 2 次干燥的坩埚放入同一个微波炉中。

③ 检查沉淀是否洗净，应将抽滤瓶中的滤液倒掉，洗净，再洗涤 1 次沉淀，然后取少量滤液加入 $AgNO_3$ 溶液进行验证。

6. 思考题

（1）微波加热技术在分析化学（如分解试样和烘干试样等）中的应用具有哪些优越性？
（2）如何科学合理地进行本实验以充分体现微波加热技术在重量分析中的应用特点？
（3）如何检验沉淀已基本洗涤干净？

实验 7.5　钢铁中镍含量的测定

1. 实验目的与要求

（1）了解重量法的原理。
（2）熟悉沉淀和过滤过程的操作。

2. 实验原理

丁二酮肟是二元弱酸（以 H_2D 表示），其分子式为 $C_4H_8O_2N_2$，摩尔质量为116.2 $g \cdot mol^{-1}$，它以 HD^- 形式在氨性溶液中与 Ni^{2+} 发生沉淀反应。经过过滤、洗涤、在 120 ℃下烘干至恒重，称得丁二酮肟镍沉淀的质量可得镍含量。

本法沉淀介质为 pH = 8 ~ 9 的氨性溶液。酸度大时生成 H_2D，沉淀的溶解度增大；酸度小时生成 D^{2-}，同样会增加沉淀的溶解度；氨浓度太高，会生成 Ni^{2+} 的氨络合物。

丁二酮肟是一种高选择性的有机沉淀剂，它只与 Ni^{2+}、Pd^{2+}、Fe^{2+} 生成沉淀。Co^{2+}、Cu^{2+} 含量高时，最好进行二次沉淀或预先分离，否则，Co^{2+}、Cu^{2+} 与其生成水溶性络合物，不仅消耗 H_2D，而且会引起共沉淀现象。

由于 Fe^{3+}、$A1^{3+}$、Cr^{3+}、Ti^{4+} 等离子在氨性溶液中生成氢氧化物沉淀，干扰测定，故在溶液加入氨水前，需加入柠檬酸或酒石酸等络合剂，使其生成水溶性的络合物。

3. 实验试剂和仪器

1）主要试剂

混合酸（HCl∶HNO_3∶H_2O，3∶1∶2）；酒石酸或柠檬酸溶液（20%）；丁二酮肟乙醇溶液（1% 的乙醇溶液）；氨水（1∶1）；HCl 溶液（1∶1）；HNO_3（2 $mol \cdot L^{-1}$）；$AgNO_3$（0.1 $mol \cdot L^{-1}$）；氨-氯化铵洗涤液（每 100 mL 蒸馏水中加入 1 mL 氨水和 1 g NH_4Cl）；钢铁试样。

2）主要仪器

分析天平；电热板；烘箱；微孔玻璃坩埚（G4）；表面皿；烧杯（500 mL）。

4. 实验步骤

（1）准确称取钢铁试样 2 份，分别置于 500 mL 烧杯中，加入 20 ~ 40 mL 混合酸，盖上表面皿，低温加热溶解后，煮沸除去氮的氧化物。

（2）加入 5 ~ 10 mL 酒石酸溶液（每个试样加入10 mL），边搅动边滴加氨水至溶液 pH = 8 ~ 9，溶液转变为蓝绿色。若有不溶物，则将沉淀过滤，并用热的氨-氯化铵洗涤液洗涤沉淀数次（洗涤液与滤液合并）。

（3）用 HCl 溶液酸化滤液，加热水稀释至约 300 mL，加热至 70 ~ 80 ℃，边搅动边加入丁二酮肟乙醇溶液沉淀 Ni^{2+}（每毫克 Ni^{2+} 约需 1 mL 丁二酮肟乙醇溶液），最后再多加入 20 ~ 30 mL，所加试剂的总量不要超过试液体积的 1/3，以免增大沉淀的溶解度。边搅拌边滴加氨水，使溶液的 pH = 8 ~ 9，在 60 ~ 70 ℃ 下保温 30 ~ 40 min。

（4）取下，稍冷后用已恒重的微孔玻璃坩埚进行减压过滤，用微氨性的酒石酸溶液洗涤烧杯和沉淀 8 ~ 10 次，再用温热水洗涤沉淀至无 Cl^- 为止（检查 Cl^- 时，可将滤液以稀 HNO_3 酸化，用 $AgNO_3$ 检查）。

（5）将装有沉淀的微孔玻璃坩埚在 130 ~ 150 ℃ 烘箱中烘干 1 h，冷却，称重，再烘干，称重，直至恒重为止。根据丁二酮肟镍的质量，计算试样中镍的含量和表 7.6 中的其他项目。

实验完毕后，微孔玻璃坩埚用 HCl 溶液洗涤干净。

5. 数据处理

表 7.6　镍含量的测定

记录项目	Ⅰ	Ⅱ
$m_{含Ni试样}$/g		
空坩埚 m_1/g		
空坩埚和烘干后的试样总质量 m_2/g		
$(m_2 - m_1)$/g		
试样中 Ni 的含量/%		
平均值/%		
相对偏差/%		

6. 思考题

（1）溶解试样时加入 HNO_3 具有什么作用？

（2）为了得到纯丁二酮肟沉淀，应选择和控制好哪些条件？

（3）本法测定 Ni 含量时，也可将 $Ni(HD)_2$ 沉淀灼烧至恒重。试比较 2 种方法的优缺点？

第 8 章

分光光度法实验

实验 8.1　有机化合物紫外吸收光谱的溶剂效应

1. 实验目的与要求

（1）了解不同极性溶剂对 π→π * 跃迁和 n→π * 跃迁吸收峰位移的影响。

（2）了解不同极性溶剂对芳香烃化合物 B 吸收带形状及强度的影响。

2. 实验原理

影响有机化合物紫外吸收光谱的因素有内因（分子内的共轭效应、位阻效应、助色效应等）和外因（溶剂的极性、酸碱性等溶剂效应），溶剂极性和酸碱性将使溶质吸收峰的波长、强度和形状发生不同程度的变化。由于溶剂分子和溶质分子间能形成氢键，或极性溶剂分子的偶极使溶质分子的极性增强，因此在极性溶剂中 π→π * 跃迁所需能量减小，吸收波长向长波长方向移动；而在非极性溶剂中 n→π * 跃迁所需能量增大，吸收波长向短波长方向移动。异丙叉丙酮分子中 π→π * 跃迁和 n→π * 跃迁在不同极性溶剂中的溶剂效应见表 8.1。

表 8.1　溶剂极性对异丙叉丙酮紫外吸收光谱的影响

跃迁	溶剂				位移
	正己烷	氯仿	甲醇	水	
π→π *	230 nm	238 nm	237 nm	243 nm	向长波长方向移动
n→π *	329 nm	315 nm	309 nm	305 nm	向短波长方向移动

溶剂的极性不仅影响溶质波长的移动，还影响吸收峰的强度和形状，如图 8.1 所示，苯酚 B 吸收带在不同极性溶剂中，其强度和形状均受到影响，在庚烷溶液中可清晰地看到苯酚 B 吸收带的精细结构，而在乙醇溶液中苯酚 B 吸收带的精细结构消失，仅出现一个宽的吸收峰，且其吸收强度也明显下降。在许多芳香烃化合物中均有此现象。由于有机化合物在极性溶剂中存在溶剂效应，因此在记录紫外吸收光谱时，应注明所用的溶剂（常在右上角上注明），如 λ_{max}^{EtOH}、$\lambda_{max}^{CHCl_3}$分别为在乙醇和三氯甲烷中的最大吸

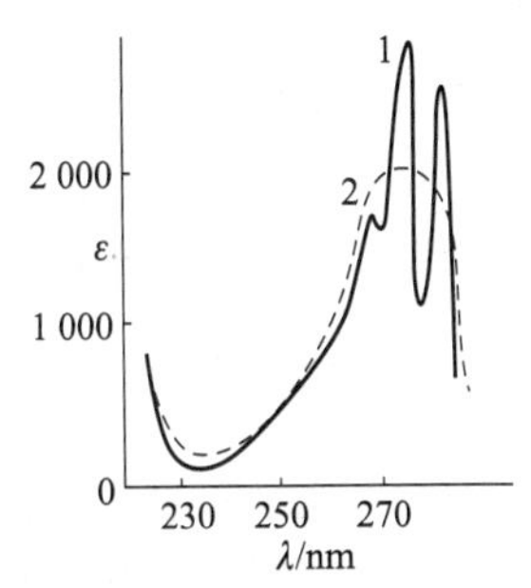

图 8.1　苯酚 B 吸收带

1—庚烷溶液；2—乙醇溶液

收波长。

另外，溶剂本身在紫外光谱区也有吸收，故在选用溶剂时，必须考虑它们的干扰。某些溶剂吸收的波长极限见表8.2，测定波长范围大于波长极限，才不致受到溶剂效应对有机化合物紫外吸收光谱的影响。

表8.2 某些溶剂吸收的波长极限

溶剂	波长极限/nm	溶剂	波长极限/nm	溶剂	波长极限/nm
乙醚	220	二氯甲烷	233	环乙烷	210
氯仿	245	正庚烷	210	乙酸正丁酯	260
正丁醇	210	乙酸乙酯	260	水	210
甲苯	285	异丙醇	210	吡啶	305
甲醇	210	丙酮	330	乙醇	215
二硫化碳	380	甘油	220	苯	280

3. 主要试剂和仪器

1）主要试剂

（1）苯、苯酚、异丙叉丙酮、正乙烷、正庚烷、乙酰苯、氯仿、甲醇等均为分析纯；纯水、去离子水或蒸馏水。

（2）异丙叉丙酮的正己烷溶液、氯仿溶液、甲醇溶液、水溶液：取10 μL异丙叉丙酮分别置于4只100 mL容量瓶中，然后分别用正己烷、氯仿、甲醇和水稀释至刻度，摇匀。

（3）苯的正庚烷溶液和乙醇溶液：在2只100 mL容量瓶各注入10 μL苯，然后分别用正庚烷和乙醇稀释至刻度，摇匀。

（4）苯酚的正庚烷溶液和乙醇溶液（$0.3\ g \cdot L^{-1}$），配制方法同前。

（5）乙酰苯的正庚烷溶液和乙醇溶液（$0.3\ g \cdot L^{-1}$），配制方法同前。

2）主要仪器

任一型号紫外-可见分光光度计（扫描记录式）；石英比色皿；容量瓶（100 mL）。

4. 实验步骤

（1）根据紫外-可见分光光度计使用说明书调节仪器至正常状态，备用。

（2）用待测液洗涤石英比色皿3次，装入待测液（注意：不要超过液池的3/4），将比色皿插入比色皿架上，盖好皿板，即可自动记录紫外光谱，并进行其他测量（注意：必须阅读仪器使用说明书）。

5. 数据处理

（1）记录实验条件，保存测试资料。

（2）从苯、苯酚、乙酰苯的紫外吸收光谱中，比较非极性溶剂正己烷和极性溶剂乙醇对峰值波长λ_{max}的影响。

(3) 从异丙叉丙酮的 4 张紫外吸收光谱中确定其峰值波长 λ_{max}，并说明不同极性溶剂异丙叉丙酮吸收峰波长移动的情况。

6. 思考题

(1) 异丙叉丙酮紫外吸收光谱图上有几个吸收峰？它们分别属于什么型跃迁，为什么？

(2) 举例说明极性溶剂对 $\pi \to \pi^*$ 跃迁和 $n \to \pi^*$ 跃迁的吸收峰将产生何种影响。

(3) 当被测试液浓度太大或太小时，会对测量产生怎样的影响，应如何进行调节？

(4) 在本实验中是否可用去离子水代替各溶剂作参比溶液，为什么？

实验 8.2　紫外吸收光谱鉴定物质的纯度

1. 实验目的与要求

(1) 掌握利用紫外吸收光谱鉴定物质纯度的原理和方法。

(2) 熟悉紫外-可见分光光度计的操作。

2. 实验原理

物质的紫外吸收光谱是物质分子中生色团和助色团的贡献，也是物质整个分子的特征表现。例如，具有 π 键电子的共轭双键化合物、芳香烃化合物等与饱和烃化合物明显不同，在紫外光谱区都有强烈吸收，其摩尔吸光系数 ε 可达 $10^4 \sim 10^5$。利用这一特性，可以很方便地检验纯饱和烃化合物中是否含有共轭双键、芳香烃等杂质。

乙醇中含有微量苯时，在波长 230 ~ 270 nm 处出现 B 吸收带，而纯乙醇在该波长范围内不出现苯的 B 吸收带，如图 8.2 所示。因此可利用物质紫外吸收光谱的不同，检验物质的纯度。

蒽醌分子结构中的双键共轭体系大于邻苯二甲酸酐，因此，蒽醌的吸收带红移比邻苯二甲酸酐大，且吸收带形状及其最大吸收波长均不相同，如图 8.3 所示。

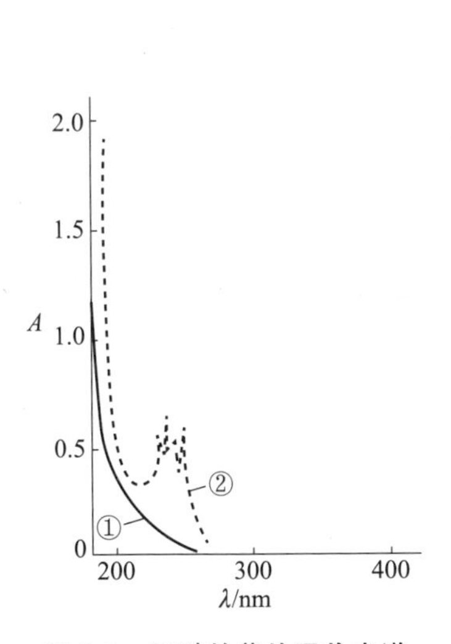

图 8.2　乙醇的紫外吸收光谱

①—纯乙醇；②—含有微量苯

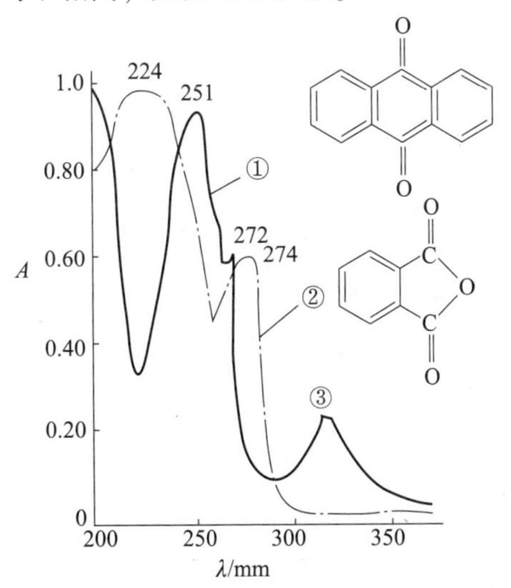

图 8.3　甲醇的紫外吸收光谱

①—含有蒽醌；②—含有邻苯二甲酸酐

3. 主要试剂和仪器

1）主要试剂

（1）苯、蒽醌、邻苯二甲酸酐、甲醇、乙醇、正庚烷等均为分析纯。

（2）苯的正庚烷溶液和乙醇溶液：在 2 只 100 mL 容量瓶中各注入 10 μL 苯，然后分别用正庚烷和乙醇稀释至刻度，摇匀。

（3）蒽醌的甲醇溶液（$0.1\ g \cdot L^{-1}$），配制方法同前。

（4）邻苯二甲酸酐的甲醇溶液（$0.1\ g \cdot L^{-1}$），配制方法同前。

2）主要仪器

任一型号紫外-可分光光度计；石英比色皿；容量瓶（100 mL）。

4. 实验步骤

（1）按照仪器使用说明书调节仪器至正常状态，设定好相关参数，备用。

（2）用待测液洗涤石英比色皿 3 次，装入待测液至 2/3 ~ 3/4，将比色皿放入比色皿架上，盖好盖板。

（3）仪器调零。

（4）扫基线（对参比溶液调零）。

（5）记录待测物的紫外吸收光谱。

5. 数据处理

（1）记录实验条件，保存实验资料。

（2）通过紫外吸收光谱的对比，说明检验物质纯度的可行性。

（3）与萨特勒（Sadtler）紫外标准图谱对照，检查测得的苯、蒽醌、邻苯二甲酸酐的峰值吸收波长 λ_{max} 是否与标准图谱一致。

6. 思考题

（1）如何利用紫外吸收光谱进行物质的纯度鉴定？

（2）饱和烷烃在紫外光谱区为什么没有吸收峰？

（3）为什么紫外吸收光谱可用于物质的纯度鉴定？

实验 8.3 紫外吸收光谱测定蒽醌粗品中蒽醌的含量和摩尔吸光系数

1. 实验目的与要求

（1）掌握用紫外吸收光谱进行定量分析的方法及 ε 值的测定方法。

（2）掌握测定粗蒽醌试样时测定波长的选择方法。

2. 实验原理

用紫外吸收光谱进行定量分析的依据是朗伯-比尔定律。选择合适的测定波长是用紫外吸收光谱进行定量分析的重要环节。在蒽醌粗品中含有邻苯二甲酸酐，紫外吸收光谱如图8.3所示，蒽醌在波长251 nm处有一个强吸收峰（$\varepsilon = 4.6 \times 10^4$），波长323 nm处有一个中等强度的吸收峰（$\varepsilon = 4.7 \times 10^3$）。若考虑测定灵敏度，应选择251 nm作为测定蒽醌的波长，但是在251 nm附近有邻苯二甲酸酐的强吸收峰（$\lambda_{max} = 224$ nm，$\varepsilon = 3.3 \times 10^4$），测定将受到严重干扰；在323 nm波长处邻苯二甲酸酐无吸收，故选用323 nm波长作为蒽醌定量分析的测定波长更为合适。

摩尔吸光系数ε是分光光度法中的一个重要参数，它是衡量吸光度定量分析方法灵敏度的重要指标，其值通常利用求取校正曲线斜率的方法求得。

3. 主要试剂和仪器

1）主要试剂

（1）蒽醌、甲醇、邻苯二甲酸酐均为分析纯。

（2）蒽醌粗品：由生产厂家提供。

（3）蒽醌标准储备液（4 mg·mL^{-1}）：准确称取0.4 g蒽醌置于100 mL烧杯中，用甲醇溶解后，转移到100 mL容量瓶中，并用甲醇稀释至刻度，摇匀备用。

（4）蒽醌标准工作液（0.04 mg·mL^{-1}），吸取1 mL蒽醌标准储备液置于100 mL容量瓶中，并用甲醇稀释至刻度，摇匀备用。

2）主要仪器

任一型号紫外-可见分光光度计；容量瓶（10 mL、25 mL、100 mL）；吸量管；移液管；烧杯（50 mL）。

4. 实验步骤

（1）配制蒽醌标准溶液系列：用移液管分别吸取0 mL、2 mL、4 mL、6 mL、8 mL、10 mL蒽醌标准工作液置于6只10 mL容量瓶中，分别用甲醇稀释至刻度，摇匀备用。

（2）称取0.05 g蒽醌粗品置于50 mL烧杯中，用甲醇溶解后，转移到25 mL容量瓶中，用甲醇稀释至刻度，摇匀备用。

（3）按照仪器使用说明书调节仪器至正常状态，设定好相关参数。用待测液洗涤石英比色皿3次，装入待测液，放入比色池中，盖上盖板，仪器调零后以甲醇作参比溶液，测定蒽醌标准溶液系列和蒽醌粗品试液的吸光度值。

（4）取蒽醌标准溶液系列溶液1份，测量蒽醌吸收光谱。

（5）配制浓度为0.1 mg·mL^{-1}邻苯二甲酸酐的甲醇溶液10 mL，测定并绘制其紫外吸收光谱（以甲醇溶液作参比）。

5. 数据处理

（1）记录实验条件，保存相关测试资料。

（2）记录蒽醌、邻苯二甲酸酐的紫外吸收光谱，并与图8.3对照，说明选择测定波长的依据。

（3）以蒽醌标准溶液系列的吸光度值为纵坐标，浓度为横坐标绘制蒽醌的校正曲线，并计算蒽醌的 ε 值。

（4）根据蒽醌粗品试液的吸光度，从上述校正曲线上查出（或由线性回归方程计算出）其浓度，并根据试样的配制情况计算蒽醌粗品中蒽醌的含量。

6. 思考题

（1）参比溶液在光度分析中的作用是什么？

（2）本实验为什么要用甲醇作参比溶液，可否用其他溶剂（如水）来代替，为什么？

（3）在光度分析中测绘物质的吸收光谱有何意义？

实验 8.4　二苯胺可见分光光度法测定 DNA 的含量

1. 实验目的与要求

（1）巩固可见分光光度法的理论知识和实验技术。

（2）掌握二苯胺可见光光度法测定 DNA 含量的原理和方法。

2. 实验原理

DNA 分子中的脱氧核糖基在酸性溶液中变成 ω-羟基-γ-酮基戊醛，可与二苯胺试剂作用生成蓝色化合物，λ_{max} 为 595 nm。

$$\text{DNA（脱氧戊糖基）} \xrightarrow{[H^+]} HO—CH_2—\underset{\underset{O}{\|}}{C}—CH_2—CHO \xrightarrow{\text{二苯胺}} \text{蓝色化合物}$$

DNA 浓度在 20 ~ 200 $\mu g \cdot mL^{-1}$，吸光度与 DNA 浓度成正比，因此可用可见分光光度法测定 DNA 含量。

3. 主要试剂和仪器

1）主要试剂

（1）DNA 标准溶液（200 $\mu g \cdot mL^{-1}$）：称取 DNA，用 5 $mmol \cdot L^{-1}$ NaOH 溶液配成 200 $\mu g \cdot mL^{-1}$的 DNA 溶液。

（2）二苯胺溶液：称取纯二苯胺（若不纯，需在 70% 乙醇中重结晶 2 次）1 g 溶于 100 mL分析纯的冰醋酸中，加入 10 mL 高氯酸（A. R.，60% 以上），混匀待用。当所用药品纯净时，配得试剂应为无色。使用前加入 1 mL 1.6% 乙醛溶液（乙醛溶液应保存于冰箱中，1 周内使用），贮于棕色瓶中。

（3）DNA 样液（植物或动物 DNA 提取液）。

2）主要仪器

试管（10 mL）；吸管（0.2 mL、0.5 mL、1 mL）；恒温水浴锅；任一型号可见或紫外-可见分光光度计。

4. 实验步骤

1）校正曲线的绘制

（1）按表 8.3 加入各种试剂，混匀，在 60 ℃恒温水浴保温 45 min 后冷却。

（2）在 595 nm 波长下，用分光光度计上测定吸光度值，将数据填入表 8.3 中，并以吸光度值对 DNA 浓度作图，绘制校正曲线。

2）样品的测定

（1）吸取 1 mL DNA 样液，加入 1 mL 蒸馏水，混匀。

（2）准确加入 4 mL 二苯胺试剂，混匀，于 60℃恒温水浴保温 45 min 后冷却。

（3）用分光光度计上在 595 nm 波长处测定吸光度值，根据所测得的吸光度从校正曲线上求得 DNA 的质量（μg）或浓度（$\mu g \cdot mL^{-1}$）。

5. 数据处理

表 8.3　二苯胺法测定 DNA 含量校正曲线的绘制

记录项目	0	1	2	3	4	5
DNA 标准溶液/mL	0.0	0.4	0.8	1.2	1.6	2.0
蒸馏水/mL	2.0	1.6	1.2	0.8	0.4	0
二苯胺溶液/mL	4.0	4.0	4.0	4.0	4.0	4.0
吸光度 A_{595}						

6. 思考题

（1）用二苯胺分光光度法测定 DNA 的原理是什么？

（2）二苯胺溶液中冰醋酸和高氯酸的作用是什么？

（3）二苯胺溶液在使用时为什么要加入乙醛溶液？

实验 8.5　茜素红 S 分光光度法测定血清白蛋白

1. 实验目的与要求

（1）了解分光光度法在生命科学中的应用。

（2）熟悉白蛋白的光度性质。

（3）掌握分光光度法测定白蛋白的方法和实验技术。

2. 实验原理

在 pH = 4.3 的 HAc - NaAc 缓冲溶液中，茜素红 S 与白蛋白形成红色复合物，λ_{max} = 530 nm。用分光光度法可测定血清中的白蛋白。

3. 主要试剂和仪器

1）主要试剂

（1）茜素红 S（ARS）溶液（5.0×10^{-3} mol·L^{-1}，于 4 ℃保存）。

（2）牛血清白蛋白（BSA）溶液（1.0 mg·mL^{-1}，于 4 ℃保存）。

（3）人血清样品白蛋白（控制在 1 mg·mL^{-1}左右，于 4 ℃保存）。

（4）Britton-Robinson（B-R）缓冲溶液（0.04 mol·L^{-1}）：$Na_2B_4O_7\cdot10H_2O$ 与 KH_2PO_4、冰醋酸的混合液，用 NaOH 溶液调节 pH 值为 4.3。

2）主要仪器

可见分光光度计；pHS-3 型精密 pH 计；比色管（10 mL）；烧杯（10 mL）；移液管。

4. 实验步骤

用标准加入法测定血清中白蛋白含量，步骤如下：

取 5 支 10 mL 比色管，按 1、2、3、4、5 编号，按表 8.4 加入各种溶液，混合均匀，稀释至刻度，放置 20 min 后，用 1 cm 比色皿，以 1 号为参比，测定 530 nm 处的吸光度值，将数据填入表 8.4 中，并绘制吸光度值-浓度曲线，由其延长线与横坐标的交点计算血清中白蛋白的含量。

5. 数据处理

表 8.4 标准加入法测定白蛋白

记录项目	1	2	3	4	5
B-R 缓冲溶液 V_1/mL	2.0	2.0	2.0	2.0	2.0
ARS 溶液 V_2/mL	2.0	2.0	2.0	2.0	2.0
人血清样品 V_3/mL	0	0.8	0.8	0.8	0.8
BSA 溶液 V_4/mL	0	0	0.8	1.2	1.6
吸光度 A_{530}					

6. 思考题

（1）茜素红 S 为什么能与蛋白质形成复合物？

（2）本实验测定白蛋白含量采用了何种标准加入法？

（3）列举可与蛋白质显色的有机试剂。

实验 8.6 邻二氮菲分光光度法测定微量铁

1. 实验目的与要求

（1）掌握分光光度计的使用方法。

(2) 掌握测绘吸收曲线的方法。

(3) 掌握利用校正曲线进行微量成分分光光度法测定的基本方法和计算。

2. 实验原理

邻二氮菲也称邻菲咯啉(简写作 phen),在 pH 为 2 ~9 的缓冲溶液中,Fe^{2+} 与邻二氮菲发生显色反应:

$$Fe^{2+} + 3phen \xlongequal{} [Fe(phen)_3]^{2+}$$

形成稳定的橙红色络合物($\lg K_{稳}=21.3$(20 ℃)),该络合物的最大吸收波长为 510 nm,摩尔吸光系数 $\varepsilon_{510}=1.1\times10^4\ L\cdot cm^{-1}\cdot mol^{-1}$,利用此反应可以测定微量铁。

若酸度过高($pH<2$),显色反应进行则较慢;若酸度过低,Fe^{2+} 离子将水解,通常在 $pH=5$ 的 HAc - NaAc 缓冲介质中测定。

邻二氮菲与 Fe^{2+} 反应的选择性很高,相当于含铁量 5 倍的 Co^{2+}、Cu^{2+},20 倍量的 Cr^{3+}、Mn^{2+}、PO_4^{3-}、V(Ⅴ)离子,甚至 40 倍量的 Al^{3+}、Ca^{2+}、Mg^{2+}、SiO_3^{2-},Sn^{2+} 和 Zn^{2+} 都不干扰测定。

本实验以盐酸羟胺为还原剂,也可用抗坏血酸将 Fe(Ⅲ)还原为 Fe(Ⅱ)。

利用分光光度法进行定量测定时,一般选择在最大吸收波长处,该波长下的摩尔吸光系数 ε 最大,测定的灵敏度也最高。为了找出物质的最大吸收波长,需测绘待测物质的吸收曲线(又称吸收光谱)。

通常采用校正曲线法进行定量测定,即先配制一系列不同浓度的铁标准溶液,在选定的反应条件下使待测物质显色,测定相应的吸光度,然后以浓度为横坐标,吸光度为纵坐标,绘制校正曲线。另取试液进行适当处理后,在与上述相同的条件下显色,通过测得的吸光度从校正曲线上计算被测物质的含量。

由于邻二氮菲与 Fe^{2+} 的反应选择性高,显色反应所生成的有色络合物的稳定性高,重现性好,因而在我国的国家标准(GB)中,采用邻二氮菲分光光度法测定钢铁、锡、铅焊料、铅锭等冶金产品和工业硫酸、工业碳酸钠、氧化铝等化工产品中的铁含量。

3. 主要试剂和仪器

1) 主要试剂

(1) 铁盐标准溶液:准确称取若干克(自行计算)优级纯的铁铵矾 $NH_4Fe(SO_4)_2\cdot12H_2O$ 置于小烧杯中,加水溶解,加入 5 mL 6 $mol\cdot L^{-1}$ HCl 溶液,然后将酸化的溶液转移到 250 mL 容量瓶中,用蒸馏水稀释至刻度,摇匀,所得溶液每毫升含铁 0.1 mg。吸取上述溶液 25 mL 置于 250 mL 容量瓶中,加入 5 mL 6 $mol\cdot L^{-1}$ HCl 溶液,用蒸馏水稀释至刻度,摇匀,所得溶液含铁 0.01 $mg\cdot mL^{-1}$。

(2) 邻二氮菲水溶液(0.1%);盐酸羟胺水溶液(1%)。

(3) HAc-NaAc 缓冲溶液($pH=4.6$):称取 136 g 优级纯乙酸钠,加入 120 mL 冰醋酸,加水溶解后,稀释至 500 mL。

(4) HCl 溶液(3 $mol\cdot L^{-1}$)。

(5) 石灰石试样。

2）主要仪器

任一型号可见分光光度计或紫外-可见分光光度计；容量瓶（50 mL、250 mL）；吸量管（5 mL、10 mL）；移液管（25 mL）。

4. 实验步骤

按照仪器说明书调好仪器，设定参数，备用。

1）绘制 Fe^{2+}-phen 吸收曲线

（1）吸取0.01 mg·mL^{-1}的铁盐标准溶液0 mL、2 mL和4 mL，分别置于3只50 mL容量瓶中，各加入2.5 mL盐酸羟胺溶液，摇匀。

（2）加入5 mL HAc-NaAc缓冲溶液和5 mL邻二氮菲水溶液，用蒸馏水稀释至刻度，摇匀，放置10 min。

（3）用3 cm比色皿，以试剂空白（即上述不加标准铁的溶液）作为参比溶液，在分光光度计上从420～600 nm扫描吸收曲线。以波长为横坐标，吸光度为纵坐标，绘制 Fe^{2+}-phen吸收曲线，并求出最大吸收峰的波长 λ_{max}。一般选用 λ_{max} 作为分光光度法的测量波长（也可扫描记录吸收曲线）。将测定数据填入表8.5并绘制吸收曲线。

2）绘制校正曲线

（1）吸取0.01 mg·mL^{-1}的铁盐标准溶液0 mL、1 mL、2 mL、3 mL、4 mL、5 mL、6 mL和7 mL，分别置于8只50 mL容量瓶中，分别依次加入2.5 mL盐酸羟胺、5 mL HAc-NaAc缓冲溶液和5 mL邻二氮菲溶液，用水稀释至刻度，摇匀，放置10 min。

（2）用3 cm比色皿，以不加铁的试剂空白作为参比溶液，在实验步骤1）所得到的最大吸收波长下，分别测量各溶液的吸光度值，将所测数据填入表8.6。以显色后的50 mL溶液中的含铁量为横坐标，吸光度为纵坐标，绘制测定铁的校正曲线。

3）石灰石试样中微量铁的测定

（1）称取0.4～0.5 g石灰石试样（若铁含量较高，则适当减少称样量）置于小烧杯中，加入少量蒸馏水润湿，盖上表面皿，滴加HCl溶液至试样溶解，转移溶液至50 mL容量瓶中。

（2）用少量蒸馏水淋洗烧杯，并转移至容量瓶中，然后依次加入2.5 mL盐酸羟胺、5 mL HAc-NaAc缓冲溶液和5 mL邻二氮菲溶液，以蒸馏水稀释至刻度，摇匀，放置10 min。

（3）用3 cm比色皿，以试剂空白作为参比溶液，在实验步骤1）所得到的最大吸收波长下测量吸光度值。根据试样的吸光度值，计算试样中铁的百分含量，将所得数据填入表8.7中。

5. 数据处理

表8.5　Fe^{2+}-phen 吸收曲线的绘制

波长 λ/nm		420	440	460	480	500	520	540	560	580	600
吸光度 A	2.0 mL铁盐标准溶液										
	4.0 mL铁盐标准溶液										

表 8.6　铁校正曲线的绘制

$V_{铁标}$/mL	1.0	2.0	3.0	4.0	5.0	6.0	7.0
$m_{铁}$/mg							
吸光度 A							

表 8.7　石灰石试样中微量铁的测定

$m_{石灰石}$/mg	吸光度值 A	$m_{铁}$/mg	试样中铁的百分含量

6. 思考题

（1）邻二氮菲分光光度法测铁含量的原理是什么？用该法测出的铁含量是否为试样中亚铁的含量？

（2）吸收曲线与校正曲线各有何实用意义？

（3）绘制 Fe^{2+}-phen 吸收曲线时，在 510 nm 附近，测量点间隔为什么要密一些？

（4）本实验所用的参比溶液为什么选用试剂空白，而不用蒸馏水？

（5）配制 1 L 100μg·mL^{-1}的铁盐标准溶液需要称取多少克 $NH_4Fe(SO_4)_2 \cdot 12H_2O$？

（6）试拟出以邻二氮菲分光光度法分别测定试样中微量 Fe^{2+} 和 Fe^{3+} 含量的分析方案。

实验 8.7　过硫酸铵氧化法光度测定黄铜中的微量锰

1. 实验目的与要求

（1）了解过硫酸铵氧化法测定微量锰的基本原理。

（2）掌握参比溶液的作用和选择原则。

2. 实验原理

在钢铁、冶金工业中，锰常用作脱氧剂和脱硫剂，或者用作添加元素而成为合金成分，以增强材料的抗拉力、抗冲击以及耐腐蚀性能等，因此锰含量测定在钢铁冶金产品（如钢铁、硅铁、钛铁、铝合金、黄铜、白铜、氧化锌和氧化锆等材料）生产的质量控制中是常规的分析项目。

在溶样中加入强氧化剂（如 $(NH_4)_2S_2O_8$，KIO_4 等），使微量锰被氧化成 MnO_4^-，反应式为

$$2Mn^{2+} + 5S_2O_8^{2} + 8H_2O = 2MnO_4^- + 10SO_4^{2-} + 16H^+$$

$$2Mn^{2+} + 5IO_4^- + 3H_2O = 2MnO_4^- + 5IO_3^- + 6H^+$$

然后进行分光光度测定。此法虽然灵敏度不高，但稳定性好，干扰离子少，操作简便。

本实验采用过硫酸铵法，常加入少量 Ag^+ 作催化剂，以加速氧化反应，并用煮沸的 H_3PO_4-HNO_3 溶液防止生成 MnO_2，而且在有 Fe（Ⅲ）存在时，H_3PO_4 可与 Fe（Ⅲ）形成

无色络合物，消除氯化铁颜色对测定的影响。

过硫酸铵法对煮沸时间要求较严格，一般加热煮沸 1 ~2 min。煮沸时间过长会导致高锰酸分解，而煮沸时间过短会使氧化反应不完全，而且产生的小气泡还将影响吸光度的测量。

Ni^{2+}、Co^{2+}和 Cu^{2+}等有色离子对测定有干扰，可通过选择适当的参比溶液消除其影响。

本法测定锰的范围为 0.05% ~0.50%。

3. 主要试剂和仪器

1）主要试剂

（1）无锰纯铜；HNO_3 优级纯（1∶1）；H_3PO_4 优级纯（1∶1）；$(NH_4)_2S_2O_8$ 溶液（10%）；$AgNO_3$ 溶液（0.3%）。

（2）锰标准溶液：称取 0.2 g 纯度为 99.9% 以上的锰，溶于 10 mL HNO_3 溶液，煮沸除去氮的氧化物，冷却后转移至 1 000 mL 容量瓶中，用水稀释至刻度，摇匀备用。

（3）HNO_3 溶液；$AgNo_3$ 溶液；过硫酸铵溶液；H_3PO_4 溶液。

2）主要仪器

任一型号分光光度计或紫外-可见分光光度计；容量瓶（100 mL、1 000 mL）；吸量管（5 mL、10 mL）。

4. 实验步骤

1）称样量的规定

若锰含量为 0.05% ~0.20%，则称取试样 0.5 g；若锰含量为 0.20% ~0.50%时，则称取试样 0.2 g。

2）配制标准溶液系列

（1）称取与试样量相当的无锰纯铜 7 份，置于 7 只 200 mL 烧杯中，加入 5 ~10 mL HNO_3 溶液，溶解纯铜，并煮沸除去氮的氧化物。

（2）分别加入锰标准溶液 0.00 mL、1.00 mL、1.50 mL、3.00 mL、4.50 mL、6.00 mL 和 7.50 mL，然后稀释至 40 mL 左右，加入 5 mL H_3PO_4 溶液、5 mL $AgNO_3$ 溶液和 5 mL 过硫酸铵溶液，加热煮沸 1 min，冷却，分别转移至 100 mL 容量瓶中，用水稀释至刻度，摇匀。

3）测绘校正曲线

用 1 cm 比色皿，以步骤 2）中加入的 0.00 mL 锰标准溶液为参比，于 520 nm 处测量其余各溶液的吸光度。

4）溶样及氧化显色

（1）将称好的黄铜试样置于 200 mL 烧杯中，加入 5 ~10 mL HNO_3 溶液，盖上表面皿，加热使其溶解，煮沸除去氮的氧化物。

（2）洗涤表面皿和烧杯内壁，加水至 40 mL 左右，加入 5 mL H_3PO_4、5 mL $AgNO_3$ 溶液和 5 mL 过硫酸铵溶液，煮沸 1 min，冷却，转移至 100 mL 容量瓶中，用水稀释至刻度，摇匀。

5）制备试样空白

另称取一份相同量的试样，按步骤 4）操作，但不加过硫酸铵溶液，此溶液作为测量的参比溶液。

6）测量

用 1 cm 比色皿，以试样空白为参比溶液，按照步骤 4）于 520 nm 测量所得试液的吸光度（设为 A_x）。

7）制备试剂空白

在不加试样的情况下，按步骤 4）操作，并用 1 cm 比色皿，以水和参比溶液在520 nm 测量吸光度（设为 A_0）。

5. 数据处理

（1）将测量结果填入表 8.8 中。

表 8.8　锰校正曲线的绘制

$V_{锰标}$/mL	1.0	1.50	3.00	4.50	6.00	7.50
$m_{锰}$/mg						
A_{520}						

（2）试样溶液的吸光度 A_x =

（3）试剂空白的吸光度 A_0 =

（4）绘图及计算。

①以显色后的 100 mL 溶液中含锰量为横坐标，以吸光度为纵坐标，绘制锰的校正曲线。

②在校正曲线上查出吸光度 A_x 及 A_0 相应的含锰量，计算试样中锰的百分含量。

6. 思考题

（1）本实验中为什么需要加入 $AgNO_3$ 溶液？

（2）H_3PO_4 在分光光度法测定锰中具有什么作用？

（3）本实验中为什么要测量试剂空白的吸光度（A_0）？

（4）本测定中是怎样通过参比溶液消除干扰的？

实验 8.8　铝的二元与三元络合物的某些性质及其比较

1. 实验目的与要求

通过二元与三元络合物某些性质的对比，了解三元络合物的优点。

2. 实验原理

光度法测定微量铝通常用铬天青 S（CAS）、氯磺酚 S 以及铝试剂等作为显色剂，其中以铬天青 S 为最佳。

铬天青 S 为酸性染料，在溶液 pH 改变时，分别以 H_5CAS^+、H_4CAS、H_3CAS^-、H_2CAS^{2-}、$HCAS^{3-}$和 CAS^{4-}等形式存在，并呈现出不同的颜色，见表 8.9。

表 8.9 铬天青 S 在不同 pH 溶液中的颜色

CAS 型体	λ_{max}/nm	颜色
H_5CAS^+	540	粉红
H_4CAS	542	粉红
H_3CAS^-	462	橙
H_2CAS^{2-}	492	红
$HCAS^{3-}$	427	黄
CAS^{4-}	598	蓝

在微酸性溶液中，铝与 CAS 生成红色二元络合物，其组成与溶液的酸度及显色剂的浓度等因素有关。Fe（Ⅲ）、Cu（Ⅱ）、Ti（IV）和 Cr（Ⅲ）等对测定有干扰，通常可用抗坏血酸或盐酸羟胺还原 Fe（Ⅲ），用硫脲掩蔽 Cu（Ⅱ），用甘露醇掩蔽 Ti（IV）。当干扰组分含量较高时，需要进行化学分离。

为了改善二元络合物的选择性，可加入表面活性剂，使之生成三元络合物。氯化十六烷基三甲胺（CTMAC）、氯化十六烷基吡啶（CPC）和溴化十六烷基吡啶（CPB）等阳离子表面活性剂是长碳链季胺盐或长碳链烷基吡啶。在铝与 CAS 二元络合物溶液中加入上述表面活性剂，即可得到三元胶束络合物，其最大吸收峰的波长与原二元络合物的波长相比有所增加，灵敏度显著提高，摩尔吸光系数 ε 可达 $10^4 \sim 10^5$，具有灵敏度高、选择性好等优点。影响三元络合物 ε 的因素有表面活性剂的种类、溶液的酸度、缓冲剂的性质、显色剂的浓度以及所使用的光度计灵敏度等。

3. 主要试剂和仪器

1）主要试剂

（1）0.100 0 $mg \cdot mL^{-1}$ 铝标准储备液，可用纯铝或硫酸铝钾配制：①称取纯铝 0.1000 g 置于塑料烧杯中，加入 1 g 氢氧化钠及 10 mL 水，在沸水浴上加热，取下冷却，以 6 $mol \cdot L^{-1}$ HCl 溶液中和至沉淀溶解并过量 10 mL，冷却后转移至 100 mL 容量瓶中，用水稀释至刻度，摇匀备用；②称取适量硫酸铝钾 $KAl(SO_4)_2 \cdot 12H_2O$ 溶于水，加入 2 mL 6 $mol \cdot L^{-1}$ HCl 溶液，以水稀释至 1 L，使含铝 0.100 0 $mg \cdot mL^{-1}$。

（2）2.00 $\mu g \cdot mL^{-1}$ 铝标准工作液：吸取上述铝标准储备液 10.00 mL 至 500 mL 容量瓶中，用水稀释至刻度，摇匀。

（3）铬天青 S（CAS）溶液：以 50% 乙醇为溶剂，配成 0.054%（W/V）溶液。

（4）0.36% 氯化十六烷基吡啶（CPC）溶液：用水溶解 CPC，必要时可微热，使其溶解。

（5）二乙（烯）三胺缓冲溶液：500 mL 二乙（烯）三胺溶液（1∶10）与 500 mL 1 $mol \cdot L^{-1}$ HCl 溶液混匀，分成 2 份，分别在 pH 计上调节酸度，使 pH 值为 5.5 和 6.3。

（6）2,4-二硝基酚指示剂（0.1% 的水溶液）；氨水（0.1 $mol \cdot L^{-1}$）；HCl 溶液（0.1 $mol \cdot L^{-1}$）；蒸馏水。

2）主要仪器

任一型号分光光度计；容量瓶（50 mL、100 mL、500 mL 和 1 000 mL）；比色皿；移液管（2 mL、5 mL）。

4. 实验步骤

1）绘制吸收曲线

（1）铝的二元络合物。

①移取 2.0 mL 铝标准工作液至 50 mL 容量瓶中，滴加 1 滴 2,4-二硝基酚指示剂，然后滴加氨水至溶液变成黄色，再滴加 HCl 溶液至黄色消失。

②加入 1.0 mL CAS 溶液，补滴 1 滴氨水，加入 5 mL pH = 5.5 的二乙（烯）三胺溶液，以蒸馏水稀释至刻度，摇匀。

③用 1 cm 比色皿，以试剂空白作为参比溶液，记录 500 ~ 600 nm 之间的吸收光谱。

（2）铝的三元络合物。

①移取铝标准工作液 2.0 mL 于 50 mL 容量瓶中，滴加 2,4-二硝基酚指示剂 1 滴，然后滴加氨水至溶液变为黄色，再滴加 HCl 溶液使黄色恰好消失。

②加入 1.0 mL CAS 溶液、5 mL 和 CPC 溶液，补滴 1 滴氨水，加入 5 mL pH = 6.3 的二乙（烯）三胺溶液，用水稀释至刻度，摇匀。

③用 1 cm 比色皿，以试剂空白作为参比溶液，记录 570 ~ 670 nm 之间的吸收光谱。

2）校正曲线

分别吸取铝标准工作液 1.0 mL、2.0 mL、3.0 mL、4.0 mL 和 5.0 mL 至 50 mL 容量瓶中，参照二元络合物的显色操作，配成标准溶液系列，在最大吸收波长处测量各溶液的吸光度。

三元络合物的标准溶液系列参照有关操作配制，并测量吸光度。

5. 数据处理

（1）将测量结果分别填入表 8.10、表 8.11、表 8.12 及表 8.13，若使用微机控制的分光光度计则打印吸收光谱，若使用手动分光光度计则人工绘制吸收光谱。

表 8.10　铝的二元络合物吸收曲线的绘制

波长 λ/nm	500	510	520	530	540	550	560	570	580	590	600
吸光度 A											

表 8.11　铝的三元络合物吸收曲线的绘制

波长 λ/nm	570	580	590	600	610	620	630	640	650	660	670
吸光度 A											

表 8.12　铝的二元络合物校正曲线的绘制

铝标准工作液 V/mL	1.0	2.0	3.0	4.0	5.0
加入铝量 m/μg					
吸光度 A					

表 8.13　铝的三元络合物校正曲线的绘制

铝标准工作液 V/mL	1.0	2.0	3.0	4.0	5.0
加入铝量 m/μg					
吸光度 A					

（2）依据实验数据分别绘制铝的二元络合物和三元络合物的吸收曲线和校正曲线。

（3）根据铝的二元络合物和三元络合物的吸收光谱，测出最大吸收波长的红移值 $\Delta\lambda_{max}$。

（4）根据 2 种络合物的校正曲线，分别计算铝的 2 种络合物的摩尔吸光系数 ε。

6. 思考题

（1）本实验中铝的三元络合物与二元络合物相比，具有哪些优点？

（2）吸光物质的摩尔吸光系数有几种求解方法？

（3）配制 250 mL 0.100 0 mg·mL^{-1}铝标准溶液，需要称取多少克 $KAl(SO_4)_2 \cdot 12H_2O$？

第 9 章

综合实验

实验 9.1　三草酸合铁（Ⅲ）酸钾的制备及组成分析

1. 实验目的与要求

（1）了解三草酸合铁（Ⅲ）酸钾的制备方法。

（2）掌握确定化合物化学式的基本原理和方法。

（3）巩固无机合成、滴定分析和重量分析的基本操作。

2. 实验原理

$K_3[Fe(C_2O_4)_3]\cdot 3H_2O$ 为绿色单斜晶体，密度为 2.138 $g\cdot cm^{-3}$，加热至 100 ℃失去全部结晶水，230 ℃时分解；溶于水，难溶于乙醇；对光敏感。它是制备负载型活性铁催化剂的主要原料，也是一些有机反应的良好催化剂，具有工业应用价值。合成 $K_3[Fe(C_2O_4)_3]\cdot 3H_2O$ 的工艺路线有多种，本实验以莫尔盐和草酸形成草酸亚铁后经氧化、络合、结晶得到 $K_3[Fe(C_2O_4)_3]\cdot 3H_2O$。配阴离子可用化学分析方法进行测定，用稀 H_2SO_4 溶解试样，在酸性介质中用 $KMnO_4$ 标准溶液滴定待测液中的 $C_2O_4^{2-}$ 离子；在滴定 $C_2O_4^{2-}$ 离子后的溶液中用 Zn 粉将 Fe^{3+} 还原为 Fe^{2+}，再用 $KMnO_4$ 标准溶液滴定 Fe^{2+}，通过消耗 $KMnO_4$ 标准溶液的量计算 $C_2O_4^{2-}$ 离子和 Fe^{3+} 离子的量以及 $C_2O_4^{2-}$ 离子和 Fe^{3+} 离子的配比。

3. 主要试剂和仪器

1）主要试剂

$(NH_4)_2Fe(SO_4)_2\cdot 6H_2O$；饱和草酸钾溶液；饱和草酸溶液；标准浓度 $KMnO_4$ 溶液；H_2SO_4 溶液（1 $mol\cdot L^{-1}$、3 $mol\cdot L^{-1}$）；去离子水；H_2O_2（5%）；无水乙醇；乙醇-丙酮（1:1）。

2）主要仪器

水浴锅；真空系统；常用的分析仪器。

4. 实验步骤

1）三草酸合铁（Ⅲ）酸钾的制备

（1）草酸亚铁的制备。

①用100 mL洁净干燥的烧杯称取5.0 g $(NH_4)_2Fe(SO_4)_2 \cdot 6H_2O$，加入1 mL 1 $mol \cdot L^{-1}$ H_2SO_4溶液和15 mL去离子水，小火加热溶解；加入25 mL饱和草酸溶液，搅拌并加热煮沸。

②停止加热，静置，待析出的黄色$FeC_2O_4 \cdot 2H_2O$晶体完全沉淀后，倾去上层清液。

③用倾析法洗涤该沉淀3次，每次用20 mL温热的去离子水，得到较纯净的$FeC_2O_4 \cdot 2H_2O$晶体备用。

（2）Fe（Ⅱ）氧化成Fe（Ⅲ）。

①在$FeC_2O_4 \cdot 2H_2O$晶体中加入10 mL饱和草酸钾溶液，水浴加热（可以用大小合适的烧杯代替水浴锅）到约40 ℃。

②用滴管缓慢滴加20 mL H_2O_2，不断搅拌并维持温度在40 ℃左右，使Fe（Ⅱ）充分氧化成Fe（Ⅲ），溶液转变为棕红色并有棕红色沉淀产生。

③加完H_2O_2后，将溶液直接加热（垫上铁丝网）至沸腾，除去过量的H_2O_2（加热时间不宜太长，煮沸即可认为H_2O_2分解基本完全，停止加热）。

（3）酸溶、络合反应。

①取大约8 mL饱和草酸溶液，在快速搅拌下用滴管滴加此溶液，使沉淀溶解变为亮绿色的透明溶液，溶液的pH值控制在3.0～4.0。若溶液中有混浊不溶物质存在，则趁热过滤；若溶液是透明的，则不需过滤。

②冷却至室温，在溶液中加入10 mL无水乙醇，将溶液在冰水中冷却约20 min，待结晶完全后，抽滤，并用少量乙醇-丙酮（1∶1）洗涤晶体。

③取下晶体，用滤纸吸干，转入称量瓶中称重，记录下称量数据，填入表9.1中。

2）组成分析

（1）称样。准确称取约1 g合成的$K_3[Fe(C_2O_4)_3] \cdot 3H_2O$置于烧杯中，加入25 mL 3 $mol \cdot L^{-1}$ H_2SO_4溶液使之溶解，再转移至250 mL容量瓶中，稀释至刻度，摇匀，静置。

（2）$C_2O_4^{2-}$的测定。准确移取25.00 mL上述试液至锥形瓶中，加入20 mL 3 $mol \cdot L^{-1}$ H_2SO_4溶液，在75～85 ℃水浴中加热10 min，用$KMnO_4$标准溶液滴定溶液呈浅粉色，30s不褪色即为终点，记录读数填入表9.2中。

（3）Fe^{3+}的测定。向滴定完草酸根的锥形瓶中加入约1 g锌粉和5 mL 3 $mol \cdot L^{-1}$ H_2SO_4溶液，摇动10 min后，过滤除去过量的锌粉，用另一个锥形瓶承接滤液。用约40 mL 0.2 $mol \cdot L^{-1}$ H_2SO_4溶液分3～4次洗涤原锥形瓶和沉淀，然后用$KMnO_4$标准溶液滴定溶液呈浅粉色，30 s不褪色即为终点。平行滴定3次，记录读数，将数据填入表9.2中并完善表格。

5. 数据处理

表9.1　三草酸合铁（Ⅲ）酸钾的制备

记录项目	数据
$(NH_4)_2Fe(SO_4)_2 \cdot 6H_2O$的质量/g	
$K_3[Fe(C_2O_4)_3] \cdot 3H_2O$的理论产量/g	
（空）称量瓶的质量/g	

续表

记录项目	数据
称量瓶和产品的总质量/g	
$K_3[Fe(C_2O_4)_3]\cdot 3H_2O$ 的实际质量/g	
产率/%	
$K_3[Fe(C_2O_4)_3]\cdot 3H_2O$ 的颜色	

表 9.2　三草酸合铁（Ⅲ）酸钾的组成

成分	记录项目	Ⅰ	Ⅱ	Ⅲ
	试样质量/g			
$C_2O_4^{2-}$	V_{KMnO_4}/mL			
	$c_{C_2O_4^{2-}}$/(mol·L^{-1})			
	$\overline{c}_{C_2O_4^{2-}}$/(mol·L^{-1})			
	相对误差/%			
Fe^{3+}	V_{KMnO_4}/mL			
	$c_{Fe^{3+}}$/(mol·L^{-1})			
	$\overline{c}_{Fe^{3+}}$/(mol·L^{-1})			
	相对误差/%			

6. 思考题

（1）根据实验结果写出产品中配阴离子的化学式。

（2）用 $KMnO_4$ 滴定 $C_2O_4^{2-}$ 应注意哪些实验条件？为什么要在 40 ℃左右进行滴定？

实验 9.2　二草酸合铜（Ⅱ）酸钾的制备及组成测定

1. 实验目的与要求

（1）利用草酸钾和硫酸铜为原料制备二草酸合铜（Ⅱ）酸钾。

（2）用重量分析法测定产物的结晶水含量，用 EDTA 络合滴定法测定产物的铜含量，用高锰酸钾法测定产物的草酸根含量。

（3）利用分光光度法测定产物的吸收光谱，确定最大吸收波长。

2. 实验原理

二草酸合铜（Ⅱ）酸钾的制备方法很多，可以由硫酸铜与草酸钾直接混合来制备，也

可以利用四氢氧化铜或氧化铜与草酸氢钾反应制备。本实验由硫酸铜与草酸钾直接混合来制备，其反应式为

$$CuSO_4 + 2K_2C_2O_4 + 2H_2O = K_2Cu(C_2O_4)_2 \cdot 2H_2O + K_2SO_4$$

该络合物在150 ℃时失去结晶水，至恒重时，由产物和坩埚的总重量及空坩埚的质量差Δm_{H_2O}计算结晶水的含量。

$$\omega_{H_2O} = \frac{\Delta m_{H_2O}}{m_s} \times 100\%$$

草酸根离子的测定采用氧化-还原滴定，使用高锰酸钾法，高锰酸钾可作为自身指示剂，滴定终点为微红色，反应为

$$5C_2O_4^{2-} + 2MnO_4^- + 16H^+ = 10CO_2 + 2Mn^{2+} + 8H_2O$$

$$\omega_{C_2O_4^{2-}} = \frac{\frac{5}{2}c_{MnO_4^-} \times V_{MnO_4^-} \times M_{MnO_4^-}}{m_s} \times 100\%$$

铜离子含量的测定采用络合滴定法，以NH_3-NH_4Cl为缓冲溶液，以紫脲酸胺为指示剂，用EDTA滴定，溶液颜色由黄绿色变至紫色时即为终点。

$$\omega_{Cu^{2+}} = \frac{c_{EDTA} \times V_{EDTA} \times M_{Cu^{2+}}}{m_s} \times 100\%$$

$$\omega_{K^+} = 100\% - \omega_{C_2O_4^{2-}} - \omega_{Cu^{2+}} - \omega_{H_2O}$$

$$N_{K^+} : N_{Cu^{2+}} : N_{C_2O_4^{2-}} : N_{H_2O} = \frac{\omega_{K^+}}{M_{K^+}} : \frac{\omega_{Cu^{2+}}}{M_{Cu^{2+}}} : \frac{\omega_{C_2O_4^{2-}}}{M_{C_2O_4^{2-}}} : \frac{\omega_{H_2O}}{M_{H_2O}}$$

由此可得出该络合物的化学式。

3. 主要试剂与仪器

1）主要试剂

$CuSO_4 \cdot 5H_2O$；$NH_3 \cdot H_2O$-NH_4Cl缓冲溶液；H_2SO_4溶液（2 $mol \cdot L^{-1}$）；EDTA标准溶液（0.02 $mol \cdot L^{-1}$）；紫脲酸胺指示剂；$K_2C_2O_4 \cdot H_2O$；浓氨水；$KMnO_4$标准溶液；蒸馏水。

2）主要仪器

抽滤系统；水浴锅；恒温烘箱；722型分光光度计；常用的分析仪器。

4. 实验步骤

1）二草酸合铜（Ⅱ）酸钾的制备

（1）称取3.0 g $CuSO_4 \cdot 5H_2O$溶于6mL 90 ℃水中，称取9.0 g $K_2C_2O_4 \cdot H_2O$溶于25 mL 90℃水中，在剧烈搅拌（转速约1 100 r/min）下，趁热将$K_2C_2O_4$溶液迅速加入$CuSO_4$溶液中，自然冷却至接近室温，有晶体析出。

（2）用冰水浴冷却，母液呈浅蓝色或接近无色时减压抽滤，用6～8 mL冷水分3次洗涤沉淀，抽干。

（3）将产品转移至蒸发皿中，用蒸汽浴加热干燥，转入称量瓶中称重并记录，将数据填入表9.3。

2）二草酸合铜（Ⅱ）酸钾的组成测定

（1）结晶水的测定。

①称取0.5～0.6 g产物，分别放入2个已恒重的坩埚中，放入烘箱，在150 ℃时干燥1 h。

②放入干燥器中冷却30 min后称量，然后再次干燥30 min，冷却，称量。

③根据称量结果计算结晶水含量，将数据填入表9.4。

（2）草酸根的含量测定。

①称取0.21～0.23 g产物，用2 mL浓氨水溶解后加入30 mL H_2SO_4 溶液，此时会有淡蓝色沉淀出现，加水稀释至100 mL。

②在75～85℃水浴中加热10 min，趁热用 $KMnO_4$ 标准溶液滴定，直至溶液出现浅粉红色（在30 s内不褪色）即为终点（沉淀在滴定过程中逐渐消失），记录读数。

③平行滴定3次，根据滴定结果计算 $C_2O_4^{2-}$ 含量，并将数据填入表9.5。

（3）铜（Ⅱ）含量的测定。

①称取0.70～0.75 g产物，用30 mL NH_3-NH_4Cl 缓冲溶液溶解后，转入100 mL容量瓶，用蒸馏水定容，摇匀。

②用25 mL移液管移取3份分别置于250 mL锥形瓶，加15 mL NH_3-NH_4Cl 缓冲溶液，再加水稀释至100 mL。

③加入紫脲酸胺指示剂半勺，用EDTA标准溶液滴定，当溶液由黄绿色变至紫色时即为终点，记录读数。

④根据滴定结果计算 Cu^{2+} 含量，并将数据填入表9.5。

（4）根据以上测定结果，不足100%部分以K计，求出产物的化学式。

3）二草酸合铜（Ⅱ）酸钾的吸收光谱和最大吸收波长的测定

称取0.2 g $K_2C_2O_4 \cdot H_2O$ 溶于20 mL水中，分成2份，一份作参比，另一份再称取0.1 g产物溶于其中，用722型分光光度计在600～900 nm波长范围内测定溶液的吸收度，将数据填入表9.6，绘制吸收光谱，并确定其最大吸收波长。

5. 数据处理

表9.3 二草酸合铜（Ⅱ）酸钾的制备

记录项目	数据
$CuSO_4 \cdot 5H_2O$ 的质量/g	
$K_2C_2O_4 \cdot H_2O$ 的质量/g	
$K_2[Cu(C_2O_4)_2] \cdot 2H_2O$ 的理论产量/g	
（空）称量瓶的质量/g	
称量瓶和产品的总质量/g	
$K_2[Cu(C_2O_4)_2] \cdot 2H_2O$ 的实际质量/g	
产率/%	
$K_2[Cu(C_2O_4)_2] \cdot 2H_2O$ 的颜色	

表 9.4 二草酸合铜（Ⅱ）酸钾结晶水的测定

记录项目	Ⅰ	Ⅱ
干燥前的试样质量/g		
干燥后的试样质量/g		
结晶水的含量/%		
结晶水的平均含量/%		
结晶水含量的理论值/%		
相对误差/%		

表 9.5 二草酸合铜（Ⅱ）酸钾的组成

成分	记录项目	Ⅰ	Ⅱ	Ⅲ
$C_2O_4^{2-}$	$m_{试样}$/g			
	V_{KMnO_4}/mL			
	$c_{C_2O_4^{2-}}/(mol \cdot L^{-1})$			
	$\omega_{C_2O_4^{2-}}$/%			
	$\overline{\omega}_{C_2O_4^{2-}}$/%			
	相对误差/%			
Cu^{2+}	$m_{试样}$/g			
	V_{EDTA}/mL			
	$c_{Cu^{2+}}/(mol \cdot L^{-1})$			
	$\omega_{Cu^{2+}}$/%			
	$\overline{\omega}_{Cu^{2+}}$/%			
	相对误差/%			

表 9.6 二草酸合铜（Ⅱ）酸钾吸收曲线的绘制

波长 λ/nm	600	610	620	…	880	890	900
吸光度 A							
波长 λ_{max}/nm							

6. 思考题

(1) 除 EDTA 能测量 Cu^{2+} 含量外，还有哪些方法能测量 Cu^{2+} 含量？

（2）在测定 $C_2O_4^{2-}$ 含量时，对溶液的酸度和温度有何要求？为什么？

实验9.3 二氯化六氨合镍（Ⅱ）的制备、组成及物性测定

1. 实验目的与要求

（1）综合训练无机制备、提纯和定量分析的常规操作。
（2）了解并掌握某些物质性质和结构的测试方法。
（3）学习自行设计物质的提纯方法和定量分析方法。
（4）学习微型滴定方法的设计与操作。

2. 实验原理

以镍为原料制备硝酸镍，再以硝酸镍或六水合硫酸镍为原料制备二氯化六氨合镍（Ⅱ）。镍离子复分解反应生成碳酸镍，经过过滤和洗涤后，用盐酸溶解纯净的沉淀，在合适的酸度下，在过量氨和氯离子的存在下，低温结晶获得产品。

氯化镍氨溶于水后，可与二乙酰二肟生成很稳定的红色螯合物沉淀。将沉淀烘干、称重，即可测出 Ni^{2+} 的含量，用返滴定法测 NH_3 含量，摩尔法测 Cl^- 含量。

电导法是测定络离子电荷的一种常用方法。对完全电离的络合物，在极稀溶液中离解出一定数量的离子，测定它们的摩尔电导 Λ_m，取其上、下限的平均值，由此数值范围来确定其离子数，从而确定络离子的电荷数。对离解为络离子和一价离子的络合物，在25 ℃时，测定浓度为 1.00×10^{-3} $mol\cdot L^{-1}$ 溶液的摩尔电导，其实验规律见表9.7。

表9.7 络离子摩尔电导实验规律（25℃，络离子浓度：1.00×10^{-3} $mol\cdot L^{-1}$）

离子数	2	3	4	5
摩尔电导/（$S\cdot m^2\cdot mol^{-1}$）	0.010 0	0.025 0	0.040 0	0.050 0

根据组成分析和络离子电荷的测定，可确定络合物的化学式。通过磁化率的测定，可得到中心离子 Ni^{2+} 的d电子组态及该络合物的磁性信息。通过测定络合物的电子光谱，可计算分裂能Δ值。不同d电子和不同构型的络合物的电子光谱是不同的，因此，计算分裂能Δ值的方法也不同。d^2、d^3、d^7、d^8 电子的电子光谱都有3个吸收峰，其中八面体中的 d^3、d^8 电子和四面体中的 d^2、d^7 电子，由最大波长的吸收峰位置的波长来计算Δ值。

3. 主要试剂和仪器

1）主要试剂

$NiSO_4\cdot 6H_2O$（s）；Na_2CO_3 溶液（1 $mol\cdot L^{-1}$）；$BaCl_2$（0.1 $mol\cdot L^{-1}$）；NH_3-NH_4Cl 混合液（每100 mL浓氨水中含30 g NH_4Cl）；无水乙醇；NH_3-NH_4Cl 缓冲溶液（pH = 10）；甲基红指示剂；HCl溶液（6 $mol\cdot L^{-1}$）；EDTA标准溶液；紫脲酸胺指示剂（紫脲酸胺：氯化钠 = 1：100）；NaOH标准溶液；冰；NaCl（s）。

2）主要仪器

托盘天平（公用）；电子台秤（公用）；分析天平；电磁搅拌器；锥形瓶（250 mL）；

吸滤瓶；布氏漏斗；量筒（100 mL、25 mL、10 mL）；烧杯（500 mL、250 mL、100 mL、50 mL）；酸式滴定管（50 mL）；碱式滴定管（50 mL）；吸量管（5 mL）；胶头滴管；洗瓶；表面皿；称量瓶；牛角勺；玻璃棒；试管；吸耳球。

4. 实验步骤

1）$Ni(NH_3)_xCl_2$ 的制备

（1）称取 6.8 g $NiSO_4 \cdot 6H_2O$ 固体（用托盘天平称量），置于 250 mL 烧杯中，加入 20 mL水，搅拌，使固体全部溶解。

（2）在不断搅拌下，向溶液中缓慢滴加 39 mL Na_2CO_3 溶液至沉淀完全（此时溶液pH = 8 ~ 9），继续搅拌 5 min。

（3）将上述带沉淀的溶液减压过滤，并洗涤沉淀，直至无 SO_4^{2-} 为止。

（4）将滤饼转移至 250 mL 烧杯中，加入 10 mL HCl 溶液，搅拌，使之全部溶解。

（5）将溶液用冰盐浴（冰、适量水和 2 g NaCl 置于 500 mL 烧杯中）冷却 5 min 后，在冰盐浴冷却条件下，慢慢加入 30 mL NH_3-NH_4Cl 混合液，观察颜色变化及析出沉淀的情况。加完后，继续冷却 5 ~ 10 min。

（6）减压过滤，用 20 mL 无水乙醇分 3 次洗涤沉淀，然后将产物转移至表面皿中，在空气中风干 10 min，称量后保存备用。

2）$Ni(NH_3)_xCl_2$ 组成分析

（1）Ni^{2+}的测定。

用减量法称取 0.15 ~ 0.20 g 产品 2 份，分别用 50 mL 水溶解，加入 15 mL pH = 10 的 NH_3-NH_4Cl 缓冲溶液和约 0.2 g 紫脲酸胺指示剂（用电子台秤称量），用 EDTA 标准溶液滴定，直至溶液由黄色变为紫色。

（2）NH_3 的测定。

①用减量法称取 0.2 ~ 0.25 g 产品 2 份，分别用 25 mL 水溶解，然后加入 3.00 mL HCl 溶液。

②以甲基红作为指示剂（加 3 滴），用 NaOH 标准溶液滴定至溶液由红色变为淡黄绿色，记录所用的 NaOH 标准溶液的体积（V_1）。

取 3.00 mL HCl 溶液，加入 25 mL 水，以甲基红作指示剂，仍用0.5 $mol \cdot L^{-1}$ NaOH 标准溶液滴定，记录所用的 NaOH 标准溶液的体积（V_2）。

（3）产物电离类型的确定：配制稀度分别为 128、256、512、1 024 的产物溶液（稀度为摩尔浓度的倒数，表示溶液的稀释程度），用电导率仪测量溶液的电导率 K，并按 $\Lambda_m = K \times 10^{-3} \times 1/c$ 计算摩尔电导，式中 $1/c$ 是稀度。

5. 数据处理

（1）根据称量的结果，计算产率。仔细观察产品颜色、粒度大小等情况并记录，完成表 9.8。

表 9.8　二氯化六氨合镍（Ⅱ）的制备

记录项目	数据
$Ni(SO_4)_2 \cdot 6H_2O$ 的质量/g	
$Ni(NH_3)_xCl_2$ 的理论产量/g	
（空）称量袋的质量/g	
称量袋和产品的总质量/g	
$Ni(NH_3)_xCl_2$ 的实际质量/g	
产率/%	
$Ni(NH_3)_xCl_2$ 的颜色	

（2）根据组成分析的实验结果确定产物 $Ni(NH_3)_xCl_2$ 中的 x，完成表 9.9。

表 9.9　$Ni(NH_3)_xCl_2$ 的组成

成分	记录项目	Ⅰ	Ⅱ	Ⅲ
Ni^{2+}	试样质量/g			
	EDTA 起始体积 V_1/mL			
	EDTA 终点体积 V_2/mL			
	c_{EDTA}/（$mol \cdot L^{-1}$）			
	$\omega_{Ni^{2+}}$/%			
	$\overline{\omega}_{Ni^{2+}}$/%			
	相对极差/%			
NH_3	试样质量/g			
	NaOH 起始体积 V_1/mL			
	NaOH 终点体积 V_2/mL			
	c_{NaOH}/（$mol \cdot L^{-1}$）			
	ω_{NH_3}/%			
	$\overline{\omega}_{NH_3}$/%			
	相对极差/%			

（3）根据电离类型测定结果确定络离子的电荷和产物的化学式。

（4）根据测得的磁化率计算磁矩，并确定 Ni^{2+} 的外层电子构型。

（5）在吸收光谱图上找出最大吸收峰的波长，用式 $\Delta = 1/\lambda \times 10^7$ 计算分裂能。（文献值 $\Delta = 10\ 800\ cm^{-1}$）。

产物的有关结构参数见表 9.10。

表 9.10 三氯化六氟合镍的结构参数（立方晶系）

d	5.98	3.59	2.924	2.532	2.065	3.056	1.947
$I/2$	100	40	40	18	11	7	5
文献值 d	5.78	3.56	2.91	2.52	2.06	3.03	1.94

注：文献值 JCPDS 卡片编号 24－803。

6. 思考题

（1）为什么洗涤碳酸镍要洗到无硫酸根离子为止？

（2）制备产品时，为什么用 NH_3-NH_4Cl 混合液，而不单独用浓 $NH_3 \cdot H_2O$ 或者浓 NH_4Cl 溶液？

（3）在什么条件下沉淀 Ni^{2+} 最合适？

（4）在本实验中，为什么用紫脲酸铵作为 EDTA 滴定 Ni^{2+} 的指示剂？如果改用 XO 应该如何操作？

（5）测定氨的含量时，不知道盐酸的浓度行不行？加入的量前后不一样行不行？

（6）滴定至临近终点时加入半滴的操作是怎么操作的？

实验 9.4 五水硫酸铜的制备及铜含量的测定

1. 实验目的与要求

（1）了解金属与酸作用制备盐的方法。

（2）掌握并巩固无机制备过程中加热、常压过滤、减压过滤、结晶等基本操作。

（3）了解产品纯度检验的原理和方法。

2. 实验原理

（1）五水硫酸铜是蓝色晶体，溶解度随温度升高而增大（0 ℃时在水中的溶解度为 31.6 g/100 mL，100 ℃时在水中的溶解度为 203.3 g/100 mL），不溶于乙醇。受热时 $CuSO_4 \cdot 5H_2O$ 逐步失水，最终变为白色粉末状的无水硫酸铜。

$$CuSO_4 \cdot 5H_2O \longrightarrow CuSO_4 \cdot 3H_2O \longrightarrow CuSO_4 \cdot H_2O \longrightarrow CuSO_4$$

本实验利用单质铜粉与硫酸在过氧化氢的存在下制备五水硫酸铜，由于铜粉不纯，含有少量的铁，因此所得的硫酸铜溶液中含有少量的硫酸铁，可通过调节溶液的酸度使其转化为氢氧化铁而除去。

（2）用 EDTA 络合滴定法测定产品中铜含量。以 NH_3-NH_4Cl 为缓冲溶液，以紫脲酸胺为指示剂，用 EDTA 滴定，溶液颜色由黄绿色变至紫色时即为终点。

3. 主要试剂和仪器

1）主要试剂

铜粉（含有少量 Fe）；EDTA 固体；$CaCO_3$ 固体；紫脲酸胺指示剂；铬黑 T 指示剂；甲

基红指示剂；HCl 溶液（6 $mol \cdot L^{-1}$）；H_2SO_4 溶液（6 $mol \cdot L^{-1}$、1 $mol \cdot L^{-1}$）；NaOH 溶液（2 $mol \cdot L^{-1}$）；氨水（1∶1）；NH_3-NH_4Cl 缓冲溶液；H_2O_2（5%）；无水乙醇；蒸馏水。

2）主要仪器

抽滤系统；水浴锅；常用的分析仪器。

4. 实验步骤

1）五水硫酸铜的制备及提纯

（1）五水硫酸铜的制备。

①称取2.0 g 铜粉置于小烧杯中，加入8 mL H_2SO_4 溶液（6 $mol \cdot L^{-1}$），水浴加热，用胶头滴管缓慢加入20 mL H_2O_2 至反应完全（若反应未完全则适当补充 H_2O_2，若有晶体析出则补充蒸馏水），加热煮沸约5 min。

②将溶液转移到蒸发皿中，水浴锅上蒸发浓缩，当表面出现薄的晶膜时取出蒸发皿，冷却至室温，减压抽滤。

③用10 mL 无水乙醇洗涤沉淀2～3次，得到五水硫酸铜粗产品，用方形滤纸吸干水分，将产品转入洁净干燥的小烧杯中，称量产品质量，记录数据，填入表9.11。

（2）五水硫酸铜的提纯。

①根据粗产品的质量，向小烧杯中加入适量蒸馏水使溶液浓度约为1 $mol \cdot L^{-1}$，加热搅拌至完全溶解。

②用 NaOH 溶液调节 pH≈4.0，加热溶液至沸腾，数分钟后趁热常压过滤。

③将滤液转移到蒸发皿中，用 H_2SO_4 溶液（1 $mol \cdot L^{-1}$）调节 pH=1～2，在水浴锅上蒸发浓缩至表面有薄晶膜出现，取下蒸发皿，冷却至室温。

④抽滤得到五水硫酸铜产品，用10 mL 无水乙醇洗涤2～3次，然后用方形滤纸吸干后转入称量瓶中，称量产品质量，记录数据，填入表9.11。

2）EDTA 溶液的配制与标定

（1）EDTA 溶液的配制。称取3.2 g EDTA 固体置于小烧杯中，加入适量蒸馏水溶解后转移至500 mL 试剂瓶中，配制成400 mL 约0.02 $mol \cdot L^{-1}$的 EDTA 溶液。

（2）EDTA 溶液的标定。

①在电子分析天平上称取0.4～0.5 g $CaCO_3$ 固体置于小烧杯中，加入少量蒸馏水，盖上表面皿，从烧杯嘴处加入约5 mL HCl 溶液使其完全溶解。

②加入50 mL 蒸馏水，加热微沸约2 min，冷却后用蒸馏水冲洗烧杯内壁和表面皿，定量转移溶液至250 mL 容量瓶中，用蒸馏水稀释至刻度，摇匀。

③准确移取25.00 mL Ca^{2+} 标准溶液至锥形瓶中，滴加1～2滴甲基红指示剂后滴加氨水至溶液呈黄色。

④加入10 mL NH_3-NH_4Cl 缓冲溶液，8～10滴铬黑T指示剂，用 EDTA 溶液滴定至酒红色变为蓝色为终点，记录读数。平行标定3次，计算 EDTA 溶液的浓度，将数据填入表9.12。

3）铜（Ⅱ）含量的测定

①在电子天平上准确称取已提纯的五水硫酸铜产品0.20～0.25 g 置于锥形瓶中，加入

20 mL 蒸馏水使其完全溶解。

②加入 10 mL NH_3-NH_4Cl 缓冲溶液后，加入 70 mL 蒸馏水和 0.2 ~ 0.3 g 紫脲酸铵指示剂，摇动锥形瓶使固体指示剂完全溶解。

③用 EDTA 溶液滴定至溶液由黄绿色变为紫色为终点，记录读数。

④平行标定 3 次，计算 Cu（Ⅱ）的含量，将数据填入表 9.13。

5. 数据处理

表 9.11　五水硫酸铜的制备

记录项目	数据
$m_{铜粉}$/g	
$CuSO_4 \cdot H_2O$ 的理论产量/g	
$m_{空烧杯}$/g	
$m_{烧杯+产品}$/g	
$m_{粗产品}$/g	
$m_{空称量瓶}$/g	
$m_{称量瓶+产品}$/g	
$CuSO_4 \cdot H_2O$ 的实际质量/g	
产率/%	
$CuSO_4 \cdot H_2O$ 的颜色	

表 9.12　EDTA 浓度的标定

记录项目	Ⅰ	Ⅱ	Ⅲ
m_{CaCO_3}/g			
c_{CaCO_3}/（mol·L^{-1}）			
V_{EDTA}/mL			
$\overline{V}_{EDTA}$/mL			
c_{EDTA}/(mol·L^{-1})			

表 9.13　铜（Ⅱ）含量的测定

记录项目	Ⅰ	Ⅱ	Ⅲ
$m_{试样}$/g			
V_{EDTA}/mL			
$\omega_{Cu^{2+}}$/%			
$\overline{\omega}_{Cu^{2+}}$/%			
相对误差/%			

6. 思考题

（1）在五水硫酸铜的提纯过程中，为什么调节 pH≈4.0？（$Cu(OH)_2$ 和 $Fe(OH)_3$ 的 K_{sp} 分别为 2.2×1.0^{-20} 和 4.0×1.0^{-38}）

（2）本次实验中有3次对小烧杯中的溶液加热煮沸或微沸，其作用是什么？

（3）对于铜的分析检测，除了用EDTA络合滴定的方式进行外，还可以用哪些方式进行分析？

实验9.5　硫酸亚铁铵晶体的制备及纯度检验

1. 实验目的与要求

（1）了解复盐的一般特性。

（2）学习复盐硫酸亚铁铵晶体的制备方法。

（3）掌握水浴加热、过滤、蒸发、结晶等基本的无机制备操作。

（4）掌握产品纯度的检验方法。

（5）了解目测比色法检验产品的质量。

2. 实验原理

硫酸亚铁铵晶体（$(NH_4)_2SO_4\cdot FeSO_4\cdot 6H_2O$）商品名为莫尔盐，为浅蓝绿色单斜晶体。一般亚铁盐在空气中易被氧化，而硫酸亚铁铵在空气中比一般亚铁盐稳定，不易被氧化，并且价格低，制造工艺简单，容易得到较纯净的晶体，因此应用广泛，在定量分析中常用来配制亚铁离子的标准溶液。

和其他复盐一样，硫酸亚铁铵晶体在水中的溶解度比组成它的每一组分 $FeSO_4$ 或 $(NH_4)_2SO_4$ 的溶解度都要小，3种盐的溶解度见表9.14。利用这一特点，可通过蒸发浓缩 $FeSO_4$ 与 $(NH_4)_2SO_4$ 溶于水所制得的浓混合溶液制取硫酸亚铁铵晶体。

表9.14　$FeSO_4$、$(NH_4)_2SO_4$ 和 $(NH_4)_2SO_4\cdot FeSO_4\cdot 6H_2O$ 的溶解度（单位为 g/100 g H_2O）

温度/℃	$FeSO_4$	$(NH_4)_2SO_4$	$(NH_4)_2SO_4\cdot FeSO_4\cdot 6H_2O$
10	20.0	73.0	17.2
20	26.5	75.4	21.6
30	32.9	78.0	28.1

本实验先将铁屑溶于稀硫酸生成硫酸亚铁溶液，反应式为

$$Fe + H_2SO_4 = FeSO_4 + H_2\uparrow$$

在硫酸亚铁溶液中加入硫酸铵并使其全部溶解，加热浓缩制得的混合溶液冷却后即可得到溶解度较小的硫酸亚铁铵晶体。

$$FeSO_4 + (NH_4)_2SO_4 + 6H_2O = (NH_4)_2SO_4\cdot FeSO_4\cdot 6H_2O$$

用目测比色法可估计产品中所含杂质 Fe^{3+} 的量。Fe^{3+} 与 SCN^- 生成红色物质

$[Fe(SCN)]^{2+}$，红色深浅与 Fe^{3+} 相关。将制备的硫酸亚铁铵晶体与 KSCN 溶液在比色管中配制成待测溶液，将它所呈现的红色与含一定量 Fe^{3+} 所配制成的 $[Fe(SCN)]^{2+}$ 标准溶液的红色进行比较，确定待测溶液中杂质 Fe^{3+} 的含量范围和产品等级。

3. 主要试剂与仪器

1）主要试剂

铁屑；Na_2CO_3 溶液（10%）；HCl 溶液（3 mol·L^{-1}）；H_2SO_4 溶液（3 mol·L^{-1}）；浓 H_2SO_4；去离子水；乙醇（95%）；KSCN 溶液（25%）；蒸馏水；H_3PO_4 溶液（85%）；二苯胺磺酸钠指示剂；$(NH_4)_2SO_4$ 固体；$K_2Cr_2O_7$ 固体。

2）主要仪器

微型锥形瓶（15 mL）；烧杯；容量瓶；抽滤瓶；布氏漏斗；吸球；蒸发皿；比色管等。

4. 实验步骤

1）铁屑的净化

用台式天平称取 2.0 g 铁屑，放入锥形瓶中，加入 15 mL Na_2CO_3 溶液，小火加热煮沸约 10 min 以除去铁屑上的油污，倾去 Na_2CO_3 溶液，用自来水冲洗后，再用去离子水把铁屑冲洗干净。

2）$FeSO_4$ 的制备

在盛有铁屑的锥形瓶中加入 15 mL H_2SO_4 溶液，水浴加热至不再有气泡放出①，趁热减压过滤，用少量热水洗涤锥形瓶及漏斗上的残渣，抽干。将滤液转移至洁净的蒸发皿中，将留在锥形瓶内和滤纸上的残渣收集在一起，用滤纸片吸干后称重，由已作用的铁屑质量算出溶液中生成的 $FeSO_4$ 的量。

3）$(NH_4)_2SO_4 \cdot FeSO_4 \cdot 6H_2O$ 的制备

（1）根据溶液中 $FeSO_4$ 的量，按反应方程式计算并称取所需 $(NH_4)_2SO_4$ 固体的质量，加入上述制得的 $FeSO_4$ 溶液中②。

（2）水浴加热，搅拌使 $(NH_4)_2SO_4$ 全部溶解②，并用 H_2SO_4 溶液调节至$pH = 1 \sim 2$，继续在水浴上蒸发、浓缩至表面出现结晶薄膜为止（蒸发过程不宜搅动溶液）③。

（3）静置，使之缓慢冷却，$(NH_4)_2SO_4 \cdot FeSO_4 \cdot 6H_2O$ 晶体析出，减压过滤除去母液，并用少量乙醇洗涤晶体，抽干。

（4）将晶体取出，摊在 2 张吸水纸之间，轻压吸干。观察晶体的颜色和形状，称重，计算产率。

4）产品检验［Fe（Ⅲ）的限量分析］

（1）Fe（Ⅲ）标准溶液的配制。称取 0.863 4 g $(NH_4)_2SO_4 \cdot Fe(SO_4)_2 \cdot 6H_2O$ 溶于少量水中，加入 2.5 mL 浓 H_2SO_4，移入 1 000 mL 容量瓶中，用水稀释至刻度。此溶液 Fe^{3+} 含量为

---

① 不必将所有铁屑溶解完，实验时溶解大部分铁屑即可，同时注意分次补充少量水，以防止 $FeSO_4$ 析出。

② 加入硫酸铵后，应搅拌使其溶解后再往下进行。在水浴上加热，防止失去结晶水。

③ 蒸发浓缩初期要不停搅拌，并注意观察晶膜，一旦发现晶膜出现即停止搅拌。

0.100 0 $g \cdot L^{-1}$。

（2）标准色阶的配制。取0.50 mL Fe（Ⅲ）标准溶液置于25 mL比色管中，加入2 mL HCl溶液和1 mL的KSCN溶液，用蒸馏水稀释至刻度，摇匀，配制成Fe标准液（Fe^{3+}含量为0.05 $mg \cdot g^{-1}$）。

同样，分别取0.05 mL Fe（Ⅲ）和2.00 mL Fe（Ⅲ）标准溶液，配制成Fe标准液（Fe^{3+}含量分别为0.10 $mg \cdot g^{-1}$、0.20 $mg \cdot g^{-1}$）。

（3）产品级别的确定。称取1.0 g产品置于25 mL比色管中，用15 mL去离子水溶解，再加入2 mL HCl和1 mL KSCN溶液，加水稀释至25 mL，摇匀。与标准色阶进行目视比色，确定产品级别。此产品分析方法是将成品配制成溶液与各标准溶液进行比色，以确定杂质的含量范围。如果成品溶液的颜色不深于标准溶液，则认为杂质含量低于某一规定限度，因此称为限量分析。

5）$(NH_4)_2SO_4 \cdot FeSO_4 \cdot 6H_2O$含量的测定

（1）$(NH_4)_2SO_4 \cdot FeSO_4 \cdot 6H_2O$的干燥。将步骤3）中所制得的晶体在100 ℃左右干燥2～3 h，脱去结晶水。冷却至室温后，将晶体装在干燥的称量瓶中。

（2）$K_2Cr_2O_7$标准溶液的配制。在分析天平上用差减法称取约1.2 g（准确至0.1 mg）$K_2Cr_2O_7$固体置于100 mL烧杯中，加入少量蒸馏水溶解，定量转移至250 mL容量瓶中，用蒸馏水稀释至刻度，用式（9-1）计算$K_2Cr_2O_7$的浓度。

$$c_{K_2Cr_2O_7} = \frac{m_{K_2Cr_2O_7}}{\frac{M_{K_2Cr_2O_7}}{1\,000} \times 250.0} \tag{9-1}$$

（3）Fe含量的测定。用差减法称取0.6～0.8 g所制得的$(NH_4)_2SO_4 \cdot FeSO_4 \cdot 6H_2O$（准确至0.1 mg）2份，分别放入250 mL锥形瓶中，各加入100 mL水及20 mL H_2SO_4溶液，再加入5 mL H_3PO_4溶液，滴加6～8滴二苯胺磺酸钠指示剂，用$K_2Cr_2O_7$标准溶液滴定至溶液由深绿色变为紫色或蓝紫色即为终点。用式（9-2）计算Fe的含量。

$$\omega_{Fe} = \frac{6 \times c_{K_2Cr_2O_7} \times V_{K_2Cr_2O_7} \times \frac{M_{Fe}}{1\,000}}{m_s} \tag{9-2}$$

5. 数据处理

记录实验数据，并计算相关参数，分别填入表9.15和表9.16，并对实验结果进行讨论。

表9.15　$(NH_4)_2SO_4 \cdot FeSO_4 \cdot 6H_2O$的制备

记录项目	数据
$m_{铁屑}$/g	
$m_{残渣}$/g	
$FeSO_4$的理论产量/g	
$m_{(NH_4)_2SO_4}$/g	
$(NH_4)_2SO_4 \cdot FeSO_4 \cdot 6H_2O$产品的质量/g	

续表

记录项目	数据
产率/%	
$(NH_4)_2SO_4 \cdot FeSO_4 \cdot 6H_2O$ 的颜色	
$(NH_4)_2SO_4 \cdot FeSO_4 \cdot 6H_2O$ 的形状	

表 9.16 Fe 含量的测定

记录项目	Ⅰ	Ⅱ
$m_{K_2Cr_2O_7}$/g		
$c_{K_2Cr_2O_7}$/(mol·L^{-1})		
$m_{(NH_4)_2SO_4 \cdot FeSO_4 \cdot 6H_2O}$/g		
$V_{K_2Cr_2O_7}$/mL		
ω_{Fe}/%		
$\bar{\omega}_{Fe}$/%		
相对误差/%		

6. 思考题

(1) 为什么硫酸亚铁铵晶体在定量分析中可以用来配制亚铁离子的标准溶液?
(2) 本实验利用什么原理来制备硫酸亚铁铵晶体?
(3) 如何利用目视法判断产品中所含杂质 Fe^{3+} 的量?
(4) 铁屑中加入 H_2SO_4 溶液，水浴加热至不再有气泡放出时，为什么要趁热减压过滤?
(5) $FeSO_4$ 溶液中加入 $(NH_4)_2SO_4$ 全部溶解后，为什么要调节至 pH = 1 ~ 2 ?
(6) 蒸发浓缩至表面出现结晶薄膜后，为什么要缓慢冷却后再减压抽滤?
(7) 为什么用 95% 乙醇而不用水洗涤晶体?

实验 9.6 三氯化六氨合钴（Ⅲ）的制备及组成的测定

1. 实验目的与要求

(1) 掌握三氯化六氨合钴（Ⅲ）的制备、提纯、组成和结构分析的测定方法。
(2) 熟练抽滤装置的使用。
(3) 加深理解配合物的形成对三价钴稳定性的影响。

2. 实验原理

钴化合物有2个重要性质：二价钴离子的盐较稳定；三价钴离子的盐一般是不稳定的，只能以固态或者络合物的形式存在。

在制备三价钴氨络合物时，以较稳定的二价钴盐为原料，氨-氯化铵溶液为缓冲体系，先制成活性的二价钴络合物，然后以过氧化氢为氧化剂，将活性的二价钴氨络合物氧化为惰性的三价钴氨络合物。反应需加活性炭作催化剂，反应方程式为

$$2CoCl_2 \cdot 6H_2O + 10NH_3 + 2NH_4Cl + H_2O_2 = 2[Co(NH_3)_6]Cl_3 \downarrow + 14H_2O$$

由于 $[Co(NH_3)_6]Cl_3$ 在强碱、强酸作用下基本不被分解，只有在沸腾的条件下，才被强碱分解，所以试样液加NaOH溶液作用，加热至沸腾使其分解，并蒸出氨，蒸出的氨用过量的2%硼酸溶液吸收，以甲基橙为指示剂，用HCl标准溶液滴定生成的硼酸氨，可计算出氨的百分量。

$$[Co(NH_3)_6]Cl_3 + 3NaOH = Co(OH)_3 \downarrow + 6NH_3 \uparrow + 6NaCl$$

$$NH_3 + H_3BO_3 = NH_4H_2BO_3$$

$$NH_4H_2BO_3 + HCl = H_3BO_3 + NH_4Cl$$

利用三价钴离子的氧化性，通过碘量法，即利用 I_2 的氧化性和 I^- 的还原性进行滴定用来测定钴的含量，以淀粉作指示剂，主要反应方程式为

$$[Co(NH_3)_6]Cl_3 + 3NaOH = Co(OH)_3 \downarrow + 6NH_3 \uparrow + 6NaCl$$

$$Co(OH)_3 + 3HCl = CoCl_3 + 3H_2O$$

$$2Co^{3+} + 2I^- = 2Co^{2+} + I_2$$

$$I_2 + 2S_2O_3^{2-} = 2I^- + S_4O_6^{2-}$$

利用摩尔法测定氯的含量，即在中性或弱碱性溶液中，以 K_2CrO_4 作指示剂，用 $AgNO_3$ 标准溶液滴定 Cl^-，反应式为

$$2Ag^+ + CrO_4^{2-} = Ag_2CrO_4 \downarrow \text{（砖红色）}(K_{sp} = 2.0 \times 10^{-12})$$

$$Ag^+ + Cl^- = AgCl \downarrow \text{（白色）}(K_{sp} = 1.8 \times 10^{-10})$$

AgCl的溶解度比 Ag_2CrO_4 小，根据分步沉淀原理，溶液中首先析出AgCl沉淀，在化学计量点附近，由于 Ag^+ 浓度增加，与 CrO_4^{2-} 生成砖红色 Ag_2CrO_4 沉淀指示滴定终点。另外为了准确滴定 Cl^-，需控制指示剂的浓度。

3. 实验仪器和试剂

1）主要试剂

NH_4Cl 固体；$CoCl_2 \cdot 6H_2O$ 晶体；活性炭；浓氨水；H_2O_2 溶液（5%）；浓HCl；HCl溶液（2 mol·L^{-1}、6 mol·L^{-1}）；乙醇溶液；冰；去离子水；H_3BO_3 溶液（20%）；甲基红溴甲酚氯指示剂；KI固体；NaOH溶液（10%）；$Na_2S_2O_3$ 溶液；淀粉溶液（2%）；K_2CrO_4 溶液（5%）；$AgNO_3$ 溶液。

2）主要仪器

锥形瓶（250 mL）；滴管；水浴加热装置；抽滤装置；温度计；蒸发皿；容量瓶

（100 mL）；量筒（10 mL、25 mL、100 mL）；碘量瓶；pH 试纸；凯氏定氮仪；电子天平；电炉。

4. 实验步骤

1）三氯化六氨合钴（Ⅲ）的制备

（1）在锥形瓶中，将 4 g NH_4Cl 固体溶于 8.4 mL 水中，加热至沸腾（加速溶解并排出 O_2）。

（2）加入 6 g 研细的 $CoCl_2 \cdot 6H_2O$ 晶体，溶解后，加入 0.4 g 活性炭（活性剂，需研细），摇动锥形瓶，使其混合均匀。

（3）用流水冷却后（防止后来加入的浓氨水挥发），加入 13.5 mL 浓氨水，冷却至 283 K 以下（若温度过高则 H_2O_2 溶液分解，降低反应速率，防止反应过于剧烈）。

（4）用滴管逐滴加入 13.5 mL H_2O_2 溶液（氧化剂），水浴加热至 323～333 K，保持 20 min，并不断旋摇锥形瓶。

（5）用冰浴冷却至 273 K 左右，吸滤，不必洗涤沉淀，直接把沉淀溶于 50 mL 沸水中，水中含 1.7 mL 浓盐酸（中和过量的氨）。

（6）趁热吸滤，慢慢加入 6.7 mL 浓盐酸（同离子效应）于滤液中，即有大量橙黄色晶体（$[Co(NH_3)_6]Cl_3$）析出，用冰浴冷却后吸滤。

（7）用冷的 2 mL HCl 洗涤晶体，再用少许乙醇溶液洗涤，吸干。晶体在水浴上干燥，称量，计算产率，并将数据填入表 9.17 中。

2）三氯化六氨合钴（Ⅲ）组成的测定

（1）氨的测定。

①用电子天平准确称取约 0.2 g 样品置于 250 mL 锥形瓶中，加入 50 mL 去离子水溶解，准备 50 mL H_3BO_3 溶液置于 250 mL 锥形瓶中。

②在 H_3BO_3 溶液中加入 5～6 滴甲基红溴甲酚氯指示剂，将样品溶液倒入 H_3BO_3 溶液中，然后将锥形瓶固定在凯氏定氮仪上。

③开启凯氏定氮仪，氨气开始产生并被 H_3BO_3 溶液吸收，吸收过程中，H_3BO_3 溶液颜色由浅绿色逐渐变为深黑色，当溶液体积达到 100 mL 左右时，可认为氨气被完全吸收（也可利用 pH 试纸检验氨气出口来确定氨气是否被完全蒸出）。

④用 $Na_2S_2O_3$ 溶液标定准确浓度的 HCl 溶液，滴定吸收了氨气的 H_3BO_3 溶液，当溶液颜色由绿色变为浅红色时即为终点。

⑤读取并记录数据填入表 9.18，计算氨的含量。

（2）钴的测定。

①用电子天平准确称取 0.2 g 样品置于 250 mL 锥形瓶中，加入 20 mL 去离子水和 10 mL NaOH 溶液，置于电炉微沸加热至无氨气放出（用 pH 试纸检验），冷却至室温后加入 20 mL 水，转移至碘量瓶中。

②加入 1 g KI 固体和 15 mL HCl 溶液，立即盖上碘量瓶瓶盖，充分摇荡后，在暗处反应 10 min 后拿出。

③用已准确标定浓度的 $Na_2S_2O_3$ 溶液滴定至浅黄色时，加入 1 mL 淀粉溶液，继续滴至溶液为粉红色即为反应终点（滴定开始阶段应迅速滴加，防止 I_2 挥发）。

④读取并记录实验数据填入表 9.18，计算钴的百分含量。

(3) 氯的测定

①用电子天平称取约 0.2 g 的样品置于锥形瓶中，用去离子水溶解，然后转移至 100 mL 的容量瓶中定容。

②取 25 mL 样品溶液于锥形瓶中，加入 3 滴 K_2CrO_4 溶液作指示剂，用已准确标定浓度的 $AgNO_3$ 溶液滴定，溶液由黄色变为砖红色且砖红色 30 s 不消失（不需摇动）即为终点。

③读取并记录数据填入表 9.18，计算氯的含量。

本实验需要注意以下几点：

①$CoCl_2 \cdot 6H_2O$ 溶解后加入活性炭冷却不能太慢，由于氯化铵在溶液中加热后会有氨气放出，活性炭在使用前一定要充分研磨以提供较大的表面积。

②加 H_2O_2 前必须降温处理，一是防止其分解，二是使反应温和地进行。

③加 H_2O_2 时要逐滴加入，不可太快，因为溶液中的物质会与 H_2O_2 反应，使反应太剧烈，产生爆炸。

④应盖住锥形瓶，防止 NH_3 挥发。

⑤水中含 1.7 mL 浓 HCl，目的是中和过量的氨。

⑥利用同离子效应增加产率，若浓 HCl 加入过多，会因稀释作用而产生盐效应而使溶解度加大，从而降低产率。

5. 数据处理

表 9.17　三氯化六氨合钴（Ⅲ）的制备

记录项目	数据
m_{NH_4Cl}/g	
$m_{CoCl_2 \cdot 6H_2O}$/g	
$[Co(NH_3)_6]Cl_3$ 的理论产量/g	
$[Co(NH_3)_6]Cl_3$ 产品的质量/g	
产率/%	

表 9.18　三氯化六氨合钴（Ⅲ）组成的测定

成分	记录项目	数据
NH_3	$m_{试样}$/g	
	c_{HCl}/(mol·L^{-1})	
	V_{HCl}/mL	
	产品氨含量 ω_{NH_3}/%	
	理论含量 ω_{NH_3}/%	
	相对误差/%	

续表

成分	记录项目	数据
Co^{3+}	$m_{试样}$/g	
	$c_{Na_2S_2O_3}$/（mol·L^{-1}）	
	$V_{Na_2S_2O_3}$/mL	
	产品钴含量 $\omega_{Co^{3+}}$/%	
	理论含量 $\omega_{Co^{3+}}$/%	
	相对误差/%	
Cl^-	$m_{试样}$/g	
	c_{AgNO_3}/（mol·L^{-1}）	
	V_{AgNO_3}/mL	
	产品氯含量 ω_{Cl^-}/%	
	理论含量 ω_{Cl^-}/%	
	相对误差/%	

6. 思考题

（1）在$[Co(NH_3)_6]Cl_3$的制备过程中，氯化铵、活性炭和过氧化氢各具有什么作用？

（2）$[Co(NH_3)_6]^{2+}$与$[Co(NH_3)_6]^{3+}$比较，哪个稳定，为什么？

（3）简述什么是稀度。

实验 9.7 过碳酸钠的制备及产品质量检验

1. 实验目的与要求

（1）了解过碳酸钠的组成、性质和应用。

（2）学习并掌握用溶剂法合成过碳酸钠。

（3）学习并掌握用催化分解量气法测定过碳酸钠的活性氧含量。

（4）学习并掌握铁含量测定和热稳定性检测的方法。

2. 实验原理

过碳酸钠又名过氧碳酸钠，为碳酸钠和过氧化氢的加成化合物，具有正交晶系层状结构，其分子式为$2Na_2CO_3 \cdot 3H_2O_2$，相对分子量为314.02，为白色、松散、流动性较好的颗粒状或粉末状固体。过碳酸钠易溶于水，溶解度随温度的升高而增大，10 ℃时在水中的溶解度为12.3 g，30 ℃时为16.2 g。浓度为1%（质量分数）的过碳酸钠溶液在20 ℃时的pH = 10.5。过碳酸钠属热敏性物质，干燥的过碳酸钠在120 ℃分解，但在遇水、遇热，尤其与重金属和有机物质混合时，极易分解生成碳酸钠、水和氧气。过碳酸钠因在水中易离解成碳酸钠和过氧化氢，而过氧化氢在碱性溶液中可分解生成水和具有漂白作用的活性氧，具有极强的漂白性。

过碳酸钠可根据以下反应式合成：

$$2Na_2CO_3 + 3H_2O_2 \longrightarrow 2Na_2CO_3 \cdot 3H_2O_2$$

由于过碳酸钠在高温下容易分解，因此反应必须在低温下进行。

过碳酸钠的合成方法很多，可分为湿法和干法2类，不同的方法可以制得不同形态和规格的过碳酸钠产品。本实验选用便于在实验室条件下实施又可获得较高质量产品的溶剂法合成过碳酸钠。

溶剂法又名醇析法，是一种湿法方法，其基本过程为：将配制好的饱和碳酸钠溶液加入反应器，加入有机溶剂异丙醇或乙醇，然后加入可溶性镁盐和硅酸钠作为稳定剂，再加入过氧化氢，在0~5 ℃下进行反应，生成的过碳酸钠经分离、洗涤、甩干、干燥得到成品。

过碳酸钠的活性氧含量采用高锰性钾氧化-还原滴定法测定，微量铁采用邻菲罗啉分光光度法测定。

3. 主要试剂和仪器

1）主要试剂

H_2O_2（30%）；无水 Na_2CO_3；硫酸镁（$MgSO_4 \cdot 7H_2O$）；硅酸钠（$Na_2SiO_3 \cdot 9H_2O$）；NaCl 固体；无水乙醇；H_2SO_4 溶液（2 $mol \cdot L^{-1}$）；HCl 溶液（1∶1）；$KMnO_4$ 标准溶液；$NH_3 \cdot H_2O$（10%）；盐酸羟胺溶液（10%）；HAc-NaAc 缓冲溶液（pH=4.5）；邻菲罗啉溶液（0.2%）；去离子水；冰块。主要试剂和产品的物理性质见表9.19。

表9.19　主要试剂和产品的物理性质

名称	分子式	分子量	熔点/℃	沸点/℃	密度/（$g \cdot cm^{-3}$）	溶解度（100 g H_2O）/g	
						0 ℃	20 ℃
过氧化氢	H_2O_2	34.01	-2（无水）	158（无水）	1.46（无水）		
碳酸钠	Na_2CO_3	105.99	851		2.532	7.0	21.5
过碳酸钠	$2Na_2CO_3 \cdot 3H_2O_2$	314.02	50 ℃开始分解		0.900~1.20	12.0	14.0
氯化钠	NaCl	58.50	801	1 413	2.165	35.6	36.0

2）主要仪器

磁力搅拌器及磁子；烧杯（50 mL、100 mL、250 mL 、500 mL）；锥形瓶（250 mL）；布氏漏斗；抽滤瓶（250 mL）；电子天平；移液管（2 mL、10 mL）；容量瓶（100 mL）；洗耳球；移液管架；温度计（0~100℃）；棕色酸式滴定管（50 mL）、滴定管架；量筒（100 mL、10 mL）；表面皿；洗瓶；不锈钢勺；玻璃棒；胶头滴管；精密 pH 试纸（1.4~3.0）；称量纸；手套；循环水真空泵；数字显示烘箱；可见分光光度计。

4. 实验步骤

1）产品Ⅰ的制备

（1）配制反应液A。称取0.15 g硫酸镁置于烧杯中，加入25 mL H_2O_2 搅拌至溶解。

（2）配制反应液B。称取0.15 g硅酸钠和15 g无水 Na_2CO_3 置于烧杯中，分批加入适量的去离子水中，搅拌至溶解。

（3）将反应液A分批加入盛有反应液B的烧杯中（如有需要可添加少许去离子水），磁力搅拌反应，控制反应温度在30 ℃以下，加完后继续搅拌5 min。

（4）在冰水浴中将反应物温度冷却至0～5 ℃。

（5）将反应物转移至布氏漏斗，抽滤至干，滤液定量转移至量筒，记录体积。

（6）用适量无水乙醇洗涤2～3次产品，抽滤至干。

（7）将产品转移至表面皿中，放入烘箱，50℃干燥60 min。

（8）冷却至室温，即得产品Ⅰ，称量（精确至0.01 g），记录数据填入表9.20，计算产率。

2）产品Ⅱ的制备

（1）用量筒将滤液平均分成2份（如有沉淀物需搅拌混合均匀），分别放入2个烧杯。

（2）在一个盛有滤液的烧杯中加入5.0 g NaCl固体，磁力搅拌5 min（如有需要可添加少许去离子水）。

（3）随后操作参照产品Ⅰ制备产品Ⅱ（从操作步骤（4）开始），称量（精确至0.01 g），记录数据填入表9.20。

3）产品Ⅲ的制备

（1）在另一个盛有滤液的烧杯中加入10 mL无水乙醇，磁力搅拌5 min（如有需要可添加少许去离子水）。

（2）参照产品Ⅰ制备产品Ⅲ（从操作步骤（4）开始），称量（精确至0.01 g），记录数据。

（3）计算过碳酸钠（产品Ⅰ、Ⅱ和Ⅲ）的总产率，完善表9.20。

4）活性氧含量的测定

（1）准确称取产品（Ⅰ、Ⅱ和Ⅲ）0.200 0～0.220 0 g置于锥形瓶中，加入50 mL去离子水溶解后，加入50 mL H_2SO_4 溶液。

（2）用 $KMnO_4$ 标准溶液滴定至溶液呈粉红色并在30 s内不消失即为终点，记录所消耗 $KMnO_4$ 溶液的体积。

（3）每个产品测定3个平行样品。

（4）计算产品活性氧的含量（%），将数据填入表9.21。

5）铁含量的测定

（1）准确称取0.200 0～0.220 0 g产品Ⅰ（平行测定3次），置于小烧杯中，用10 mL去离子水润湿，加入2 mL HCl溶液至样品完全溶解。

（2）添加去离子水约10 mL，用 $NH_3 \cdot H_2O$ 调节溶液的pH＝2～2.5。

（3）将混合溶液定量转移至容量瓶中，加入1 mL盐酸羟胺溶液，摇匀。

（4）放置5 min后加入1 mL邻菲罗啉溶液和10 mL HAc-NaAc缓冲溶液，稀释至刻度，放置30 min，备用。

（5）以空白试样作为参比溶液，在 510 nm 波长处用 1 cm 的比色皿测定试液的吸光度，记录数据，对照标准曲线计算样品中 Fe 的含量（%），将数据填入表 9.21。

6）热稳定性的检测

（1）准确称取 0.300 0 ~ 0.350 0 g 产品 Ⅰ 置于表面皿上（平行测定 3 次）。

（2）放入烘箱，100 ℃加热 60 min。

（3）冷却至室温，称量（精确至 0.000 1），记录数据。

（4）根据加热前后质量的变化，将数据填入表 9.21，结合产品 Ⅰ 的活性氧测定结果对产品的热稳定性进行讨论。

5. 数据处理

表 9.20　过碳酸钠的制备

记录项目	数据
$m_{Na_2CO_3}$/g	
$V_{滤液}$/mL	
$m_{产品Ⅰ}$/g	
$m_{产品Ⅱ}$/g	
$m_{产品Ⅲ}$/g	
$m_{理论}$/g	
总产率/%	
相对误差/%	

表 9.21　产品质量检验

成分	记录项目	Ⅰ	Ⅱ	Ⅲ
活性氧	$m_{试样}$/g			
	c_{KMnO_4}/（$mol \cdot L^{-1}$）			
	V_{KMnO_4}/mL			
	$\omega_{活性氧}$/%			
	$\overline{\omega}_{活性氧}$/%			
	相对误差/%			
Fe	$m_{试样}$/g			
	吸光度 A			
	ω_{Fe}/%			
	$\overline{\omega}_{Fe}$/%			
	相对误差/%			

续表

成分	记录项目	Ⅰ	Ⅱ	Ⅲ
热稳定性	$m_{试样}$/g			
	$m_{加热处理后}$/g			
	失重率/%			
	平均失重率/%			
	相对误差/%			

6. 思考题

（1）在制备过碳酸钠产品时，硫酸镁和硅酸钠具有什么作用？

（2）得到高产率和高活性氧的过碳酸钠产品的关键因素有哪些？

实验 9.8　水泥熟料中 SiO_2、Fe_2O_3、$A1_2O_3$、CaO 和 MgO 含量的测定

1. 实验目的与要求

（1）了解重量法测定水泥熟料中 SiO_2 含量的原理和方法。

（2）掌握通过控制试液的酸度和温度，选择适当的掩蔽剂和指示剂，在铁、铝、钙、镁共存时分别进行测定的方法。

（3）掌握络合滴定的测定方法：直接滴定法、返滴定法和差减法，以及这几种测定法中的计算方法。

（4）掌握水浴加热、沉淀、过滤、洗涤、灰化、灼烧等操作。

2. 实验原理

水泥熟料主要由硅酸盐组成，它是由水泥生料经 1 400 ℃以上的高温煅烧而成的。通过熟料分析，可以检验熟料质量和烧成情况的好坏，并根据分析结果及时调整原料的配比以控制生产。

普通硅酸盐水泥熟料的主要化学成分及其控制范围见表 9.22。

表 9.22　普通硅酸盐水泥熟料的主要化学成分及其控制范围

化学成分	含量范围（质量分数）/%	一般控制范围（质量分数）/%
SiO_2	18～24	20～24
Fe_2O_3	2.0～5.5	3～5
Al_2O_3	4.0～9.5	5～7
CaO	60～68	63～68

对几种成分限制如下：$\omega_{MgO}<4.5\%$，$\omega_{SO_3}<3.0\%$。

水泥熟料中碱性氧化物占60%以上，因此易为酸所分解。水泥熟料中主要为硅酸三钙（$3CaO \cdot SiO_2$）[①]、硅酸二钙（$2CaO \cdot SiO_2$）、铝酸三钙（$3CaO \cdot Al_2O_3$）和铁铝酸四钙（$4CaO \cdot Al_2O_3 \cdot Fe_2O_3$）等化合物的混合物，易为酸所分解。当这些化合物与盐酸作用时，生成硅酸和可溶性的氯化物，化学式如下：

$$2CaO \cdot SiO_2 + 4HCl = 2CaCl_2 + H_2SiO_3 + H_2O$$

$$3CaO \cdot SiO_2 + 6HCl = 3CaCl_2 + H_2SiO_3 + 2H_2O$$

$$3CaO \cdot Al_2O_3 + 12HCl = 3CaCl_2 + 2AlCl_3 + 6H_2O$$

$$4CaO \cdot Al_2O_3 \cdot Fe_2O_3 + 20HCl = 4CaCl_2 + 2AlCl_3 + 2FeCl_3 + 10H_2O$$

硅酸是一种很弱的无机酸，在水溶液中绝大部分以溶胶状态存在，其化学式以 $SiO_2 \cdot nH_2O$ 表示。在用浓酸和加热蒸干等方法处理后，绝大部分硅酸水溶胶脱水成水凝胶析出，因此可以利用沉淀分离的方法把硅酸与水泥中的铁、铝、钙、镁等其他组分分开。本实验中以重量法测定 SiO_2 的含量，Fe_2O_3、Al_2O_3、CaO 和 MgO 的含量以 EDTA 络合滴定法测定。

在水泥经酸分解后的溶液中，采用加热蒸发近干和加固体氯化铵2种措施，使水溶性胶状硅酸尽可能全部脱水析出。蒸干脱水是将溶液温度控制在100～110 ℃进行的。由于 HCl 的蒸发，硅酸中所含的水分大部分被带走，硅酸水溶胶成为水凝胶析出。由于溶液中的 Fe^{3+}、Al^{3+} 等离子在温度超过110 ℃时易水解生成难溶性的碱式盐而混在硅酸凝胶中，使 SiO_2 的结果偏高，而 Fe_2O_3、Al_2O_3 等的结果偏低，故加热蒸干宜采用水浴严格控制温度。加入固体 NH_4Cl 后，NH_4Cl 的水解夺取了硅酸中的水分，从而加速脱水过程，促使含水二氧化硅由溶于水的水溶胶变为不溶于水的水凝胶。反应式如下：

$$NH_4Cl \rightleftharpoons NH_4^+ + Cl^-$$

$$NH_4^+ + H_2O \rightleftharpoons NH_3 \cdot H_2O + H^+$$

含水硅酸的组成不固定，故沉淀经过滤、洗涤、烘干后，还需经950～1 000 ℃高温灼烧成固定成分 SiO_2，然后称量，根据沉淀的质量计算 SiO_2 的质量分数。灼烧时，硅酸凝胶不仅失去吸附水，并进一步失去结合水，脱水过程的变化如下：

$$H_2SiO_3 \cdot nH_2O \xrightarrow{110\ ℃} H_2SiO_3 \xrightarrow{950 \sim 1\ 000\ ℃} SiO_2$$

灼烧所得 SiO_2 沉淀是雪白而疏松的粉末，若所得沉淀呈灰色、黄色或红棕色，说明沉淀不纯。在要求比较高的测定中，应用氢氟酸-硫酸处理后重新灼烧、称量，扣除混入杂质量。水泥中的铁、铝、钙、镁等组分以 Fe^{3+}、Al^{3+}、Ca^{2+}、Mg^{2+} 等离子形式存在于过滤 SiO_2 沉淀后的滤液中，都与 EDTA 形成稳定的络离子。这些络离子的稳定性有较显著的差别，因此只要控制适当的酸度，就可用 EDTA 分别滴定。

1）铁的测定

一般以磺基水杨酸或其钠盐为指示剂，在溶液酸度 pH＝1.5～2，温度为60～70 ℃条件下进行。滴定反应后，溶液变成亮黄色，反应式为

$$Fe^{3+} + H_2Y^{2-} \rightleftharpoons FeY^- + 2H^+$$

指示剂显色反应溶液由无色变为紫红色，反应式为

① 这里的化学式 $3CaO \cdot SiO_2$ 指的是3分子 CaO 与1分子 SiO_2，其他化学式（如 $2CaO \cdot SiO_2$）含义相同。

$$Fe^{3+} + HIn^{-} \rightleftharpoons FeIn^{+} + H^{+}$$

终点时溶液由紫红色变为亮黄色，反应式为

$$FeIn^{+} + H_2Y^{2-} \rightleftharpoons FeY^{-} + HIn^{-} + H^{+}$$

用 EDTA 滴定铁的关键，在于正确控制溶液 pH 值和掌握适宜的温度。实验表明，溶液的酸度控制得不恰当对测定铁的结果影响很大。在 pH = 1.5 时，结果偏低；pH > 3 时，Fe^{3+}开始形成红棕色氢氧化物，往往无滴定终点，共存的 Ti^{4+}和 Al^{3+}的影响也显著增加。

滴定时溶液的温度以 60 ~ 70 ℃为宜，当温度高于 75℃，并有 Al^{3+}存在时，Al^{3+}可能与 EDTA 络合，使 Fe_2O_3 的测定结果偏高，而 Al_2O_3 的结果偏低；当温度低于 50℃时，反应速度缓慢，不易得出准确的终点。

2）铝的测定

以 PAN 为指示剂的铜盐回滴法是普遍采用的一种测定铝的方法。

因为 Al^{3+}与 EDTA 的络合作用进行得较慢，不宜采用直接滴定法，所以一般先加入过量的 EDTA 溶液，并加热煮沸，使 Al^{3+}与 EDTA 充分反应，然后用 $CuSO_4$ 标准溶液回滴过量的 EDTA。

Al-EDTA 络合物是无色的，PAN 指示剂在 pH = 4.3 时是黄色的，所以滴定开始前溶液呈黄色。随着 $CuSO_4$ 标准溶液的加入，Cu^{2+}不断与过量的 EDTA 生成淡蓝色的Cu-EDTA，溶液逐渐由黄色变为绿色。在过量的 EDTA 与 Cu^{2+}完全反应后，继续加入$CuSO_4$，过量的 Cu^{2+}即与 PAN 络合成深红色络合物，由于蓝色的 Cu-EDTA 的存在，终点呈紫色。

滴定反应为 $Al^{3+} + H_2Y^{2-} = AlY^{-} + 2H^{+}$

用铜盐返滴过量 EDTA，化学反应为 $H_2Y^{2-} + Cu^{2+} = CuY^{2-} + 2H^{+}$

终点时变色反应为 $Cu^{2+} + PAN \longrightarrow Cu-PAN$

需要注意的是，溶液中存在 3 种有色物质，而它们的浓度又在不断变化，溶液的颜色取决于 3 种有色物质的相对浓度，因此终点颜色的变化比较复杂。终点是否敏锐，关键是 Cu-EDTA络合物浓度的大小。终点时，Cu-EDTA 的量等于加入的过量 EDTA 的量。一般来说，在 100 mL 溶液中加入的 EDTA 标准溶液（浓度约为 0.015 $mol \cdot L^{-1}$）以过量 10 mL 为宜。在这种情况下，实际观察到的终点颜色为紫红色。

3. 主要试剂和仪器

1）主要试剂

浓盐酸；HCl 溶液（1∶1）；稀盐酸（3∶97）；浓硝酸；硝酸溶液（1∶1）；氨水（1∶1）；NaOH 溶液（100 $g \cdot L^{-1}$）；固体 NH_4Cl；$AgNO_3$ 溶液（0.5%）；三乙醇胺溶液（1∶1）；EDTA标准溶液（0.015 $mol \cdot L^{-1}$）；$CuSO_4$ 标准溶液（0.015 $mol \cdot L^{-1}$）；酒石酸钾钠溶液（100 $g \cdot L^{-1}$）；HAc-NaAc 缓冲溶液（pH = 4.3）；NH_3-NH_4Cl 缓冲溶液（pH = 10）；溴甲酚绿指示剂（0.05%）；磺基水杨酸指示剂（100 $g \cdot L^{-1}$）；PAN 指示剂乙醇溶液（0.2%）；酸性铬蓝 K-萘酚绿 B 固体混合指示剂（简称 K-B 指示剂）；固体钙指示剂；固体氯化铵；水泥熟料试样。

2）主要仪器

高温炉；电炉；干燥器；水浴装置；过滤装置；胶头淀帚；瓷坩埚；瓷蒸发皿；表面

皿；平头玻璃棒；精密 pH 试纸；容量瓶（250 mL）；烧杯（50 mL、100 mL、250 mL、400 mL）；锥形瓶（250 mL）。

4. 实验步骤

EDTA 标准溶液的标定参照实验 9.4。

1）SiO_2 的测定

（1）准确称取水泥熟料试样 0.5 g 左右，置于干燥的 50 mL 烧杯（或 100 ~ 150 mL 瓷蒸发皿）中，加 2 g 固体氯化铵，用平头玻璃棒混合均匀。

（2）盖上表面皿，沿杯口滴加 3 mL 浓盐酸和 1 滴浓硝酸①，仔细搅匀，使试样充分分解。

（3）将烧杯置于沸水浴上，在烧杯上方放一个玻璃三角架，再盖上表面皿，蒸发至近干（需 10 ~ 15 min）取下。

（4）加入 10 mL 热的稀盐酸（3∶97），搅拌，使可溶性盐类溶解，以中速定量滤纸过滤，用胶头淀帚以热的稀盐酸（3∶97）② 擦洗玻璃棒及烧杯，并洗涤沉淀至洗涤液中不含 Cl^- 为止。Cl^- 可用 AgCl 溶液检验。滤液及洗涤液保存在容量瓶中，并用水稀释至刻度，摇匀，供测定 Fe^{3+}、Al^{3+}、Ca^{2+}、Mg^{2+} 等离子之用。

（5）将沉淀和滤纸移至已称至恒重的瓷坩埚中，先在电炉上低温烘干，再升高温度使滤纸充分灰化③，然后在 950 ~ 1 000 ℃的高温炉内灼烧 30 min，取出，稍冷，移至干燥器中，冷却至室温（需 15 ~ 40 min），称量。如此反复灼烧，直至恒重。将数据填入表 9.23。

2）Fe^{3+} 的测定

（1）准确吸取分离 SiO_2 后的滤液 50 mL④，置于 400 mL 烧杯中，滴加 2 滴⑤溴甲酚绿指示剂（溴甲酚绿指示剂在 pH 小于 3.8 时呈黄色，大于 5.4 时呈绿色），此时溶液呈黄色。

（2）逐滴滴加氨水，使之成绿色，然后用 HCl 溶液（1∶1）调节溶液酸度至呈黄色后再过量 3 滴，此时溶液酸度 pH = 2。

（3）加热至约 70 ℃⑥取下，滴加 10 滴磺基水杨酸指示剂，以 EDTA 标准溶液滴定。滴定开始时溶液呈红紫色，此时滴定速度稍快些，当溶液开始呈淡红紫色时，滴定速度放慢，每加 1 滴一定要摇匀，并观察现象，然后再加 1 滴，必要时再加热⑦，直至滴到溶液变为亮黄色，即为终点。将数据填入表 9.24。

---

① 加入浓硝酸的目的是使铁全部以三价状态存在。

② 此处以热的稀盐酸溶解残渣是为了防止 Fe^{3+} 和 Al^{3+} 水解成氢氧化物沉淀而混在硅酸中，以及防止硅酸胶溶。

③ 也可以放在电炉上干燥后，直接送入高温炉灰化，而将高温炉的温度由低温（例如 100 或 200 ℃）渐渐升高。

④ 分离 SiO_2 后的滤液要节约使用（例如清洗移液管时，取用少量此溶液，最好用干燥的移液管），尽可能多保留一些溶液，以便必要时进行重复滴定。

⑤ 溴甲酚绿指示剂不宜多加，若加多了，黄色的底色深，在铁的滴定中，对准确观察终点的颜色变化有影响。

⑥ 注意防止剧沸，否则 Fe^{3+} 离子会水解形成氢氧化铁，使实验失败。

⑦ Fe^{3+} 与 EDTA 的配合反应进行较慢，最好加热以加速反应。滴定慢则溶液温度降得低，不利于反应，滴得快则来不及反应，又容易滴过终点，较好的办法是开始时滴定稍快（注意也不能很快），至化学计量点附近时放慢。

3）Al^{3+}的测定

在滴定铁含量后的溶液中加入约 20 mL EDTA 标准溶液①，记下读数，然后用水稀释至 200 mL，用玻璃棒搅匀。

（2）加入 15 mL HAc-NaAc 缓冲溶液②，以精密 pH 试纸检查。煮沸 1 ~ 2 min，取下，冷却至 90 ℃左右。

（3）滴加 4 滴 PAN 指示剂，以 $CuSO_4$ 标准溶液滴定，开始时溶液呈黄色，随着 $CuSO_4$ 标准溶液的加入，颜色逐渐变绿并加深，直至再加入 1 滴突然变为亮紫色，即为终点。在变为亮紫色之前，曾有由蓝绿色变灰绿色的过程。在灰绿色溶液中再滴加 1 滴 $CuSO_4$ 标准溶液，即变为亮紫色。将数据填入表 9.24。

4）Ca^{2+}的测定

准确吸取分离 SiO_2 后的滤液 25 mL 置于锥形瓶中，加水稀释至约 50 mL，加入 4 mL 三乙醇胺溶液，摇匀后加入 5 mL NaOH 溶液，再摇匀，加入约 0.01 g 固体钙指示剂（用药勺小头取约 1 勺），此时溶液呈酒红色。然后以 EDTA 标准溶液滴定至溶液呈蓝色，即为终点。将数据填入表 9.24。

5）Mg^{2+}的测定

（1）准确吸取分离 SiO_2 后的滤液 25 mL，置于锥形瓶中，加水稀释至约 50 mL。

（2）加入 1 mL 酒石酸钾钠溶液和 4 mL 三乙醇胺溶液，摇匀后加入 5 mL NH_3-NH_4Cl 缓冲溶液，再摇匀。

（3）加入适量 K-B 指示剂，以 EDTA 标准溶液滴定至溶液呈蓝色，即为终点。根据此结果计算所得的为钙、镁合量，由此减去钙含量即为镁含量。将数据填入表 9.24。

5. 数据处理

根据我国国家标准《水泥化学分析方法》（GB/T 176—2017）规定，同一个人员或同一个实验室对上述测定项目的允许误差范围如下：测定项目含量 $<2\%$ 时，允许误差为 0.1%；测定项目含量 $>2\%$ 时，允许误差为 0.2%。

即同一个人员分别进行 2 次测定，所得结果的绝对差值应在此范围内。若不超出此范围，取其平均值作为分析结果；若超出此范围，则应进行第 3 次测定，所得结果与前 2 次或其中任意一次之差值符合此规定的范围时，取符合规定的结果（有几次就取几次）的平均值③。否则，应查找原因，并再次进行测定。

除了对每个测定项目的平行实验应考虑是否超出允许误差范围外，还应把这几项的测定结果累加起来，看其总和是多少。一般来说，SiO_2、Fe^{3+}、Al^{3+}、Ca^{2+} 和 Mg^{2+} 是水泥熟料的主要成分，其总和应是相当高的，但不可能是 100%，因为水泥熟料中还可能有 MnO、TiO、K_2O、Na_2O、SO_3、烧失量和酸不溶物等，总和若超过 100%，则是不合理的，应查找原因。

---

① 根据试样中 Al_2O_3 的大致含量进行粗略计算。此处加入 20 mL EDTA 标准溶液，约过量 10 mL。

② Al^{3+} 在 pH = 4.3 的溶液中会产生沉淀，因此必须先加入 EDTA 标准溶液，再加入 HAc-NaAc 缓冲溶液，并加热，这样溶液的 pH 达 4.3 之前，大部分 Al^{3+} 已生成 Al-EDTA 络合物，以免水解而形成沉淀。

③ 从数理统计观点出发，严格地说，从仅有的 3 个数据中选取 2 个相近的而舍去 1 个相差远的，是不合适的。

表 9.23　水泥熟料试样中 SiO_2 含量的测定

记录项目	测定数据
$m_{试样}/g$	
$m_{沉淀}/g$	
$m_{理论}/g$	
相对误差/%	

表 9.24　水泥熟料试样中 Fe_2O_3、$A1_2O_3$、CaO 和 MgO 含量的测定

成分	记录项目	测定数据
Fe_2O_3	V_{EDTA}/mL	
	$c_{Fe^{3+}}/(mol \cdot L^{-1})$	
	$\omega_{Fe_2O_3}/\%$	
Al_2O_3	V_{CuSO_4}/mL	
	$c_{Al^{3+}}/(mol \cdot L^{-1})$	
	$\omega_{Al_2O_3}/\%$	
CaO	V_{EDTA}/mL	
	$c_{Ca^{2+}}/(mol \cdot L^{-1})$	
	$\omega_{CaO}/\%$	
MgO	V_{EDTA}/mL	
	$c_{Mg^{2+},Ca^{2+}}/(mol \cdot L^{-1})$	
	$\omega_{MgO}/\%$	

6. 思考题

（1）本实验测定 SiO_2 含量的方法和原理是什么？

（2）水泥熟料试样分解后加热蒸发的目的是什么？操作中应注意些什么？

（3）洗涤沉淀的操作应注意些什么？怎样提高洗涤的效果？

（4）在 Fe^{3+}、Ai^{3+}、Ca^{2+}、Mg^{2+} 等离子共存的溶液中，以 EDTA 分别滴定 Fe^{2+}、$A1^{3+}$、Ca^{2+} 等离子以及 Ca^{2+}、Mg^{2+} 离子的合量时，是怎样消除其他共存离子的干扰的？

（5）在滴定上述各种离子时，溶液酸度应分别控制在什么范围？怎样控制？

（6）滴定 Fe^{3+}、$A1^{3+}$ 时，各应控制什么样的温度范围？为什么？

（7）在测定 SiO_2、Fe^{3+} 及 $A1^{3+}$ 时，操作中应注意些什么？

（8）测定 Fe^{3+} 时，$pH < 1$ 对 Fe^{3+} 和 $A1^{3+}$ 的测定有什么影响？$pH > 4$ 又各有什么影响？

（9）测定 $A1^{3+}$ 时，$pH < 4$ 对 Al^{3+} 的测定结果有什么影响？

（10）测定 Ca^{2+}、Mg^{2+} 含量时，pH > 10 对测定结果有什么影响？

（11）在 Al^{3+} 的测定中，为什么要注意 EDTA 的加入量？加入多少为宜？

（12）在 Ca^{2+} 的测定中，为什么要先加入三乙醇胺而后加入 NaOH 溶液？

实验 9.9　室内空气中甲醛的测定

1. 实验目的与要求

（1）掌握酚试剂分光光度法测定甲醛的原理。

（2）熟悉甲醛测定的目的和意义。

（3）了解实验的操作步骤及注意事项。

2. 实验原理

空气中的甲醛与酚试剂反应生成嗪，嗪在酸性溶液中被高铁离子氧化形成蓝绿色化合物。根据颜色深浅，比色定量。

3. 主要仪器和试剂

1）主要试剂

（1）MBTH 吸收液（0.05 $g \cdot L^{-1}$）：称量 0.10 g 酚试剂[$C_6H_4SN(CH_3)C:NNH_2 \cdot HCl$（简称 MBTH）]，加蒸馏水溶解，稀释至 100 mL，即为吸收原液，贮存于棕色瓶内，放冰箱中保存，可稳定 3 d。采样时取 5.0 mL 吸收原液加入 95 mL 蒸馏水，即为吸收液。

（2）硫酸铁铵溶液（10 $g \cdot L^{-1}$）：称量 1.0 g 硫酸铁铵晶体，用 0.1 $mol \cdot L^{-1}$ 盐酸溶解，并稀释至 100 mL。

（3）甲醛储备液：取 5.0 mL 含量为 36% ~38% 的市售甲醛，用蒸馏水稀释至 500 mL，待标定。

（4）I_2 溶液（0.050 $mol \cdot L^{-1}$）：称取 3.3 g I_2 和 5 g KI，置于研钵中（通风橱中操作），加入少量蒸馏水研磨，待 I_2 全部溶解后，将溶液转移至棕色试剂瓶中，加入蒸馏水稀释至 250 mL，充分摇匀，放暗处保存。

（5）$Na_2S_2O_3$ 溶液（0.1 $mol \cdot L^{-1}$）；淀粉溶液（5 $g \cdot L^{-1}$）；KI 固体；NaOH 溶液（300 $g \cdot L^{-1}$）；HCl 溶液（2 $mol \cdot L^{-1}$、6 $mol \cdot L^{-1}$）；$K_2Cr_2O_7$ 标准溶液（0.016 67 $mol \cdot L^{-1}$）；蒸馏水。

2）主要仪器

碘量瓶（250 mL）；容量瓶（100 mL）；比色管；比色皿；大气采样器；气泡吸收管；紫外－可见分光光度计。

4. 操作步骤

$Na_2S_2O_3$ 溶液的标定及数据记录和处理参见实验 6.4。

1）甲醛溶液的标定

（1）采用碘量法标定甲醛溶液浓度：准确移取5.00 mL甲醛储备液至碘量瓶中，加入25.00 mL I_2溶液，逐滴加入NaOH溶液，至颜色褪至淡黄色为止，放置10 min。

（2）用3.0 mL HCl（2 mol·L^{-1}）溶液酸化（空白滴定时需多加2 mL），在暗处放置10 min，待反应完全后，加入100 mL蒸馏水，用$Na_2S_2O_3$溶液滴定至淡黄色①。

（3）加入1.0 mL淀粉溶液，继续滴定至蓝色刚刚褪去即为终点，平行测定3次，将数据填入表9.25。

另取5.0 mL蒸馏水，同上法进行空白滴定。

按式（9-3）计算甲醛储备液的质量浓度（mg·mL^{-1}）：

$$\rho_{甲醛}=\frac{(V_0-V)\ c_{Na_2S_2O_3}M_{HCHO}}{5.00} \tag{9-3}$$

式中：V_0、V分别为滴定空白溶液、甲醛储备液消耗硫代硫酸钠溶液的体积（mL）。

2）试样采集②

采用大气采样器采样，用一个装5.0 mL有吸收液的气泡吸收管，以0.5 L·min^{-1}流量采集15 L室内空气，平行采样2次。

3）甲醛含量的测定

（1）标准曲线的制作。

取适量已标定的甲醛储备液用蒸馏水稀释至10.0 μg·mL^{-1}，然后吸取10.00 mL此稀释溶液至容量瓶中，加入5.0 mL吸收原液，再用蒸馏水定容，放置30 min后，为实验配制标准色所用甲醛标准溶液。此甲醛标准溶液浓度1.0 μg·mL^{-1}，可稳定24 h。

在8支10 mL比色管中，用吸量管分别加入0 mL、0.1 mL、0.2 mL、0.3 mL、0.4 mL、0.5 mL、0.6 mL、0.7 mL、1.0 mL甲醛标准溶液，用吸收液稀释至5 mL，摇匀。均加入0.4 mL硫酸铁铵溶液，在室温下（8～35 ℃）显色20 min。在波长630 nm处用1 cm比色皿测定吸光度，将数据填入表9.26。以吸光度对甲醛含量（μg·mL^{-1}）绘制标准曲线。

（2）试样测定。

采样后，将试样溶液移入比色管中，用少量吸收液洗涤吸收管，洗涤液加入比色管中，再加入0.4 mL硫酸铁铵溶液，用吸收液稀释至10 mL，摇匀。室温下（8～35 ℃）放置80 min后，测量吸光度，将数据填入表9.26。从标准曲线上查出并计算空气中甲醛的含量。

---

① 应逐滴加入NaOH溶液至溶液颜色明显褪色，再摇动片刻，待溶液褪成淡黄色，放置5 min后应褪至无色。若碱量加入过多，则3 mL HCl溶液不足以使溶液酸化，将影响滴定结果。

② 当二氧化硫含量过高时，测定结果偏低。可以在采样时，使气体先通过装有硫酸锰滤纸的过滤器，排除二氧化硫干扰。

5. 数据处理

表 9.25　甲醛浓度的标定

记录项目	Ⅰ	Ⅱ	Ⅲ
标液消耗 $Na_2S_2O_3$ 起始体积 V_1/mL			
标液消耗 $Na_2S_2O_3$ 终点体积 V_2/mL			
V/mL			
空白液消耗 $Na_2S_2O_3$ 起始体积 V_3/mL			
空白液消耗 $Na_2S_2O_3$ 终点体积 V_4/mL			
V_0/mL			
甲醛的质量浓度 $p/(mg \cdot mL^{-1})$			
甲醛的平均质量浓度 $\bar{p}/(mg \cdot mL^{-1})$			
平均偏差/%			

表 9.26　甲醛标准曲线的制作和试样测定

甲醛标准溶液的体积/mL	0	0.1	0.2	0.3	0.4	0.5	0.6	0.7	0.8	试样 1	试样 2
吸光度 A											
空气中甲醛的含量/%											

6. 思考题

(1) 分光光度法选择测量波长的原则是什么？

(2) 试推导甲醛含量的计算公式。

(3) 试述碘量法滴定甲醛的基本原理。

实验 9.10　钢铁中硅、锰、磷的测定

1. 实验目的与要求

(1) 熟悉普通钢铁试样的分解方法。

(2) 掌握硅钼蓝、磷钼蓝和高锰酸分光光度法测定钢铁中硅、锰、磷的原理和方法。

2. 实验原理

以硫酸和硝酸的混合酸溶解试样①。在弱酸性溶液中，硅酸根与钼酸铵作用首先生成硅钼杂多酸，然后在草酸存在下，用硫酸亚铁铵还原，变为硅钼杂多蓝。

$$H_4SiO_4 + 12H_2MoO_4 = H_8[Si(Mo_2O_7)_6] + 10H_2O$$

$$H_8[Si(Mo_2O_7)_6] + 4FeSO_4 + 2H_2SO_4 = H_8[Si(Mo_2O_7)_6 \cdot Mo_2O_5] + 2Fe(SO_4)_3 + 2H_2O$$

在酸性介质中，以铋盐为催化剂，常温条件下加入钼酸铵，试样溶液中的磷生成磷钼杂多酸，再用抗坏血酸还原，则变为磷钼蓝。

$$H_3PO_4 + 12H_2MoO_4 = H_3[P(Mo_3O_{10})_4] + 12H_2O$$

$$H_3[P(Mo_3O_{10})_4] + 4C_6H_8O_6 = (MoO_2.4MoO_3)_2.H_3PO_4 + 2MoO_2 + 4C_6H_6O_6 + 4H_2O$$

在硝酸银的催化作用下，用过硫酸铵将试样分解液中的锰氧化为高锰酸根进行锰的测定。

$$2AgNO_3 + (NH_4)_2S_2O_8 = Ag_2S_2O_8 + 2NH_4NO_3$$

$$Ag_2S_2O_8 + 2H_2O = Ag_2O_2 + 2H_2SO_4$$

$$2Mn(NO_3)_2 + 5Ag_2O_2 + 6HNO_3 = 2HMnO_4 + 10AgNO_3 + 2H_2O$$

3. 主要仪器和试剂

1）主要试剂

硫酸；硝酸；H_2O_2（10 $g \cdot L^{-1}$）；过硫酸铵；抗坏血酸；钼酸铵（5%）；草酸溶液（10 $g \cdot L^{-1}$）；硫酸亚铁铵溶液（10 $g \cdot L^{-1}$）；硝酸铋；钢试样。

2）主要仪器

高型烧杯（250 mL）；容量瓶（100 mL）；小烧杯（100 mL）；分光光度计。

4. 实验步骤

1）钢试样溶液的制备

称取钢试样0.2 g（准确到0.2 mg）置于250 mL高型烧杯中，用3～5滴水湿润，加入约1.5 g过硫酸铵和40 mL硫硝混合酸②，微热至溶解完全③，煮沸1 min，冷却后转移入容量瓶中定容。

按上述步骤制备标准钢样试液。

2）硅的测定

移取2.00 mL钢样试液至小烧杯中，加入2.00 mL钼酸铵，15 min后准确加入50.00 mL硅显色液④，5 min后以经同样处理的稀释硫硝混合酸（2∶3）溶液作参比，在波长680 nm处测定其吸光度，并与用同样方法处理的标准钢样溶液作比较，将所测数据填入表9.27。

---

① 为防止磷的损失，在加入混合酸之前先加入过量的氧化剂过硫酸铵。

② 硫硝混合酸：硫酸40 mL在不断搅拌下缓慢加入1 L水中，待冷却后加入8 mL硝酸。

③ 如果溶解过程产生二氧化锰，溶液呈棕色浑浊，则加入30 $g \cdot L^{-1}$过氧化氢溶液2～3滴还原至澄清呈淡黄绿色；如果溶液中有石墨碳，则用过滤器过滤，并用100 mL中含硫硝混合酸1 mL的热水洗涤5～6次。

④ 硅显色液：取10 $g \cdot L^{-1}$草酸溶液及10 $g \cdot L^{-1}$硫酸亚铁铵溶液等体积混合，使用前配制。

3）锰的测定

移取10.00 mL试液至小烧杯中，加入约0.5 g过硫酸铵，加热至沸腾，冷却后，以经同样处理的稀释硫硝混合酸（2∶3）溶液作参比，在波长500 nm处测定其吸光度值，并与用同样方法处理的标准钢样溶液作比较，将所测数据填入表9.27。

4）磷的测定

移取10.00 mL试液至小烧杯中，小心加热至刚有水蒸气产生，加入20.00 mL磷显色液①，15 min后以经同样处理的稀释硫硝混合酸（2∶3）溶液作参比，在波长630 nm测定其吸光度，并与用同样方法处理的标准钢样溶液作比较，将所测数据填入表9.27。

5. 数据处理

1）硅的含量计算

按式（9-4）计算硅的含量。

$$\omega_{Si试} = \frac{A_{Si试} \times \omega_{Si标}}{A_{Si标}} \tag{9-4}$$

式中：$A_{Si试}$为测得试样中硅的吸光度；$\omega_{Si标}$为标准钢样中硅的质量分数；$A_{Si标}$为测得标准钢样中硅的吸光度；$\omega_{Si试}$为试样中硅的质量分数。

2）磷的含量计算

按式（9-5）计算磷的含量。

$$\omega_{P试} = \frac{A_{P试} \times \omega_{P标}}{A_{P标}} \tag{9-5}$$

式中：$A_{P试}$为测得试样中磷的吸光度；$\omega_{P标}$为标准钢样中磷的质量分数；$A_{P标}$为测得标准钢样中磷的吸光度；$\omega_{P试}$为试样中磷的质量分数。

3）锰的含量计算

按式（9-6）计算锰的含量。

$$\omega_{Mn试} = \frac{A_{Mn试} \times \omega_{Mn标}}{A_{Mn标}} \tag{9-6}$$

式中：$A_{Mn试}$为测得试样中锰的吸光度；$\omega_{Mn标}$为标准钢样中锰的质量分数；$A_{Mn标}$为测得标准钢样中锰的吸光度；$\omega_{Mn试}$为试样中锰的质量分数。

表9.27　钢铁中硅、锰、磷含量的测定

含有的元素	$A_{试}$	$A_{标}$	$\omega_{标}$	$\omega_{试}$
Si				
Mn				
P				

① 磷显色液：将30 mL硫酸在不断搅拌下缓慢倾入200 mL水中，冷却后加入1 g硝酸铋，充分搅拌，待完全溶解后加入5%钼酸铵溶液100 mL，稀释至1 L。使用时，每100 mL溶液中加入0.25 g抗坏血酸（溶液可能会出现淡黄色，但仍可使用）。

6. 思考题

（1）本实验用硫硝混合酸分解样品，能否改用硫磷混合酸来分解样品，为什么？

（2）磷钼蓝法测定磷和硅钼蓝法测定硅的原理相似，试比较它们的异同，如何消除其相互干扰？

（3）硅钼蓝光度法测定硅时，加入草酸的作用是什么？

第 10 章

设计实验

实验 10.1　酸碱滴定方案设计

1. 实验目的与要求

（1）培养学生查阅有关资料的能力。

（2）运用所学知识和参考资料设计分析实验，对实际试样写出实验方案。

（3）在教师指导下对各种混合酸碱体系的组成含量进行分析测定，培养学生分析问题、解决问题的能力。

（4）提前 1 周将待测混合酸碱体系让学生选题，学生根据查阅的资料自拟分析方案，待教师审阅后进行实验工作，写出实验报告。

（5）在设计混合酸碱组分测定方法时，主要考虑以下问题：

①有几种测定方法？选择一种最优方案；

②设计方法的原理，包括准确分步（分别）滴定的判别、滴定剂选择、计量点 pH 值计算、指示剂的选择及分析结果的计算公式；

③所需试剂的用量、浓度和配制方法；

④实验步骤，包括标定、测定等；

⑤数据记录（最好做成表格形式）；

⑥讨论，包括注意事项、误差分析、心得体会等。

2. 选题参考

1）NaH_2PO_4-Na_2HPO_4

提示：以酚酞（或百里酚酞）为指示剂，用 NaOH 标准溶液滴定 $H_2PO_4^-$ 至 HPO_4^{2-}。以甲基橙或溴酚蓝为指示剂，用 HCl 标准溶液滴定 HPO_4^{2-} 生成 $H_2PO_4^-$，可以取 2 份分别滴定，也可以在同一份溶液中连续滴定。

2）NaOH-Na_3PO_4

提示：以百里酚酞为指示剂，用 HCl 标准溶液滴定 NaOH 生成 NaCl，PO_4^{3-} 滴定生成 HPO_4^{2-}。以甲基橙为指示剂，用 HCl 标准溶液滴定 HPO_4^{2-} 生成 $H_2PO_4^-$。

3）烧碱中 NaOH－Na_2CO_3（或饼干中 $NaHCO_3$-Na_2CO_3）含量的测定

提示：在混合碱中加入酚酞指示剂，用 HCl 标准溶液滴定至无色，消耗 HCl 溶液为 V_1；

以甲基橙为指示剂，用 HCl 标准溶液滴定至橙色，消耗 HCl 标准溶液为 V_2；根据 V_1 及 V_2 的大小，判断混合碱的组成并计算各组分含量。

4）NH_3-NH_4Cl

提示：用甲基红为指示剂，以 HCl 标准溶液滴定 NH_3 生成 NH_4^+。用甲醛法强化 NH_4^+ 后以 NaOH 标准溶液滴定。

5）HCl-NH_4Cl

提示：用甲基红为指示剂，以 NaOH 标准溶液滴定 HCl 溶液生成 NaCl。用甲醛法强化 NH_4^+ 后，以酚酞为指示剂，用 NaOH 标准溶液滴定。

6）HCl-H_3BO_3

提示：与 HCl-NH_4Cl 体系类同，但 H_3BO_3 的强化要用甘油或甘露醇。

7）H_3BO_3-$Na_2B_4O_7$

提示：以甲基红为指示剂，用 HCl 标准溶液滴定 $Na_2B_4O_7$ 生成 H_3BO_3，加入甘油或甘露醇强化 H_3BO_3 后，用 NaOH 滴定总量，再用差减法求出原试液中的 H_3BO_3 含量。

8）HAc-NaAc

提示：以酚酞为指示剂，用 NaOH 标准溶液滴定 HAc 生成 NaAc，在浓盐介质体系中滴定 NaAc 的含量。

9）HCl-H_3PO_4

提示：以甲基红为指示剂，用 NaOH 标准溶液滴定 HCl 溶液生成 NaCl，H_3PO_4 生成 $H_2PO_4^-$，再用百里酚酞为指示剂滴定 $H_2PO_4^-$ 生成 HPO_4^{2-}。

10）H_2SO_4-HCl

提示：先滴定酸的总量，然后用沉淀滴定法测定其中 Cl^- 的含量，差碱法求出 H_2SO_4。

11）HAc-H_2SO_4

提示：首先测定总酸量，然后加入 $BaCl_2$ 将 SO_4^{2-} 沉淀析出，过滤、洗涤后，用络合滴定法测定 Ba^{2+} 的含量。

12）NH_3-H_2BO_3

提示：NH_3-H_2BO_3 的混合物会生成 NH_4^+ 与 $H_2BO_3^-$，用甲醛法测定 NH_4^+，甘露醇法测定 H_3BO_3 的含量。

实验 10.2　络合滴定方案设计

1. 实验目的与要求

（1）培养学生在络合滴定理论及实验中解决实际问题的能力，通过分析方案设计实践，加深对理论课程的理解，掌握返滴定、置换滴定等技巧，初步掌握分离掩蔽等理论和实验知识。

（2）培养学生阅读参考资料的能力，提高学生的设计水平和独立完成实验报告的能力。

（3）在本实验方案设计所罗列的内容中，学生自选一个设计项目，在阅读参考资料的基础上拟定实验方案，经教师批阅后写出详细的实验报告。

实验报告内容大致如下：

①题目；

②测量方法概述；

③试剂的品种、数量和配制方法，试剂的浓度和体积；

④操作步骤（标定、测定等）；

⑤数据及相关公式；

⑥结果和讨论。

2. 选题参考

1）EDTA含量的测定

提示：EDTA作为一种常用的试剂，在生产过程及成品检验中，必须对它的含量进行测定。自行查阅有关文献，并拟定分析测定方案。

2）黄酮中铜锌含量的测定

提示：关于铜和锌的测定参照参考文献［5］。

3）胃舒平药片中 Al_2O_3 和 MgO 含量的测定

提示：胃舒平药片中的有效成分是 $Al(OH)_3 \cdot 2MgO$。《中国药典》规定每片药片中 Al_2O_3 的含量不小于0.116 g，MgO的含量不小于0.020 g。

4）Bi^{3+}-Fe^{3+} 混合液中 Bi^{3+} 和 Fe^{3+} 含量的测定

提示：EDTA与 Bi^{3+}、Fe^{3+} 所形成的络合物稳定程度相当，不能用控制酸度的方法对它们进行分别测定。如果对 Fe^{3+} 用适当的还原剂掩蔽，便可以测定 Bi^{3+} 的含量。

5）硫酸铝中铝和硫的测定

提示：用稀盐酸或稀硝酸溶解试样，用返滴定法测定铝，加入过量 Ba^{2+} 后再用EDTA返滴定多余的 Ba^{2+}。

6）Mg^{2+}-EDTA混合液中各组分浓度的测定

提示：用 Zn^{2+} 或者EDTA标准溶液先滴定混合液中过量的EDTA或 Mg^{2+}，再在较高酸度下用 Zn^{2+} 滴定MgY。

7）合金中 Pb^{2+}、Ni^{2+}、La^{3+} 的测定

提示：Pb^{2+}、Ni^{2+}、La^{3+} 与EDTA的络合物稳定常数相近，需采用合适的试剂（如 CN^-、S^{2-}、F^- 等）掩蔽（或解蔽）后测定各组分的含量。

8）炉甘石中ZnO、$PbCO_3$、Fe_2O_3 及（$CaCO_3 + MgCO_3$）含量的测定

提示：试样用酸溶解，控制酸度滴定 Fe^{3+}、Zn^{2+} 和 Pb^{2+}、Ca^{2+} 和 Mg^{2+}，再用 CN^- 掩蔽（或解蔽）Zn^{2+} 和 Fe^{3+}，滴定 Pb^{2+}，

实验10.3　氧化-还原滴定方案设计

1. 实验目的与要求

（1）巩固理论课中学过的氧化-还原反应知识。

（2）了解滴定前预先氧化-还原处理过程。

（3）对较复杂的氧化-还原体系的组分测定能设计出可行的方案。

2. 选题参考

1）葡萄糖注射液中葡萄糖含量的测定

提示：I_2 在 NaOH 溶液中生成次碘酸钠，可将葡萄糖定量地氧化为葡萄糖酸，过量的次碘酸钠歧化为 $NaIO_2$ 和 NaI，酸化后 $NaIO_3$ 与 NaI 作用析出 I_2，以 $Na_2S_2O_3$ 标准溶液滴定 I_2，可以计算出葡萄糖的质量分数。

2）胱氨酸纯度的测定

提示：$KBrO_3$-KBr 在酸性介质中反应产生 Br_2，胱氨酸在强酸性介质中被 Br_2 氧化，剩余的 Br_2 用 KI 还原，析出的 I_2 用 $Na_2S_2O_3$ 标准溶液滴定。

3）H_2SO_4-$H_2C_2O_4$ 混合液中各组分含量的测定

提示：以 NaOH 滴定混合液，酚酞为指示剂；用 $KMnO_4$ 法测定 $H_2C_2O_4$ 的质量分数，H_2SO_4 及 $H_2C_2O_4$ 总酸含量减去 $H_2C_2O_4$ 的含量后，可以得到 H_2SO_4 的含量。

4）HCOOH 与 HAc 混合溶液中各组分含量的测定

提示：以酚酞为指示剂，用 NaOH 溶液滴定混合液，在强碱性介质中向试样溶液加入过量的 $KMnO_4$ 标准溶液，此时甲酸被氧化为 CO_2，MnO_4^- 被还原为 MnO_4^{2-} 并歧化为 MnO_4^- 及 MnO_2。加入硫酸，再加入过量的 KI 还原过量的 MnO_4^-、歧化生成的 MnO_4^- 及 MnO_2，生成 Mn^{2+} 并析出 I_2，最后以 $Na_2S_2O_3$ 标准溶液滴定。

5）不锈钢中铬含量的测定

提示：钢样用酸溶解后，铬以三价离子的形式存在，在酸性溶液中用 $AgNO_3$ 作催化剂，用过硫酸铵将其氧化为 $Cr_2O_7{}^{2-}$，然后用硫酸亚铁铵标准溶液滴定产生的 $Cr_2O_7{}^{2-}$，得到试样中铬的含量。为了检验 Cr^{3+} 是否已被定量地氧化，可加入少量的 Mn^{2+}，当溶液中出现 $MnO_4{}^-$ 的颜色时，表明 Cr^{3+} 已被全部氧化，此时需再向溶液中加入少量 HCl 溶液，煮沸，以还原生成的 $MnO_4{}^-$。

6）含有 Mn 和 V 的混合试样中 Mn 和 V 含量的测定

提示：试样分解后，将 Mn 和 V 预处理为 Mn^{2+} 和 VO^{2+}。以 $KMnO_4$ 溶液滴定，加入 $H_4P_2O_7$，使 Mn^{3+} 形成稳定的焦磷酸盐络合物；继续用 $KMnO_4$ 溶液滴定，使生成的 Mn^{2+} 及原有的 Mn^{2+} 生成 Mn^{3+}。根据 $KMnO_4$ 溶液消耗的体积计算 Mn 和 V 的质量分数。

7）PbO-PbO_2 混合物中各组分含量的测定

提示：加入过量的 $H_2C_2O_4$ 标准溶液，使 PbO_2 还原为 Pb^{2+}，用氨水中和溶液，Pb^{2+} 定量沉淀为 PbC_2O_4，过滤。滤液酸化，以 $KMnO_4$ 标准溶液滴定，沉淀以酸溶解后再以 $KMnO_4$ 滴定。

8）含 Cr_2O_3 和 MnO_2 矿石中 Cr 及 Mn 的测定

提示：以 Na_2O_2 熔融试样，得到 MnO_4^{2-} 及 CrO_4^{2-}，煮沸除去过氧化物，酸化溶液，MnO_4^{2-} 歧化为 MnO_4^- 和 MnO_2。过滤除去 MnO_2 滤液，加入过量的 Fe^{2+} 标准溶液还原 CrO_4^{2-} 及 MnO_4^-，过量部分的 Fe^{2+} 用 $KMnO_4$ 溶液滴定。

9）Fe_2O_3 与 Al_2O_3 混合物中各组分含量的测定

提示：以酸溶解试样后，将 Fe^{3+} 还原为 Fe^{2+}，用 $K_2Cr_2O_7$ 标准溶液滴定。向试液中加入过量的 EDTA 标准溶液，在 pH = 3 ~ 4 时煮沸使 Al^{3+} 形成络合物，冷却后加入六亚甲基四胺缓冲溶液，以二甲酚橙为指示剂，用 Zn^{2+} 标准溶液滴定过量的 EDTA。也可以在 pH = 1 时，用磺基水杨酸为指示剂，以 EDTA 滴定 Fe^{3+}，然后用上述方法测定 Al^{3+}。

10）As_2O_3 与 As_2O_5 混合物中各组分含量的测定

提示：将试样处理为 AsO_3^{3-} 与 AsO_4^{3-} 的溶液，调节溶液为弱碱性，以淀粉为指示剂，用 I_2 标准溶液滴定 AsO_3^{3-}，溶液变蓝色为终点。再将该溶液用 HCl 溶液调节至酸性，并加入过量的 KI 溶液，AsO_4^{3-} 将 I^- 氧化为 I_2，用 $Na_2S_2O_3$ 滴定析出的 I_2，直至终点。

11）Na_2S 与 Sb_2S_5 混合物中各组分含量的测定

提示：试样溶解后，预处理使 Sb（Ⅲ）及 Sb（Ⅴ）全部还原为 SbO_3^{3-}，在 $NaHCO_3$ 介质中以 I_2 标准溶液滴定至终点。另取一份试样溶于酸，并将 H_2S 收集至 I_2 标准溶液中，过量的 I_2 溶液用 $Na_2S_2O_3$ 返滴定。

12）$NaIO_3$ 和 $NaIO_4$ 混合物中各组分含量的测定

提示：试样溶解后，用硼砂将试液调至弱碱性，加入过量的 KI，此时 IO_4^- 被还原为 IO_3^-（IO_3^- 不氧化 I^-），释放出的 I_2 用 $Na_2S_2O_3$ 滴定至终点。另移取试液，用 HCl 溶液调节溶液至酸性，加入过量的 KI，释放出的 I_2 用 $Na_2S_2O_3$ 标准溶液滴定。

在弱碱性溶液中，有关反应为

$$IO_4^- + 2I^- + 2H^+ = IO_3^- + I_2 + H_2O$$

$$I_2 + 2S_2O_3^{2-} = 2I^- + S_4O_6^{2-}$$

$$1\ mol\ IO_4^- \sim 1\ mol\ I_2 \sim 2\ mol\ S_2O_3^{2-}$$

在酸性溶液中，有关反应为

$$IO_4^- + 2I^- + 2H^+ = IO_3^- + I_2 + H_2O$$

$$IO_3^- + 5I^- + 6H^+ = 3I_2 + 3H_2O$$

$$I_2 + 2S_2O_3^{2-} = 2I^- + S_4O_6^{2-}$$

$$1\ mol\ IO_3^- \sim 3mol\ I_2 \sim 6\ mol\ S_2O_3^{2-}$$

$$1\ mol\ IO_4^- \sim 4mol\ I_2 \sim 8mol\ S_2O_3^{2-}$$

实验 10.4　沉淀滴定及重量分析方案设计

1. 实验目的与要求

（1）巩固理论课中学过的沉淀滴定和重量分析的知识。
（2）掌握重量分析法的基本操作。

2. 选题参考

1）法扬司（Fajans）法测定氯化物中的氯含量

提示：法扬司法又称为吸附指示剂法，可以用来测定试样中的 Cl^-、Br^-、I^-、SCN^- 含量。AgX（X代表Cl^-、Br^-、I^-和SCN^-）胶体沉淀具有强烈的吸附作用，能选择性地吸附溶液中的离子，优先吸附构晶离子。对AgCl沉淀而言，若溶液中Cl^-过量，则沉淀表面吸附Cl^-，使胶粒带负电荷，吸附层中的Cl^-能疏松地吸附溶液中的阳离子（抗衡离子）；若组成扩散层溶液中Ag^+过量，则沉淀表面吸附Ag^+，使胶粒带正电荷，溶液中的阴离子作为抗衡离子而主要存在于扩散层中。

滴定终点可用二氯荧光黄（$pK_a=4$）等有机染料来指示。

二氯荧光黄（以HIn表示，其离解的阴离子In^-为黄绿色）被吸附在胶体表面后，可能由于形成某种化合物而导致分子结构的变化，从而引起颜色的变化。因此，在滴定过程中，终点前后沉淀结构的变化可表达如下：

$$2Ag^+ + 2NO_3^- + AgCl \cdot Cl^- \mid Na^+(\text{固}) \rlap{=}{=\!=} AgCl \cdot Ag^+ \mid NO_3^- \downarrow + Na^+$$

$$\underset{(\text{黄色})}{AgCl \cdot Ag^+ \mid NO_3^-(\text{固}) + HIn} = \underset{(\text{红色})}{AgCl \cdot Ag^+ \mid In^-} + H^+ + NO_3^-$$

滴定酸度的控制由指示剂的解离常数K_a和Ag^+的水解酸度决定。用二氯荧光黄指示剂时，虽然可在pH = 4 ~ 10进行，但要注意当pH值太高时，指示剂In^-浓度较大，导致化学计量点前有一些In^-与$AgCl \cdot Cl^-$吸附层中的Cl^-交换，使终点颜色变化不明显。

为了保持AgCl沉淀尽量呈胶体状态，可加入糊精或聚乙烯醇溶液。

可用基准NaCl标定$AgNO_3$溶液的浓度。

2）醋酸银溶度积的测定

提示：醋酸银（AgAc）溶度积的测定可用微量滴定管，以佛尔哈德直接滴定法完成，其基本原理如下。

醋酸银是一种具有微溶性的强电解质，在一定温度下，饱和的AgAc溶液存在着下列平衡：

$$AgAc \rightleftharpoons Ag^+ + Ac^-$$

$$K_{sp,AgAc} = [Ag^+][Ac^-] \tag{10.1}$$

当温度一定时，K_{sp}为常数，它不随［Ag^+］和［Ac^-］的变化而改变。因此，测出饱和溶液中Ag^+和Ac^-的浓度，即可求出该温度时的K_{sp}。

本实验以铁铵钒作指示剂，用NH_4SCN标准溶液进行沉淀滴定，测定饱和溶液中Ag^+的浓度，此即佛尔哈德直接滴定法。

$$SCN^- + Ag^+ = AgSCN$$

$$K_{sp} = [Ag^+][SCN^-] = 1.0 \times 10^{-12}$$

$$SCN^- + Fe^{3+} = FeSCN^{2+}\ (\text{红色})$$

$$K_{\text{稳}} = \frac{[FeSCN^{2+}]}{[SCN^-][Fe^{3+}]} = 8.9 \times 10^2$$

当Ag^+全部沉淀后，溶液中［SCN^-］$=1 \times 10^{-6}\ mol \cdot L^{-1}$，而人眼能观察$FeSCN^{2+}$的红色，浓度约为$1 \times 10^{-5}\ mol \cdot L^{-1}$，要求［$SCN^-$］约为$2 \times 10^{-5}\ mol \cdot L^{-1}$，必须在$Ag^+$全部转化为AgSCN白色沉淀后再过量0.5滴（约0.02 mL），才能使［SCN^-］达到$2 \times 10^{-5}\ mol \cdot L^{-1}$，因此可用铁铵钒作指示剂测定$Ag^+$浓度。

AgAc饱和溶液中［Ac^-］的计算：设$AgNO_3$溶液的浓度为c_{Ag^+}，NaAc溶液的浓度为

c_{Ac^-}，$AgNO_3$ 溶液 V_{Ag^+} 与 NaAc 溶液 V_{Ac^-} 混合后总体积为 $V_{Ag^+} + V_{Ac^-}$（混合后体积变化忽略不计）。用佛尔哈德法测出 AgAc 饱和溶液中 Ac^- 的浓度为

$$[Ac^-] = \frac{(cV)_{Ac^-} - (cV)_{Ag^+}}{V_{Ac^-} + V_{Ag^+}} + [Ag^+] \tag{10.2}$$

将测得的 $[Ag^+]$ 与（10.2）式计算得到的 $[Ac^-]$ 代入（10.1）式求得 $K_{sp,AgAc}$。

附　录

附录 1　常用指示剂

1. 酸碱指示剂（18～25 ℃）

指示剂名称	pH 变色范围	酸性溶液的颜色	碱性溶液的颜色	pK_a	浓度
甲基紫（第 1 次变色）	0. 13～0. 5	黄	绿	0. 80	0. 1% 水溶液
甲酚红（第 1 次变色）	0. 2～1. 8	红	黄	—	0. 04% 乙醇（50%）溶液
甲基紫（第 2 次变色）	1. 0～1. 5	绿	蓝	—	0. 1% 水溶液
百里酚蓝（第 1 次变色）	1. 2～2. 8	红	黄	1. 65	0. 1% 乙醇（20%）溶液
茜素黄 R（第 1 次变色）	1. 9～3. 3	红	黄	—	0. 1% 水溶液
甲基紫（第 3 次变色）	2. 0～3. 0	蓝	紫	—	0. 1% 水溶液
甲基黄	2. 9～4. 0	红	黄	3. 30	0. 1% 乙醇（90%）溶液
溴酚蓝	3. 0～4. 6	黄	蓝	3. 85	0. 1% 乙醇（20%）溶液
甲基橙	3. 1～4. 4	红	黄	3. 40	0. 1% 水溶液
溴甲酚绿	3. 8～5. 4	黄	蓝	4. 68	0. 1% 乙醇（20%）溶液
甲基红	4. 4～6. 2	红	黄	4. 95	0. 1% 乙醇（60%）溶液
溴百里酚蓝	6. 0～7. 6	黄	蓝	7. 1	0. 1% 乙醇（20%）
中性红	6. 8～8. 0	红	黄	7. 4	0. 1% 乙醇（60%）溶液
酚红	6. 8～8. 0	黄	红	7. 9	0. 1% 乙醇（20%）溶液
甲酚红（第 2 次变色）	7. 2～8. 8	黄	红	8. 2	0. 04% 乙醇（50%）溶液
百里酚蓝（第 2 次变色）	8. 0～9. 6	黄	蓝	8. 9	0. 1% 乙醇（20%）溶液
酚酞	8. 2～10. 0	无色	紫红	9. 4	0. 1% 乙醇（60%）溶液
百里酚酞	9. 4～10. 6	无色	蓝	10. 0	0. 1% 乙醇（90%）溶液
茜素黄 R（第 2 次变色）	10. 1～12. 1	黄	紫	11. 16	0. 1% 水溶液
靛胭脂红	11. 6～14. 0	蓝	黄	12. 2	25% 乙醇（50%）溶液

2. 混合酸碱指示剂

指示剂名称	浓度	组成	变色点的 pH 值	酸性溶液的颜色	碱性溶液的颜色
甲基黄	0.1%乙醇溶液	1∶1	3.28	蓝紫	绿
亚甲基蓝	0.1%乙醇溶液				
甲基橙	0.1%水溶液	1∶1	4.3	紫	绿
苯胺蓝	0.1%水溶液				
溴甲酚绿	0.1%乙醇溶液	3∶1	5.1	酒红	绿
甲基红	0.2%乙醇溶液				
溴甲酚绿钠盐	0.1%水溶液	1∶1	6.1	黄绿	蓝紫
氯酚红钠盐	0.1%水溶液				
中性红	0.1%乙醇溶液	1∶1	7.0	蓝紫	绿
亚甲基蓝	0.1%乙醇溶液				
中性红	0.1%乙醇溶液	1∶1	7.2	玫瑰	绿
溴百里酚蓝	0.1%乙醇溶液				
甲酚红钠盐	0.1%水溶液	1∶3	8.3	黄	紫
百里酚蓝钠盐	0.1%水溶液				
酚酞	0.1%乙醇溶液	1∶2	8.9	绿	紫
甲基绿	0.1%乙醇溶液				
酚酞	0.1%乙醇溶液	1∶1	9.9	无色	紫
百里酚酞	0.1%乙醇溶液				
百里酚酞	0.1%乙醇溶液	2∶1	10.2	黄	绿
茜素黄	0.1%乙醇溶液				

注：混合酸碱指示剂要保存在深色瓶中。

3. 络合指示剂

指示剂名称	In 本色	MIn 颜色	浓度	适用 pH 范围	被滴定离子	干扰离子
铬黑 T	蓝	葡萄红	与固体 NaCl 混合物（1∶100）	6.0～11.0	Ca^{2+}，Cd^{2+}，Hg^{2+}，Mg^{2+}，Mn^{2+}，Pb^{2+}，Zn^{2+}	Al^{3+}，Co^{2+}，Cu^{2+}，Fe^{3+}，Ga^{3+}，In^{3+}，Ni^{2+}，Ti（Ⅳ）
二甲酚橙	柠檬黄	红	0.5%乙醇溶液	5.0～6.0	Cd^{2+}，Hg^{2+}，La^{3+}，Pb^{2+}，Zn^{2+}	—
				2.5	Bi^{3+}，Th^{4+}	

续表

指示剂名称	In 本色	MIn 颜色	浓度	适用 pH 范围	被滴定离子	干扰离子
茜素	红	黄	—	2.8	Th^{4+}	—
钙试剂	亮蓝	深红	与固体 NaCl 混合物（1：100）	>12.0	Ca^{2+}	—
酸性铬紫 B	橙	红	—	4.0	Fe^{3+}	—
甲基百里酚蓝	灰	蓝	1% 与固体 KNO_3 混合物	10.5	Ba^{2+}，Ca^{2+}，Mg^{2+}，Mn^{2+}，Sr^{2+}	Bi^{3+}，Cd^{2+}，Co^{2+}，Hg^{2+}，Pb^{2+}，Sc^{3+}，Th^{4+}，Zn^{2+}
溴酚红	红	橙黄	—	2.0～3.0	Bi^{3+}	—
	蓝紫	红		7.0～8.0	Cd^{2+}，Co^{2+}，Mg^{2+}，Mn^{2+}，Ni^{3+}	—
	蓝	红		4.0	Pb^{2+}	—
	浅蓝	红		4.0～6.0	Re^{3+}	—
铝试剂	酒红	黄	—	8.5～10.0	Ca^{2+}，Mg^{2+}	—
	红	蓝紫		4.4	Al^{3+}	—
	紫	淡黄		1.0～2.0	Fe^{3+}	—
偶氮胂Ⅲ	蓝	红	—	10.0	Ca^{2+}，Mg^{2+}	—

注：在络合滴定中，通常都是利用一种能与金属离子生成有色络合物的显色剂来指示滴定过程中金属离子浓度的变化，此种显色剂称为金属离子指示剂，简称金属指示剂，即络合指示剂。

4. 氧化-还原指示剂

指示剂名称	氧化型溶液的颜色	还原型溶液的颜色	E_{ind}/V	浓度
二苯胺	紫	无色	+0.76	1% 浓硫酸溶液
二苯胺磺酸钠	紫红	无色	+0.84	0.2% 水溶液
亚甲基蓝	蓝	无色	+0.532	0.1% 水溶液
中性红	红	无色	+0.24	0.1% 乙醇溶液
喹啉黄	无色	黄	—	0.1% 水溶液
淀 粉	蓝	无色	+0.53	0.1% 水溶液
孔雀绿	棕	蓝	—	0.05% 水溶液
劳氏紫	紫	无色	+0.06	0.1% 水溶液
邻二氮菲-亚铁	浅蓝	红	+1.06	（1.485 g 邻二氮菲 +0.695 g 硫酸亚铁）溶于 100 mL 水
酸性绿	橘红	黄绿	+0.96	0.1% 水溶液
专利蓝 V	红	黄	+0.95	0.1% 水溶液

注：氧化－还原指示剂用于氧化还原法容量分析，表中列出了一些在教学和工作中经常使用的部分氧化－还原指示剂。

5. 吸附指示剂

名称	被滴定离子	滴定剂	起点颜色	终点颜色	浓度
荧光黄	Cl^-，Br^-，SCN^-	Ag^+	黄绿	玫瑰红	0.1% 乙醇溶液
	I^-			橙	
二氯（P）荧光黄	Cl^-，Br^-	Ag^+	红紫	蓝紫	0.1% 乙醇（60% ~70%）溶液
	SCN^-		玫瑰红	红紫	
	I^-		黄绿	橙	
曙红	Br^-，I^-，SCN^-	Ag^+	橙	深红	0.5%水溶液
	Pb^{2+}	MoO_4^{2-}	红紫	橙	
溴酚蓝	Cl^-，Br^-，SCN^-	Ag^+	黄	蓝	0.1%钠盐水溶液
	I^-		黄绿	蓝绿	
	TeO_3^{2-}		紫红	蓝	
溴甲酚绿	Cl^-	Ag^+	紫	浅蓝绿	0.1% 乙醇溶液（酸性）
二甲酚橙	Cl^-	Ag^+	玫瑰	灰蓝	0.2%水溶液
	Br^-，I^-			灰绿	
罗丹明 6G	Cl^-，Br^-	Ag^+	红紫	橙	0.1%水溶液
	Ag^+	Br^-	橙	红紫	
品 红	Cl^-	Ag^+	红紫	玫瑰	0.1% 乙醇溶液
	Br^-，I^-		橙		
	SCN^-		浅蓝		
刚果红	Cl^-，Br^-，I^-	Ag^+	红	蓝	0.1%水溶液
茜素红 S	SO_4^{2-}	Ba^{2+}	黄	玫瑰红	0.4%水溶液
	$[Fe(CN)_6]^{4-}$	Pb^{2+}			
偶氮氯膦Ⅲ	SO_4^{2-}	Ba^{2+}	红	蓝绿	—
甲基红	F^-	Ce^{3+}	黄	玫瑰红	—
		$Y(NO_3)_3$			
二苯胺	Zn^{2+}	$[Fe(CN)_6]^{4-}$	蓝	黄绿	1%的硫酸（96%）溶液
邻二甲氧基联苯胺	Zn^{2+}，Pb^{2+}	$[Fe(CN)_6]^{4-}$	紫	无色	1%的硫酸溶液
酸性玫瑰红	Ag^+	MoO_4^{2-}	无色	紫红	0.1%水溶液

注：吸附指示剂是一类有机染料，用于沉淀法滴定。当它被吸附在胶粒表面时，可能由于形成了某种化合物而导致指示剂分子结构的变化，从而引起颜色的变化。在沉淀滴定中，可以利用它的此种性质指示滴定的终点。吸附指示剂可分为两大类：一类是酸性染料，如荧光黄及其衍生物，它们是有机弱酸，能解离出指示剂阴离子；另一类是碱性染料，如甲基紫等，它们是有机弱碱，能解离出指示剂阳离子。

附录 2　常用缓冲溶液的配制

1. 甘氨酸-盐酸缓冲液（0.05 mol·L^{-1}）

X mL 0.2 mol·L^{-1}甘氨酸与 *Y* mL 0.2 mol·L^{-1} HCl，再加水稀释至200 mL。

pH 值	*X*	*Y*	pH 值	*X*	*Y*
2.0	50	44.0	3.0	50	11.4
2.4	50	32.4	3.2	50	8.2
2.6	50	24.2	3.4	50	6.4
2.8	50	16.8	3.6	50	5.0

注：甘氨酸分子量为75.07，0.2 mol·L^{-1}甘氨酸溶液为15.01g·L^{-1}。

2. 邻苯二甲酸-盐酸缓冲液（0.05 mol·L^{-1}）

X mL 0.2 mol·L^{-1}邻苯二甲酸氢钾与 *Y* mL 0.2 mol·L^{-1} HCl，再加水稀释到20mL。

pH 值（20 ℃）	*X*	*Y*	pH 值（20 ℃）	*X*	*Y*
2.2	5	4.070	3.2	5	1.470
2.4	5	3.960	3.4	5	0.990
2.6	5	3.295	3.6	5	0.597
2.8	5	2.642	3.8	5	0.263
3.0	5	2.022			

注：邻苯二甲酸氢钾分子量为204.23，0.2 mol·L^{-1}邻苯二甲酸氢溶液为40.85 g·L^{-1}。

3. 磷酸氢二钠-柠檬酸缓冲液

pH 值	0.2 mol·L^{-1} Na_2HPO_4/mL	0.1 mol·L^{-1} 柠檬酸/mL	pH 值	0.2 mol·L^{-1} Na_2HPO_4/mL	0.1 mol·L^{-1} 柠檬酸/mL
2.2	0.40	10.60	5.2	10.72	9.28
2.4	1.24	18.76	5.4	11.15	8.85
2.6	2.18	17.82	5.6	11.60	8.40
2.8	3.17	16.83	5.8	12.09	7.91
3.0	4.11	15.89	6.0	12.63	7.37
3.2	4.94	15.06	6.2	13.22	6.78
3.4	5.70	14.30	6.4	13.85	6.15
3.6	6.44	13.56	6.6	14.55	5.45
3.8	7.10	12.90	6.8	15.45	4.55

续表

pH 值	0. 2 mol·L⁻¹ Na_2HPO_4/mL	0. 1 mol·L⁻¹ 柠檬酸/mL	pH 值	0. 2 mol·L⁻¹ Na_2HPO_4/mL	0. 1 mol·L⁻¹ 柠檬酸/mL
4. 0	7. 71	12. 29	7. 0	16. 47	3. 53
4. 2	8. 28	11. 72	7. 2	17. 39	2. 61
4. 4	8. 82	11. 18	7. 4	18. 17	1. 83
4. 6	9. 35	10. 65	7. 6	18. 73	1. 27
4. 8	9. 86	10. 14	7. 8	19. 15	0. 85
5. 0	10. 30	9. 70	8. 0	19. 45	0. 55

注：Na_2HPO_4 分子量为 14. 98，0. 2 mol·L⁻¹溶液为 28. 40 g·L⁻¹；$Na_2HPO_4·2H_2O$ 分子量为 178. 05，0. 2 mol·L⁻¹溶液为 35. 01 g·L⁻¹；柠檬酸 $C_4H_2O_7·H_2O$ 分子量为 210. 14，0. 1 mol·L⁻¹溶液为 21. 01 g·L⁻¹。

4. 柠檬酸–氢氧化钠–盐酸缓冲液

pH 值	钠离子浓度/（mol·L⁻¹）	柠檬酸 $C_6H_8O_7·H_2O$/g	氢氧化钠 NaOH 97%/g	盐酸 HCl（浓）/g	最终体积/L①
2. 2	0. 20	210	84	160	10
3. 1	0. 20	210	83	116	10
3. 3	0. 20	210	83	106	10
4. 3	0. 20	210	83	45	10
5. 3	0. 35	245	144	68	10
5. 8	0. 45	285	186	105	10
6. 5	0. 38	266	156	126	10

注：①使用时可以每升中加入 1 g 酚，若最后 pH 值有变化，再用少量 50% 氢氧化钠溶液或浓盐酸调节，冰箱保存。

5. 柠檬酸–柠檬酸钠缓冲液（0. 1 mol·L⁻¹）

pH 值	0. 1 mol·L⁻¹ 柠檬酸/mL	0. 1 mol·L⁻¹ 柠檬酸钠/mL	pH 值	0. 1 mol·L⁻¹ 柠檬酸/mL	0. 1 mol·L⁻¹ 柠檬酸钠/mL
3. 0	18. 6	1. 4	5. 0	8. 2	11. 8
3. 2	17. 2	2. 8	5. 2	7. 3	12. 7
3. 4	16. 0	4. 0	5. 4	6. 4	13. 6
3. 6	14. 9	5. 1	5. 6	5. 5	14. 5
3. 8	14. 0	6. 0	5. 8	4. 7	15. 3
4. 0	13. 1	6. 9	6. 0	3. 8	16. 2
4. 2	12. 3	7. 7	6. 2	2. 8	17. 2
4. 4	11. 4	8. 6	6. 4	2. 0	18. 0

续表

pH 值	0.1 mol·L^{-1} 柠檬酸/mL	0.1 mol·L^{-1} 柠檬酸钠/mL	pH 值	0.1 mol·L^{-1} 柠檬酸/mL	0.1 mol·L^{-1} 柠檬酸钠/mL
4.6	10.3	9.7	6.6	1.4	18.6
4.8	9.2	10.8			

注：柠檬酸 $C_6H_8O_7 \cdot H_2O$ 分子量为210.14，0.1 mol·L^{-1}溶液为21.01 g·L^{-1}；柠檬酸钠 $Na_3C_6H_5O_7 \cdot 2H_2O$ 分子量为294.12，0.1 mol·L^{-1}溶液为29.41 g·L^{-1}。

6. 乙酸-乙酸钠缓冲液（0.2 mol·L^{-1}）

pH 值（18 ℃）	0.2 mol·L^{-1} NaAc/mL	0.3 mol·L^{-1} HAc/mL	pH 值（18 ℃）	0.2 mol·L^{-1} NaAc/mL	0.3 mol·L^{-1} HAc/mL
2.6	0.75	9.25	4.8	5.90	4.10
3.8	1.20	8.80	5.0	7.00	3.00
4.0	1.80	8.20	5.2	7.90	2.10
4.2	2.65	7.35	5.4	8.60	1.40
4.4	3.70	6.30	5.6	9.10	0.90
4.6	4.90	5.10	5.8	9.40	0.60

注：$Na_2Ac \cdot 3H_2O$ 分子量为136.09，0.2 mol·L^{-1}溶液为27.22 g·L^{-1}。

7. 磷酸盐缓冲液

1）磷酸氢二钠-磷酸二氢钠缓冲液（0.2 mol·L^{-1}）

pH 值	0.2 mol·L^{-1} Na_2HPO_4/mL	0.3 mol·L^{-1} NaH_2PO_4/mL	pH 值	0.2 mol·L^{-1} Na_2HPO_4/mL	0.3 mol·L^{-1} NaH_2PO_4/mL
5.8	8.0	92.0	7.0	61.0	39.0
5.9	10.0	90.0	7.1	67.0	33.0
6.0	12.3	87.7	7.2	72.0	28.0
6.1	15.0	85.0	7.3	77.0	23.0
6.2	18.5	81.5	7.4	81.0	19.0
6.3	22.5	77.5	7.5	84.0	16.0
6.4	26.5	73.5	7.6	87.0	13.0
6.5	31.5	68.5	7.7	89.5	10.5
6.6	37.5	62.5	7.8	91.5	8.5
6.7	43.5	56.5	7.9	93.0	7.0
6.8	49.5	51.0	8.0	94.7	5.3
6.9	55.0	45.0			

注：$Na_2HPO_4 \cdot 2H_2O$ 分子量为178.05，0.2 mol·L^{-1}溶液为85.61 g·L^{-1}；$Na_2HPO_4 \cdot 12H_2O$ 分子量为358.22，0.2 mol·L^{-1}溶液为71.64 g·L^{-1}；$Na_2HPO_4 \cdot 2H_2O$ 分子量为156.03，0.2 mol·L^{-1}溶液为31.21 g·L^{-1}。

2）磷酸氢二钠-磷酸二氢钾缓冲液（1/15 mol·L^{-1}）

pH 值	Na_2HPO_4/mL	KH_2PO_4/mL	pH 值	Na_2HPO_4/mL	KH_2PO_4/mL
4.92	0.10	9.90	7.17	7.00	3.00
5.29	0.50	9.50	7.38	8.00	2.00
5.91	1.00	9.00	7.73	9.00	1.00
6.24	2.00	8.00	8.04	9.50	0.50
6.47	3.00	7.00	8.34	9.75	0.25
6.64	4.00	6.00	8.67	9.90	0.10
6.81	5.00	5.00	8.18	10.00	0
6.98	6.00	4.00			

注：$Na_2HPO_4 \cdot 2H_2O$ 和 KH_2PO_4 的浓度均为 1/15 mol·L^{-1}。$Na_2HPO_4 \cdot 2H_2O$ 分子量为 178.05，1/15 mol·L^{-1}溶液为 11.876 g·L^{-1}；KH_2PO_4 分子量为 136.09，1/15 mol·L^{-1}溶液为 9.078 g·L^{-1}。

8. 磷酸二氢钾-氢氧化钠缓冲液（0.05 mol·L^{-1}）

X mL 0.2mol·L^{-1} KH_2PO_4 与 Y mL 0.2 mol·L^{-1} NaOH 加水稀释至 29 mL。

pH 值（20 ℃）	X/mL	Y/mL	pH 值（20 ℃）	X/mL	Y/mL
5.8	5	0.372	7.0	5	2.963
6.0	5	0.570	7.2	5	3.500
6.2	5	0.860	7.4	5	3.950
6.4	5	1.260	7.6	5	4.280
6.6	5	1.780	7.8	5	4.520
6.8	5	2.365	8.0	5	4.680

9. 巴比妥钠-盐酸缓冲液（18 ℃）

pH 值	0.04 mol·L^{-1} 巴比妥钠溶液/mL	0.2 mol·L^{-1} HCl/mL	pH 值	0.04 mol·L^{-1} 巴比妥钠溶液/mL	0.2 mol·L^{-1} HCl/mL
6.8	100	18.4	8.4	100	5.21
7.0	100	17.8	8.6	100	3.82
7.2	100	16.7	8.8	100	2.52
7.4	100	15.3	9.0	100	1.65
7.6	100	13.4	9.2	100	1.13
7.8	100	11.47	9.4	100	0.70
8.0	100	9.39	9.6	100	0.35
8.2	100	7.21			

注：巴比妥钠盐分子量为 206.18，0.04 mol·L^{-1}溶液为 8.25 g·L^{-1}。

10. Tris-盐酸缓冲液（0.05 mol·L^{-1}，25℃）

50 mL 0.1 mol·L^{-1}三羟甲基氨基甲烷（Tris）溶液与 X mL 0.1 mol·L^{-1}盐酸混匀后，加水稀释至100 mL。

pH 值	X/mL	pH 值	X/mL
7.10	45.7	8.10	26.2
7.20	44.7	8.20	22.9
7.30	43.4	8.30	19.9
7.40	42.0	8.40	17.2
7.50	40.3	8.50	14.7
7.60	38.5	8.60	12.4
7.70	36.6	8.70	10.3
7.80	34.5	8.80	8.5
7.90	32.0	8.90	7.0
8.00	29.2		

注：三羟甲基氨基甲烷（Tris）分子量为121.14，0.1 mol·L^{-1}溶液为12.114 g·L^{-1}。Tris溶液可从空气中吸收二氧化碳，使用时注意将瓶盖严。

11. 硼酸-硼砂缓冲液（0.2 mol·L^{-1}硼酸根）

pH 值	0.05 mol·L^{-1} 硼砂/mL	0.2 mol·L^{-1} 硼砂/mL	pH 值	0.05 mol·L^{-1} 硼砂/mL	0.2 mol·L^{-1} 硼酸/mL
7.4	1.0	9.0	8.2	3.5	6.5
7.6	1.5	8.5	8.4	4.5	5.5
7.8	2.0	8.0	8.7	6.0	4.0
8.0	3.0	7.0	9.0	8.0	2.0

注：硼砂 $Na_2B_4O_7 \cdot H_2O$ 分子量为381.43，0.05 mol·L^{-1}溶液（0.2 mol·L^{-1}硼酸根）为19.07 g·L^{-1}；硼酸 H_2BO_3 分子量为61.8，0.2 mol·L^{-1}溶液为12.37 g·L^{-1}。硼砂易失去结晶水，必须在带塞的瓶中保存。

12. 甘氨酸-氢氧化钠缓冲液（0.05 mol·L^{-1}）

XmL 0.2 mol·L^{-1}甘氨酸与 YmL 0.2 mol·L^{-1} NaOH 加水稀释至200 mL。

pH 值	X/mL	Y/mL	pH 值	X/mL	Y/mL
8.6	50	4.0	9.6	50	22.4
8.8	50	6.0	9.8	50	27.2
9.0	50	8.8	10.0	50	32.0
9.2	50	12.0	10.4	50	38.6
9.4	50	16.8	10.6	50	45.5

注：甘氨酸分子量为75.07，0.2 mol·L^{-1}溶液为15.01 g·L^{-1}。

13. 硼砂-氢氧化钠缓冲液（0.05 mol·L^{-1}硼酸根）

X mL 0.05 mol·L^{-1}硼砂与 Y mL 0.2 mol·L^{-1}NaOH 加水稀释至 200 mL。

pH 值	X/mL	Y/mL	pH 值	X/mL	Y/mL
9.3	50	6.0	9.8	50	34.0
9.4	50	11.0	10.0	50	43.0
9.6	50	23.0	10.1	50	46.0

注：硼砂 $Na_2B_4O_7 \cdot 10H_2O$ 分子量为 381.43，0.05 mol·L^{-1}溶液为 19.07 g·L^{-1}。

14. 碳酸钠-碳酸氢钠缓冲液（0.1 mol·L^{-1}）

Ca^{2+}、Mg^{2+}存在时不得使用。

pH 值		0.1 mol·L^{-1} Na_2CO_3/mL	0.1 mol·L^{-1} $NaHCO_3$/mL
20 ℃	37 ℃		
9.16	8.77	1	9
9.40	9.12	2	8
9.51	9.40	3	7
9.78	9.50	4	6
9.90	9.72	5	5
10.14	9.90	6	4
10.28	10.08	7	3
10.53	10.28	8	2
10.83	10.57	9	1

注：$Na_2CO_3 \cdot 10H_2O$ 分子量为 286.2，0.1 mol·L^{-1}溶液为 28.62 g·L^{-1}；$NaHCO_3$ 分子量为 84.0；0.1 mol·L^{-1}溶液为 8.40 g·L^{-1}。

15. "PBS"缓冲液

pH 值	7.6	7.4	7.2	7.0
H_2O/mL	1 000	1 000	1 000	100
NaCl/g	8.5	8.5	8.5	8.5
Na_2HPO_4/g	2.2	2.2	2.2	2.2
NaH_2PO_4/g	0.1	0.2	0.3	0.4

附录 3 常用浓酸、浓碱的密度和浓度

试剂名称	密度/(g·L⁻¹)	ω/%	c/(mol·L⁻¹)
盐酸	1.18~1.19	36~38	11.6~12.4
硝酸	1.39~1.40	65.0~68.0	14.4~15.2
硫酸	1.83~1.84	95~98	17.8~18.4
磷酸	1.69	85	14.6
高氯酸	1.68	70.0~72.0	11.7~12.0
冰醋酸	1.05	99.8（优级纯）~99.0（分析纯、化学纯）	17.4
氢氟酸	1.13	40	22.5
氢溴酸	1.49	47.0	8.6
氨水	0.88~0.90	25.0~28.0	13.3~14.8

附录4　常用基准物质及其干燥条件与应用

基准物质		干燥后的组成	干燥条件/℃	标定对象
名称	分子式			
碳酸氢钠	$NaHCO_3$	Na_2CO_3	270～300	酸
碳酸钠	$Na_2CO_3 \cdot 10H_2O$	Na_2CO_3	270～300	酸
硼砂	$Na_2B_4O_7 \cdot 10H_2O$	$Na_2B_4O_7 \cdot 10H_2O$	放在含 NaCl 和蔗糖饱和水溶液的干燥器中	酸
碳酸氢钾	$KHCO_3$	K_2CO_3	270～300	酸
草酸	$H_2C_2O_4 \cdot 2H_2O$	$H_2C_2O_4 \cdot 2H_2O$	室温空气干燥	碱或 $KMnO_4$
邻苯二甲酸氢钾	$KHC_8H_4O_4$	$KHC_8H_4O_4$	110～120	碱
重铬酸钾	$K_2Cr_2O_7$	$K_2Cr_2O_7$	140～150	还原剂
溴酸钾	$KBrO_3$	$KBrO_3$	130	还原剂
碘酸钾	KIO_3	KIO_3	130	还原剂
铜	Cu	Cu	室温干燥器中保存	还原剂
三氧化二砷	As_2O_3	As_2O_3	室温干燥器中保存	氧化剂
草酸钠	$Na_2C_2O_4$	$Na_2C_2O_4$	130	氧化剂
碳酸钙	$CaCO_3$	$CaCO_3$	110	EDTA
锌	Zn	Zn	室温干燥器中保存	EDTA
氧化锌	ZnO	ZnO	900～1 000	EDTA
氯化钠	NaCl	NaCl	500～600	$AgNO_3$
氯化钾	KCl	KCl	500～600	$AgNO_3$
硝酸银	$AgNO_3$	$AgNO_3$	180～290	氯化物
氨基磺酸	$HOSO_2NH_2$	$HOSO_2NH_2$	在真空 H_2SO_4 干燥中保存 48 h	碱
氟化钠	NaF	NaF	铂坩埚中 500～550 ℃下保存 40～50 min 后，H_2SO_4 干燥器中冷却	

附录5　常用熔剂和坩埚

熔剂（混合熔剂）名称	所用熔剂量（对试样量而言）	熔融用坩埚材料						熔剂的性质和用途
		铂	铁	镍	磁	石英	银	
Na_2CO_3（无水）	6～8倍	+	+	+	-	-	-	碱性熔剂，用于分析酸性矿渣黏土、耐火材料、不溶于酸的残渣、难溶硫酸盐等
$NaHCO_3$	12～14倍	+	+	+	-	-	-	
$Na_2CO_3-K_2CO_3$（1∶1）	6～8倍	+	+	+	-	-	-	
$Na_2CO_3-KNO_3$（6∶0.5）	8～10倍	+	+	+	-	-	-	碱性氧化熔剂，用于测定矿石中的总S、As、Cr、V、分离V、Cr等物中质的Ti
$KNaCO_3-Na_2B_4O_7$（3∶2）	10～12倍	+	-	-	+	+	-	碱性氧化熔剂，用于分析铬铁矿、钛铁矿等
Na_2CO_3-MgO（2∶1）	10～14倍	+	+	+	+	+	-	碱性氧化熔剂，用于分析铁合金、铬铁矿等
Na_2CO_3-ZnO（2∶1）	8～10倍	-	-	-	+	+	-	碱性氧化熔剂，用于测定矿石中的硫
Na_2O_2	6～8倍	-	+	+	-	-	-	碱性氧化熔剂，用于测定矿石和铁合金中的S、Cr、V、Mn、Si、P，辉钼矿中的Mo等
NaOH（KOH）	8～10倍	-	+	+	-	-	+	碱性熔剂，用以测定锡石中的Sn，分解硅酸盐等
$KHSO_4$（$K_2S_2O_7$）	12～14（8～12）倍	+	-	-	+	+	-	酸性熔剂，用以分解硅酸盐、钨矿石，熔融Ti、Al、Fe、Cu等的氧化物
Na_2CO_3－粉末结晶硫黄（1∶1）	8～12倍	-	-	-	+	+	-	碱性硫化熔剂，用于自铅、铜、银等中分离钼、锑、砷、锡；分解有色矿石焙烧后的产品，分离钛和钒等
硼酸酐（熔融、研细）	5～8倍	+	-	-	-	-	-	主要用于分解硅酸盐（当测定其中的碱金属时）

注："+"可以进行熔融；"-"不可以进行熔融，以免损坏坩埚。近年来采用聚四氟乙烯坩埚代替铂器皿用于氢氟酸熔样。

附录6　相对原子质量表

原子序数	中文名称	英文名称	符号	相对原子质量
1	氢	hydrogen	H	1.007 94（7）
2	氦	helium	He	4.002 602（2）
3	锂	lithium	Li	6.941（2）
4	铍	beryllium	Be	9.012 182（3）
5	硼	boron	B	10.811（7）
6	碳	carbon	C	12.010 7（8）
7	氮	nitrogen	N	14.006 7（2）
8	氧	oxygen	O	15.999 4（3）
9	氟	fluorine	F	18.998 4032（5）
10	氖	neon	Ne	20.179 7（6）
11	钠	sodium	Na	22.989 770（2）
12	镁	magnesium	Mg	24.305 0（6）
13	铝	aluminum	Al	26.981 538（2）
14	硅	silicon	Si	28.085 5（3）
15	磷	phosphorus	P	30.973 761（2）
16	硫	sulfur	S	32.065（5）
17	氯	chlorine	Cl	35.453（2）
18	氩	argon	Ar	39.948（1）
19	钾	potassium	K	39.098 3（1）
20	钙	calcium	Ca	40.078（4）
21	钪	scandium	Sc	44.955 912（6）
22	钛	titanium	Ti	47.867（1）
23	钒	vanadium	V	50.941 5（1）
24	铬	chromium	Cr	51.996 1（6）
25	锰	manganese	Mn	54.938 045（5）
26	铁	iron	Fe	55.845（2）
27	钴	cobalt	Co	58.933 195（5）
28	镍	nickel	Ni	58.693 4（4）
29	铜	copper	Cu	63.546（3）
30	锌	zinc	Zn	65.38（2）
31	镓	gallium	Ga	69.723（1）
32	锗	germanium	Ge	72.64（1）

续表

原子序数	中文名称	英文名称	符号	相对原子质量
33	砷	arsenic	As	74.921 60（2）
34	硒	selenium	Se	78.96（3）
35	溴	bromine	Br	79.904（1）
36	氪	krypton	Kr	83.798（2）
37	铷	rubidium	Rb	85.467 8（3）
38	锶	strontium	Sr	87.62（1）
39	钇	yttrium	Y	88.905 85（2）
40	锆	zirconium	Zr	91.224（2）
41	铌	biobium	Nb	92.906 38（2）
42	钼	molybdenum	Mo	95.96（2）
43	锝	technetium	Tc	98.907 2（4）
44	钌	ruthenium	Ru	101.07（2）
45	铑	rhodium	Rh	102.905 50（2）
46	钯	palladium	Pd	106.42（1）
47	银	silver	Ag	107.868 2（2）
48	镉	cadmium	Cd	112.411（8）
49	铟	indium	In	114.818（3）
50	锡	tin	Sn	118.710（7）
51	锑	antimony	Sb	121.760（1）
52	碲	tellurium	Te	127.60（3）
53	碘	iodine	I	126.904 47（3）
54	氙	xenon	Xe	131.293（6）
55	铯	caesium	Cs	132.905 451 9（2）
56	钡	barium	Ba	137.327（7）
57	镧	lanthanum	La	138.905 47（7）
58	铈	cerium	Ce	140.116（1）
59	镨	praseodymium	Pr	140.907 65（2）
60	钕	neodymium	Nd	144.242（3）
61	钷	promethium	Pm	144.9（2）
62	钐	samarium	Sm	150.36（2）
63	铕	europium	Eu	151.964（1）
64	钆	gadolinium	Gd	157.25（3）
65	铽	terbium	Tb	158.925 35（2）

续表

原子序数	中文名称	英文名称	符号	相对原子质量
66	镝	dysprosium	Dy	162.500（1）
67	钬	holmium	Ho	164.930 32（2）
68	铒	erbium	Er	167.259（3）
69	铥	thulium	Tm	168.934 21（2）
70	镱	ytterbium	Yb	173.054（5）
71	镥	lutetium	Lu	174.966 8（1）
72	铪	hafnium	Hf	178.49（2）
73	钽	tantalum	Ta	180.947 88（2）
74	钨	tungsten	W	183.84（1）
75	铼	rhenium	Re	186.207（1）
76	锇	osmium	Os	190.23（3）
77	铱	iridium	Ir	192.217（3）
78	铂	platinum	Pt	195.084（9）
79	金	gold	Au	196.966 569（4）
80	汞	mercury	Hg	200.59（2）
81	铊	thallium	Tl	204.383 3（2）
82	铅	lead	Pb	207.2（1）
83	铋	bismuth	Bi	208.980 40（1）
84	钋	polonium	Po	[208.982 4]
85	砹	astatine	At	[209.987 1]
86	氡	radon	Rn	[222.017 6]
87	钫	francium	Fr	[223.019 7]
88	镭	radium	Ra	[226.024 5]
89	锕	actinium	Ac	[227.027 7]
90	钍	thorium	Th	232.038 06（2）
91	镤	protactinium	Pa	231.035 88（2）
92	铀	uranium	U	238.028 91（3）
93	镎	neptunium	Np	[237.048 2]
94	钚	plutonium	Pu	[239.064 2]
95	镅	americium	Am	[243.061 4]
96	锔	curium	Cm	[247.070 4]
97	锫	berkelium	Bk	[247.070 3]
98	锎	californium	Cf	[251.079 6]

续表

原子序数	中文名称	英文名称	符号	相对原子质量
99	锿	einsteinium	Es	[252.083 0]
100	镄	fermium	Fm	[257.059 1]
101	钔	mendelevium	Md	[258.098 4]
102	锘	nobelium	No	[259.101 0]
103	铹	lawrencium	Lr	[262.109 7]
104	𬬻	rutherfordium	Rf	[261.108 8]
105	𬭊	dubnium	Db	[262.114 1]
106	𬭳	seaborgium	Sg	[266.121 9]
107	𬭛	bohrium	Bh	[264.120 1]
108	𬭶	hassium	Hs	[277]
109	鿏	meitnerium	Mt	[268.138 8]
110	𫟼	darmstadtium	Ds	[281]
111	𬬭	roentgenium	Rg	[272.153 5]
112	鿔	copernicium	Cn	[285]
113	鿭	nihonium	Nh	[284]
114	𫓧	flerovium	Fl	[289]
115	镆	moscovium	Mc	[288]
116	𫟷	livermorium	Lv	[292]
117	石田	tennessine	Ts	[291]
118	气奥	oganesson	Og	[293]

附录 7 常用化合物的相对分子质量表

化合物	M_r	化合物	M_r
Ag_3AsO_4	462.52	$CaCl_2 \cdot 6H_2O$	219.08
$AgBr$	187.77	$Ca(NO_3)_2 \cdot 4H_2O$	236.15
$AgCl$	143.32	CaO	56.08
$AgCN$	133.89	$Ca(OH)_2$	74.09
$AgSCN$	135.95	$Ca_3(PO_4)_2$	310.18
Ag_2CrO_4	331.73	$CaSO_4$	136.14
AgI	234.77	$CdCO_3$	172.42
$AgNO_3$	169.87	$CdCl_2$	183.32
$AlCl_3$	133.34	CdS	144.47
$AlCl_3 \cdot 6H_2O$	241.43	$Ce(SO_4)_2$	332.24
$Al(NO_3)_3$	213.00	$Ce(SO_4)_2 \cdot 4H_2O$	404.30
$Al(NO_3)_3 \cdot 9H_2O$	375.13	CH_3COOH	60.052
Al_2O_3	101.96	CH_3COONH_4	77.083
$Al(OH)_3$	78.00	CH_3COONa	82.034
$Al_2(SO_4)_3$	342.14	$CH_3COONa \cdot 3H_2O$	136.08
$Al_2(SO_4)_3 \cdot 18H_2O$	666.41	CO_2	44.01
As_2O_3	197.84	$CoCl_2$	129.84
As_2O_5	229.84	$CoCl_2 \cdot 6H_2O$	237.93
As_2S_3	246.02	$Co(NO_3)_2$	132.94
$BaCO_3$	197.34	$Co(NO_3)_2 \cdot 6H_2O$	291.03
BaC_2O_4	225.35	CoS	90.99
$BaCl_2$	208.24	$CoSO_4$	154.99
$BaCl_2 \cdot 2H_2O$	244.27	$CoSO_4 \cdot 7H_2O$	281.10
$BaCrO_4$	253.32	$Co(NH_4)_2$	60.06
BaO	153.33	$CrCl_3$	158.35
$Ba(OH)_2$	171.34	$CrCl_3 \cdot 6H_2O$	266.45
$BaSO_4$	233.39	$Cr(NO_3)_3$	238.01
$BiCl_3$	315.34	Cr_2O_3	151.99
$BiOCl$	60.43	$CuCl$	98.999
$CaCO_3$	100.09	$CuCl_2$	134.45
CaC_2O_4	128.10	$CuCl_2 \cdot 2H_2O$	170.348
$CaCl_2$	110.99	$CuSCN$	121.6

续表

化合物	M_r	化合物	M_r
CuI	190.45	HCl	36.461
$Cu(NO_3)_2$	187.56	HF	20.006
$Cu(NO_3)_2 \cdot 3H_2O$	241.60	HI	127.91
CuO	79.545	HIO_3	175.91
Cu_2O	143.09	HNO_3	63.013
CuS	95.61	HNO_2	47.013
$CuSO_4$	158.60	H_2O	18.015
$CuSO_4 \cdot 5H_2O$	249.68	H_2O_2	34.015
$FeCl_2$	126.75	H_3PO_4	97.995
$FeCl_2 \cdot 4H_2O$	198.81	H_2S	34.08
$FeCl_3$	162.21	H_2SO_3	82.07
$FeCl_3 \cdot 6H_2O$	270.30	H_2SO_4	98.07
$FeNH_4(SO_4)_2 \cdot 12H_2O$	482.18	$Hg(CN)_2$	252.63
$Fe(NO_3)_3$	241.86	$HgCl_2$	271.50
$Fe(NO_3)_3 \cdot 9H_2O$	404.00	Hg_2Cl_2	472.09
FeO	71.846	HgI_2	454.40
Fe_2O_3	159.69	$Hg_2(NO_3)_2$	525.19
Fe_3O_4	231.54	$Hg_2(NO_3)_2 \cdot 2H_2O$	561.22
$Fe(OH)_3$	106.87	$Hg(NO_3)_2$	324.60
FeS	87.91	HgO	216.59
Fe_2S_3	207.87	HgS	232.65
$FeSO_4$	151.90	$HgSO_4$	296.65
$FeSO_4 \cdot 7H_2O$	278.01	Hg_2SO_4	497.24
$FeSO_4 \cdot (NH_4)_2SO_4 \cdot 6H_2O$	392.33	$KAl(SO_4) \cdot 12H_2O$	474.38
H_3AsO_3	125.94	KBr	119.00
H_3AsO_4	141.94	$KBrO_3$	167.00
H_3BO_3	61.83	KCl	74.551
HBr	80.912	$KClO_3$	122.55
HCN	27.026	$KClO_4$	138.55
HCOOH	46.026	KCN	65.116
H_2CO_3	62.025	KSCN	97.18
$H_2C_2O_4$	90.035	K_2CO_3	148.21
$H_2C_2O_4 \cdot 2H_2O$	126.07	K_2CrO_4	194.19

续表

化合物	M_r	化合物	M_r
K_2CrO_7	294.18	$MnSO_4$	151.00
$K_3Fe(CN)_6$	368.35	$MnSO_4 \cdot 4H_2O$	223.06
$KFe(SO_4)_2 \cdot 12H_2O$	503.24	NO	30.006
$KHC_2O_4 \cdot H_2O$	146.14	NO_2	46.006
$KHC_2O_4 \cdot H_2C_2O_4 \cdot 2H_2O$	254.19	NH_3	17.03
$KHC_4H_4O_6$	188.18	NH_4Cl	53.491
$KHSO_4$	136.16	$(NH_4)_2CO_3$	96.086
KI	166.00	$(NH_4)_2C_2O_4$	124.10
KIO_3	214.00	$(NH_4)_2C_2O_4 \cdot H_2O$	142.11
$KIO_3 \cdot HIO_3$	389.91	NH_4SCN	76.12
$KMnO_4$	158.03	NH_4HCO_3	79.055
$KNaC_4H_4O_6 \cdot 4H_2O$	282.22	$(NH_4)_2MoO_4$	196.01
KNO_3	101.10	NH_4NO_3	80.043
KNO_2	85.104	$(NH_4)_2HPO_4$	132.06
K_2O	94.196	$(NH_4)_2S$	68.14
KOH	56.106	$(NH_4)_2SO_4$	132.13
K_2SO_4	174.25	NH_4VO_3	116.98
$MgCO_3$	84.314	Na_3AsO_3	191.89
$MgCl_2$	95.211	$Na_2B_4O_7$	201.22
$MgCl_2 \cdot 6H_2O$	203.30	$Na_2B_4O_7 \cdot 10H_2O$	381.37
MgC_2O_4	112.33	$NaBiO_3$	279.97
$Mg(NO_3)_2 \cdot 6H_2O$	256.41	NaCN	49.007
$MgNH_4PO_4$	137.22	Na_2CO_3	105.99
MgO	40.304	$Na_2CO_3 \cdot 10H_2O$	286.14
$Mg(OH)_2$	58.32	$Na_2C_2O_4$	134.00
$Mg_2P_2O_7$	222.55	NaCl	58.443
$MgSO_4 \cdot 7H_2O$	246.47	NaClO	74.442
$MnCO_3$	114.95	$NaHCO_3$	84.007
$MnCl_2 \cdot 4H_2O$	197.91	$Na_2HPO_4 \cdot 12H_2O$	358.14
$Mn(NO_3)_2 \cdot 6H_2O$	287.04	$Na_2H_2Y \cdot 2H_2O$	372.24
MnO	70.937	$NaNO_2$	68.995
MnO_2	86.937	$NaNO_3$	84.995
MnS	87.00	Na_2O	61.979

续表

化合物	M_r	化合物	M_r
Na_2O_2	77.978	Sb_2O_3	291.50
NaOH	39.997	Sb_2S_3	339.68
Na_3PO_4	163.94	SiF_4	104.08
Na_2S	78.04	SiO_2	60.084
$Na_2S \cdot 9H_2O$	240.18	$SnCl_2$	189.62
Na_2SO_3	126.04	$SnCl_2 \cdot 2H_2O$	225.65
Na_2SO_4	142.04	$SnCl_4$	260.52
$Na_2S_2O_3$	158.10	$SnCl_4 \cdot 5H_2O$	350.596
$Na_2S_2O_3 \cdot 5H_2O$	248.17	SnO_2	150.71
$NiCl_2 \cdot 6H_2O$	237.69	SnS	150.776
NiO	74.69	SO_3	80.06
$Ni(NO_3)_2 \cdot 6H_2O$	290.79	SO_2	64.06
NiS	90.75	$SrCO_3$	147.63
$NiSO_4 \cdot 7H_2O$	280.85	SrC_2O_4	175.64
P_2O_5	141.95	$SrCrO_4$	203.61
$PbCO_3$	267.20	$Sr(NO_3)_2$	211.63
PbC_2O_4	295.22	$Sr(NO_3)_2 \cdot 4H_2O$	283.69
$PbCl_2$	278.10	$SrSO_4$	183.68
$Pb(CH_3COO)_2$	325.30	$UO_2(CH_3COO)_2 \cdot 2H_2O$	424.15
$Pb(CH_3COO)_2 \cdot 3H_2O$	379.30	$ZnCO_3$	125.39
$PbCrO_4$	323.20	ZnC_2O_4	153.40
PbI_2	461.00	$ZnCl_2$	136.29
$Pb(NO_3)_2$	331.20	$Zn(CH_3COO)_2$	183.47
PbO	223.20	$Zn(CH_3COO)_2 \cdot 2H_2O$	219.50
PbO_2	239.20	$Zn(NO_3)_2$	189.39
$Pb_3(PO_4)_2$	811.54	$Zn(NO_3)_2 \cdot 6H_2O$	297.48
PbS	239.30	ZnO	81.38
$PbSO_4$	303.30	ZnS	97.44
$SbCl_3$	228.11	$ZnSO_4$	161.44
$SbCl_5$	299.02	$ZnSO_4 \cdot 7H_2O$	287.54

附录 8　定量化学分析实验常用仪器清单

1. 发给学生的仪器

名称	规格	数量	名称	规格	数量
滴管	带橡胶乳头	1 支	玻璃棒		2 支
滴管架		1 块	烧杯	500 mL	1 个
量筒	10 mL 或 20 mL	1 个		400 mL	1 个
	100 mL	1 个		250 mL	2 个
酸式滴定管	50 mL	1 支		50 mL 或 100 mL	2 个
碱式滴定管	50 mL	1 支	试剂瓶	500 mL 或 1 000 mL	2 个（其中一个为棕色）
容量瓶	250 mL	1 个			
	100 mL	1 个	洗瓶	500 mL	1 个
	7 个	50 mL	漏斗	长颈	2 个
移液管	25 mL	1 支	坩埚钳		1 把
	10 mL	1 支	瓷坩埚	18 ~ 25 mL	2 个
吸量管	2 mL、5 mL 或 10mL	1 支	泥三角		2 个
滴定台		1 个	石棉铁丝网		1 块
移液管架		1 个	洗耳球		1 个
表面皿	7 ~ 8 cm	2 块	干燥器		1 个
锥形瓶	250 mL	3 个	牛角匙		1 个
碘瓶	250 mL	3 个	火柴		1 盒
称量瓶	25 mm × 25 mm	2 个			

2. 公用仪器

分析天平、酸度计、分光光度计、电热板、马弗炉、电烘箱、煤气灯、铁支架、铁环、滴定管架、漏斗架、滤纸、试管刷、pH 试纸、定量滤纸和定性滤纸。

附录9　常用定容玻璃仪器允差

1. 常用容量瓶的容量允差（20 ℃）

标示容量/mL		5	10	25	50	100	200	250	500	1 000
容量允差/mL（±）	A	0. 02	0. 02	0. 03	0. 05	0. 10	0. 15	0. 15	0. 25	0. 40
	B	0. 04	0. 04	0. 06	0. 10	0. 20	0. 30	0. 30	0. 50	0. 80

2. 常用移液管的容量允差（20 ℃）

标示容量/mL		2	5	10	20	25	50	100
容量允差/mL（±）	A	0. 01	0. 015	0. 020	0. 030	0. 030	0. 050	0. 080
	B	0. 020	0. 030	0. 040	0. 060	0. 060	0. 100	0. 160

附录 10　国产滤纸的型号与性质

	分类与标志	型号	灰分（mg / 张）	孔径（μm）	过滤物晶形	适应过滤的沉淀	相对应的砂芯坩埚号
定量	快速黑色或白色纸带	201	<0.10	80~120	胶状沉淀物	Fe（OH)$_3$ Al（OH)$_3$ H_2SiO_3	G1 G2 可抽滤稀胶体
	中速蓝色纸带	202	<0.10	30~50	一般结晶形沉淀	SiO_2 $MgNH_4PO_4$ $ZnCO_3$	G3 可抽滤粗晶形沉淀
	慢速红色或橙色纸带	203	0.10	1~3	较细结晶形沉淀	$BaSO_4$ CaC_2O_4 $PbSO_4$	G4 G5 可抽滤细晶形沉淀
定性	快速黑色或白色纸带	101		>80	无机物沉淀的过滤分离及有机物重结晶的过滤		
	中速蓝色纸带	102		>50			
	慢速红色或橙色纸带	103		>3			

附录11　滴定分析实验操作考查表（以 NaOH 溶液浓度的标定为例）

专业年级：　　　　　　　　学号：　　　　　　姓名：

	项目	分数	评分
天平	（1）取下并放好天平罩，检查水平，清扫天平	1	
	（2）检查和调节空盘零点	1	
	（3）称量（称量瓶 + 邻苯二甲酸氢钾）		
	①称量物置盘中央	1	
	②加减砝码顺序	3	
	③天平开关控制（取放砝码试样：关；试重：半开；读数：全开，轻开轻关）	3	
	④关闭天平门，读数并记录	1	
	（4）差减法倒邻苯二甲酸氢钾		
	①手不直接接触称量瓶	1	
	②敲瓶动作（距离适中，轻敲瓶上部，然后逐渐竖直，轻敲瓶口）	2	
	③不要倒出杯外	1	
	④称一份试样，倒样不多于 3 次，多 1 次扣 1 分	3	
	⑤称量范围为 1.6 ~ 2.4 g，超出 ±0.1 g 扣 1 分	3	
	⑥称量时间*（调好零点到记录第 2 次读数的时间）12 min，超过 1 min 扣 1 分	3	
	（5）结束工作（砝码复位，清洁，关天平门，罩好天平罩）	2	
	小计	25	
容量瓶	（1）清洁（内壁不挂水珠）	1	
	（2）溶解邻苯二甲酸氢钾（全溶；若加热溶解，则冷却至室温）	1	
	（3）定量转移至 100 mL 容量瓶（转移溶液操作，冲洗烧杯、玻璃棒 5 次，不溅失）	4	
	（4）稀释至标线（最后用滴管加蒸馏水）	2	
	（5）摇匀（3/4 时初步混匀，最后摇匀 5 次以上）	2	
	小计	10	
移液管	（1）清洁（内壁和下部外壁不挂水珠，吸干尖端内外水分）	1	
	（2）移液管用待吸液润洗 3 次（每次适量）	2	
	（3）吸液（手法规范，吸空不给分）	2	
	（4）调节液面至标线（管垂直，容量瓶倾斜，管尖靠容量瓶内壁，调节自如；不能超过 2 次，超过 1 次扣 1 分）	3	
	（5）放液（管垂直，锥形瓶倾斜，管尖靠锥形瓶内壁，最后停留约 15 s）	2	
	小计	10	

续表

<table>
<tr><td colspan="5">项目</td><td>分数</td><td>评分</td></tr>
<tr><td rowspan="8">滴定</td><td colspan="4">（1）清洁（内壁和外壁不挂水珠）</td><td>1</td><td></td></tr>
<tr><td colspan="4">（2）用操作液润洗 3 次，每次适量，操作正确</td><td>2</td><td></td></tr>
<tr><td colspan="4">（3）装入溶液，调初读数，无气泡，不漏水</td><td>3</td><td></td></tr>
<tr><td colspan="4">（4）滴定管操作手法规范，连续滴加，加 1 滴和 0.5 滴操作正确</td><td>4</td><td></td></tr>
<tr><td colspan="4">（5）锥形瓶操作手法规范，位置适中，溶液呈圆周运动</td><td>3</td><td></td></tr>
<tr><td colspan="4">（6）终点判断正确，近终点加 1 滴、0.5 滴操作，颜色适中</td><td>4</td><td></td></tr>
<tr><td colspan="4">（7）读数操作正确（手不捏盛液部分，管垂直；眼与液面平行，读弯月面下缘实线最低点；读至 0.01 mL，及时记录）</td><td>3</td><td></td></tr>
<tr><td colspan="4">小计</td><td>20</td><td></td></tr>
<tr><td rowspan="6">结果</td><td colspan="4">$c_{NaOH(平均值)}$ = mol·L^{-1}，平均相对偏差 = %</td><td rowspan="6">25</td><td rowspan="6"></td></tr>
<tr><td>精确度</td><td>分数</td><td>平均相对偏差</td><td>分数</td></tr>
<tr><td>±0.2% 内</td><td>15</td><td>≤0.2%</td><td>10</td></tr>
<tr><td>0.5% 内</td><td>12</td><td>≤0.4%</td><td>8</td></tr>
<tr><td>±1% 内</td><td>9</td><td>≤0.6%</td><td>6</td></tr>
<tr><td>±1% 内</td><td>6</td><td>>0.6%</td><td>4</td></tr>
<tr><td rowspan="3">其他</td><td colspan="4">（1）数据记录，结果计算（列出计算式），报告格式</td><td>6</td><td></td></tr>
<tr><td colspan="4">（2）清洁整齐</td><td>4</td><td></td></tr>
<tr><td colspan="4">小计</td><td>10</td><td></td></tr>
<tr><td colspan="5">总分</td><td>100</td><td></td></tr>
<tr><td></td><td colspan="4">（1）容量仪器的洗涤、查漏应在考查开始前做好</td><td></td><td></td></tr>
<tr><td></td><td colspan="4">（2）考查时，此表交监考老师；学生用实验报告本记录，考查完毕交实验报告</td><td></td><td></td></tr>
<tr><td></td><td colspan="4">（3）整个实验应在 60 min 内完成（调好天平零点到滴定完毕的时间），每超时 3 min 总分扣 1 分</td><td></td><td></td></tr>
<tr><td>评语</td><td colspan="4">监考教师（签名）：
年　月　日</td><td></td><td></td></tr>
</table>

* 若为电子分析天平，时间应控制在 5 min 以内。

附录 12 常用分析化学术语（汉英对照）

分析化学	analytical chemistry
定性分析	qualitative analysis
定量分析	quantitative analysis
化学分析	chemical analysis
结构分析	structural analysis
物理分析	physical analysis
物理化学分析	physico-chemical analysis
仪器分析	instrumental analysis
常量分析	macro analysis
微量分析	micro analysis
痕量分析	trace analysis
超痕量分析	ultratrace analysis
常规分析	routine analysis
仲裁分析	arbitration analysis，referee aralysis
裁判分析	umpire analysis
重量分析［法］	gravimetry analysis
滴定分析［法］	titrimetric analysis
容量分析［法］	volumetric analysis
滴定	titration
容量滴定法	volumetric titration
分步滴定法	stepwisetitration
滴定剂	titrant
被滴定物	titrand
化学计量点	stoichiometric point
终点	end point
标定	standardization
标准溶液	standard solution
基准物质	primary standard substance
保证试剂	guarantee reagent（GR）
分析试剂	analytical reagent（AR）
化学纯	chemical pure
标准物质	reference material（RM）
误差	error

偏差	deviation（D）
系统误差	systematic error
可测误差	determinate error
不可测误差	indeterminate error
随机误差	random error
偶然误差	accidental error
绝对误差	absolute error
相对误差	relative error
准确度	accuracy
精密度	precision
置信水平	confidence level
置信区间	confidence interval
频率	frequency
频率密度	frequency density
总体	population
试样（样品）	sample
频率分布	frequency distribution
正态分布	normal distribution
概率	probability
测量值	measured value
真值	true value
平均值	mean，average
中位数	median
全距（极差）	range
标准偏差	standard deviation（A）
平均偏差	arithmetic average deviation；mean deviation
相对平均偏差	relative average deviation；relative mean deviation
变异系数	coefficient of variation
相对标准偏差	relative standard deviation（RSD）
合并标准偏差（组合标准差）	pooled standard deviation
误差传递	propagation of error
自由度	degree of freedom
离群值	cutlier
显著性水平	level of significance
显著性检验	significance test

有效数字	significant figure
线性回归	linear regression
相关系数	correlation coefficient
偏最小二乘法	partial least squares（PLS）
平行测定	parallel determination
空白	blank
校正	correction
校准	calibration
酸碱滴定	acid-base titration
质子自递反应	autoprotolysis reaction
质子自递常数	autoprotolysis constant
共轭酸碱对	conjugate acid-base pair
解离常数	dissociation constant
酸度常数	acidity constant
质子化	protonation
质子化常数	protonation constant
滴定常数	titration constant
中和	neutralization
活度	activity
pH 玻璃电极	pH glass electrode
活度系数	activity coefficient
离子强度	ionic strength
热力学常数	thermodynamic constant
浓度常数	concentration constant
分析浓度	analytical concentration
平衡浓度	equilibrium concentration
型体（物种）	species
分布图	distribution diagram
参考水平	reference level
零水平	zero level
物料平衡	material balance
物料平衡式	material balance equation（MBE）
质量平衡	mass balance
质量平衡式	mass balance equation（MBE）
电荷平衡	charge balance

电荷平衡式 charge balance equation (CBE)
质子条件 proton condition
质子条件式 proton balance equation (PBE)
离子化 ionization
离解 dissociation
一元酸 monoacid
二元酸 dibasicacid
三元酸 triacid
多元酸 polyprotic acid
两性物 amphoteric substance
缓冲溶液 buffer solution
缓冲容量 buffer capacity
滴定曲线 titration curve
滴定突跃 titration jump
酸碱指示剂 acid-base indicator
混合指示剂 mixed indicator
双指示剂滴定法 double indicator titration
变色间隔 transition interval; colour change interval
颜色转变点 color transition point
滴定指数 titration exponent
甲基橙 methyl orange (MO)
甲基红 methyl red (MR)
酚酞 phenolphthalein (PP)
百里酚酞 thymolphthalein (THPP)
结晶紫 crystal violet
百里酚蓝 thymol blue
溴酚蓝 bromophenol blue
混合指示剂 mixture indicator
终点误差 end point error
非水滴定 non-aqueous titration
极性溶剂 polar solvent
质子溶剂 protonic solvent
无质子溶剂 aprotic solvent
酸性溶剂 acid solvent
碱性溶剂 basic solvent

中性溶剂	neutral solvent
两性溶剂	amphototeric solvent
惰性溶剂	inert solvent
固有酸度	intrinsic acidity
固有碱度	intrinsic basicity
区分效应	differentiating effect
区分性溶剂	differentiating solvent
拉平效应	leveling effect
均化效应	differentiating effect
介电常数	dielectric constant
凯氏定氮法	kjeldahl determination
络合滴定法	complexometry；complexometric titration
乙二胺四乙酸	ethylenediamine tetraacetic acid（EDTA）
络合物	complex
螯合物	chelate compound
金属指示剂	metallochrome indicator；metal indicator
络合反应	complexation
配体	ligand
氨羧络合剂	complexone
稳定常数	stability constant
形成常数	formation constant
不稳定常数	instability constant
逐级稳定常数	stepwise stability constant
累积常数	cumulative constant
副反应系数	side reaction coefficient
酸效应系数	acidic effective coefficient
条件形成常数	conditional formation constant
表观形成常数	apparent formation constant
二甲酚橙	xylenol orange
1-(2-吡啶偶氮)-2-萘酚	1-(2-pyridylazo)-2-naphthol（PAN）
铬黑 T	eriochrome black T（EBT）
钙指示剂	calconcarboxylic acid
指示剂的封闭	blocking of indicator
指示剂的僵化	ossification of indicator
掩蔽	masking

解蔽	demasking
掩蔽指数	masking index
氧化-还原滴定	oxidation-reduction titration
标准电位	standard potential
条件电位	conditional potential
催化反应	catalytic reaction
诱导反应	induced reaction
氧化-还原指示剂	redox inaicator
碘量法，滴定碘法	iodimetry
溴量法	bromimetry；bromine method
铈量法	cerimetry
高锰酸钾法	potassium permanganate method
重铬酸钾法	potassium dichromate method
溴酸钾法	potassium bromate method
硫酸铈法	cerium sulphate method
亚硝酸钠法	sodium nitrite method
重氮化反应	diazotization reaction
重氮化滴定法	diazotization titration
亚硝基化反应	nitrozation reaction
亚硝基化滴定法	nitrozation titration
外指示剂	external indicator；outside indicator
自身指示剂	self indicator
二苯胺磺酸钠	sodium diphenylaminesulfonate
邻二氮菲亚铁离子	ferroin
淀粉	starch
化学需氧量	chemical oxygen demand（COD）
放大反应	amplification reaction
卡尔·费歇尔法	Karl Fisher titration
沉淀滴定	precipitation titration
银量法	argentometric method
重量分析	gravimetric analysis
挥发法	volatilization method
包藏	oculusion
包埋（藏）水	occluded water
结晶水	crystal water；water of crystallization

沉淀形式	precipitation form, precipitation forms
称量形式	weighing forms
莫尔法	Mohr method
佛尔哈德法	Volhard method
法扬司法	Fajans mothod
吸附指示剂	adsorption indicator
荧光黄	fluorescein
二氯荧光黄	dichlorofluorescein
曙红	eosin
固有溶解度	intrinsic solubility
换算因数	conversion factor
化学因数	chemical factor
沉淀剂	precipitant, precipitator
溶度积	solubility product
条件溶度积	conditional solubility product
过饱和	supersaturation
离子对（离子缔合物）	ion pair
无定形沉淀	amorphous precipitate, crystalline precipitation
晶形沉淀	crystalline precipitate
凝乳状沉淀	curdy precipitate
沾污	contamination
纯度	purity
共沉淀	coprecipitation
混晶	mixed crystal, mischcrystal
吸附	adsorption
后沉淀	postprecipitation
分步沉淀	fractional precipitation
均相沉淀	homogeneous precipitation
陈化	ageing
过滤	filtration
沉淀帚	policeman
灰化	ashing
灼烧	firing
马弗炉	muffle furnace
恒重	constant weight

分离	separation
富集	enrichment
预富集	preconcentration, preenrichment
分离因数	separation factor
回收率	recovery
液-液萃取	liquid-liquid extration
溶剂萃取	solvent extration
反萃取	counter extraction
连续萃取	continuous extraction
螯合物萃取	chelate extraction
离子缔合物萃取	ion association extraction
分配系数	partition coefficient
分配比	distribution ratio
萃取率	extraction rate
萃取常数	extraction constant
条件萃取常数	conditional extraction constant
相比	phase ratio
水相	aqueous phase
有机相	organic phase
色谱法	chromatography
柱色谱	column chromatography
纸色谱	paper chromatography
离子色谱	ion chromatography (IC)
气相色谱	gas chromatography (GC)
液相色谱	liquid chromatogram (LC)
高效液相色谱	high performance liquid chromatography (HPLC)
比移值	retention factor value
薄层色谱	thin-layer chromatography
流动相	mobile phase
固定相	stationary phase
吸附剂	adsorbent
淋洗剂	eluant
离子交换	ion exchange
离子交换树脂	ion exchange resin
交联度	degree of crosslinking

交换容量	exchange capacity
亲和力	affinity
电泳	electrophoresis, cataphoresis
蒸馏	distill
挥发	volatilization
取样	sampling
[筛] 目	mesh
四分法	quartering
试液	test solution
熔融	fusion
熔剂	flux
光谱分析	spectral analysis, spectrum analysis
比色法	colorimetry
玻璃比色皿	glass cell
分光光度计	spectrophotometer
分光光度法	spectrophotometry
紫外-可见分光光度法	ultraviolet and visible spectrophotometry; UV-vis
互补色	complementary colours
单色光	monochromatic light
朗伯-比尔定律	Lambert-Beer's law
吸光度	absorbance (A)
透光率（透射比）	transmittance (T)
表面活性剂	surfactant, surface active agent
分子光谱	molecular spectrum
原子光谱	atomic spectrum
线状光谱	line spectrum
带状光谱	band spectrum
连续光谱	continuous spectrum
吸收系数	absorptivity
摩尔吸收系数	molar absorptivity, molar absorption coefficient
比消光系数	specific extinction coefficient
光程长	path length
吸收曲线	absorption curve
吸收峰	absorption peak
最大吸收	absorption maximum

参比溶液	reference solution
试剂空白	reagent blank
标准曲线	standard curve
校准曲线	calibration curve
工作曲线	working curve
等吸光点	isoabsorptive point
生色团（发色团）	chromophore
助色团	auxochrome
红移	red shift
长移	bathochromic shift
短移	hypsochromic shift
蓝（紫）移	blue shift
增色效应（浓色效应）	hyperchromic effect
减色效应（淡色效应）	hypochromic effect
带宽	bandwidth
强带	strong band
弱带	weak band
吸收带	absorption band
谱带宽度	band width, spectral band width
杂散光	stray light
噪声	noise
供电子取代基	electron donating group
吸电子取代基	electron with-drawing group
肩峰	shoulder peak
色散	dispersion
分辨率	resolution ratio
示差光度法	differential spectrophotometry
标准系列法	standard series method
多组分同时测定	simultaneous determination of multiponents
导数光谱	derivative spectrum
显色剂	color developing agent
摩尔比法	mole ratio method
等摩尔系列法	equimolar series method
萃取光度法	extraction spectrophotometric method
双波长分光光度法	dual-wavelength spectrophotometry

单光束分光光度计	single beam spectrophotometer
双光束分光光度计	double beam spectrophotometer
自动记录式分光光度计	recording spectrophotometer
比色计	chromometer
光电比色计	photoelectrical colorimeter
光源	light source
氢灯	hydrogen lamp
氘灯	deuterium lamp
钨灯	tungsten lamp
碘钨灯	iodine-tungsten lamp
汞灯	mercury lamp
狭缝	slit
滤光片	light filter, optical filter
单色器	monochromator
光栅	grating
棱镜	prism
光电池	photocell
光电管	phototube
光电倍增管	photomultiplier
分析天平	analytical balance
单盘天平	single pan balance
双盘天平	double pan balance, dual-pan balance
电子天平	electronic scales
直读天平	direct reading balance
砝码	weights
游码	rider
称量瓶	weighing bottle
干燥器	dryer
保干器	desiccator
干燥剂	desiccant, drying agent
漏斗	funnel
滤纸	filter paper
蒸发皿	evaporating dish
水浴	water bath
蒸汽浴	vapor bath, steam bath

坩埚	crucible
烘箱	oven
电热板	hot plate
烧杯	beaker
容量瓶	volumetric flask
移液管	transfer pipette
滴定管	burette
滴定分数	titration fraction
滴定管夹	burette clamp, buret holder
滴定管架	burette support
吸量管	pipette
量筒	measuring cylinder
锥形瓶	conical flask
试剂瓶	reagent bottle
洗瓶	wash bottle
洗液	washings
玻璃棒	glass rod
国际纯粹与应用化学联合会	international union of pure and applied chemistry (IUPAC)
国际标准化组织	international standard organization (ISO)

主要参考文献

[1] 武汉大学．分析化学实验（上册）［M］．5 版．北京：高等教育出版社，2011.
[2] 武汉大学．分析化学［M］．5 版．北京：高等教育出版社，2006.
[3] 黄杉生．分析化学实验［M］．北京：科学出版社，2010.
[4] 华彤文，王颖霞，卞江，等．普通化学原理［M］．4 版．北京：北京大学出版社，2013.
[5] 陈永兆．络合滴定［M］．北京：科学出版社，1986.
[6] 罗蒨，苑嗣纯．定量分析化学实验［M］．北京：中国林业出版社，2013.
[7] 徐文国，等．微波加热技术在重量分析法中的应用［J］．分析化学，1992（11）：1291～1293.
[8] 北京大学化学与分子工程学院分析化学教学组．基础分析化学实验［M］．3 版．北京：北京大学出版社，2010.
[9] 武汉大学化学与分子科学学院《无机及分析化学实验》编写组．无机及分析化学实验［M］．2 版．武汉大学出版社，1991.
[10] 李冬梅，刘岩，马萍欣．浅析 722 型分光光度计的正确使用与维护［J］．化学分析计量，2011，20（2）：58-59.